U0211550

高等学校"十一五"规划教材　土木工程系列

高层建筑混凝土结构设计

原长庆　主编

哈尔滨工业大学出版社

内容简介

本书根据《高层建筑混凝土结构技术规程》JGJ3—2002 编写而成。全书共分 7 章,内容包括:高层建筑的结构方案,荷载和地震作用,结构计算的一般原则及有关规定,常用高层建筑结构体系(框架、剪力墙、框架–剪力墙结构)的计算方法、构造要求以及工程设计实例。

本书可作为高等院校土木工程专业学生的教科书,还可为从事高层建筑混凝土结构设计的工程技术人员提供参考。

图书在版编目(CIP)数据

高层建筑混凝土结构设计/原长庆主编. —哈尔滨:哈尔滨工业大学出版社,2007.9(2015.1 重印)

ISBN 978-7-5603-2279-7

Ⅰ.高… Ⅱ.原… Ⅲ.高层建筑–混凝土结构–结构设计 Ⅳ.TU973

中国版本图书馆 CIP 数据核字(2007)第 087881 号

策划编辑	郝庆多	
责任编辑	张 瑞	
封面设计	卞秉利	
出版发行	哈尔滨工业大学出版社	
社 址	哈尔滨市南岗区复华四道街 10 号 邮编 150006	
传 真	0451 – 86414749	
网 址	http://hitpress.hit.edu.cn	
印 刷	黑龙江省委党校印刷厂	
开 本	787mm×1092mm 1/16 印张 16.75 字数 415 千字	
版 次	2008 年 1 月第 1 版 2015 年 1 月第 5 次印刷	
书 号	ISBN 978 – 7 – 5603 – 2279 – 7	
定 价	29.00 元	

(如因印装质量问题影响阅读,我社负责调换)

前　言

目前,混凝土结构的高层建筑在我国高层建筑中应用较多,因此,高层建筑混凝土结构设计是土木工程专业学生及专门从事建筑结构设计的工程师应当掌握的主要专业知识之一。笔者在多年从事高层建筑混凝土结构设计的教学过程中,感到学生在学习时确实需要一本既能够较全面地介绍高层建筑混凝土结构设计的基本概念,又有一定工程设计实例的教学参考书,为此,编写了本书。

本书以《高层建筑混凝土结构技术规程》JGJ3—2002 为依据,对常用高层建筑结构体系(框架、剪力墙、框架 – 剪力墙结构)的计算方法及高层建筑混凝土结构的构造要求进行了较详细的介绍,并给出了常用高层建筑混凝土结构体系的工程设计实例。为了强化概念,工程设计实例均以手算方法为主,同时采用了 SATWE 设计软件对工程设计实例进行了对比计算。由于篇幅所限,电算部分只给出了初始条件及计算结果,经对比,手算结果与电算结果基本吻合。实例中的施工图采用了《混凝土结构施工图平面整体表示方法制图规则和构造详图》03G101 – 1规定的方法。

高层建筑结构设计是否合理,主要取决于结构体系、结构布置、构件截面尺寸、材料强度等级以及主要结构构造是否合理。这些问题一经正确解决,结构内力、位移及构件承载力计算和施工图绘制可由一体化的计算机结构设计程序来完成。因此,学生在学习本书时,应把注意力集中在上述主要问题的解决方法上;但对于准备参加注册结构工程师专业考试的人员和准备进行高层建筑混凝土结构毕业设计的学生,除应注意上述主要问题的解决方法外,还应根据专业考试大纲或毕业设计任务书的要求,掌握常用高层建筑结构的近似计算方法和截面设计要点。

笔者希望本书能对初次进行高层建筑混凝土结构设计和准备参加注册结构工程师专业考试的工程技术人员有所帮助,并对正在学习《高层建筑混凝土结构设计》课程及进行高层建筑混凝土结构毕业设计的学生提供学习参考。

本书由原长庆主编。书中工程设计实例的编写人员为:史鹰、李淑平(5.7 框架结构设计实例);田玉滨、姜洪斌(6.5 剪力墙结构设计实例);金熙男(7.6 框架 – 剪力墙结构设计实例)。

由于编者水平所限,书中不足之处恳请读者批评指正。

哈尔滨工业大学　原长庆
2007 年 10 月

目　　录

第1章 概 述

　　高层建筑是社会经济和科学技术发展的产物。高层建筑的发展与城市民用建筑的发展密切相关,城市人口集中、用地紧张以及商业竞争的激烈化,促进了人们对高层建筑的需求。但最初由于受到垂直运输工具的限制,房屋还不能建得很高,直到 1857 年第一部载人电梯制造成功,才使得多层建筑向高层建筑发展成为可能。世界上第一栋近代高层建筑是美国芝加哥家庭保险公司大楼(Home insurance,10 层,55 m 高),建于 1884～1886 年。随着社会经济的发展和科学技术的不断进步,高层建筑也得到迅猛发展。目前,世界上最高的高层建筑为中国台北 101 大楼,高度已达 508 m,如图 1.1 所示。在世界高楼协会颁发的证书里,中国台北 101 大楼拿下了"世界高楼"四项指标中的三项世界之最,即"最高建筑物"(508 m)、"最高使用楼层"(438 m)和"最高屋顶高度"(448 m),而美国芝加哥的西尔斯大楼则仍保持"世界最高天线高度"的头衔。但是,这些头衔很快就会被另一栋摩天大楼取代。阿联酋港口城市迪拜正在全力打造摩天大楼"迪拜塔",其大致设计高度为 700 多米、160 多层(图 1.2),预计将于 2008 年年底建成。"迪拜塔"一旦落成,该楼将超越中国台北的 101 大楼,成为世界第一高楼。据说迪拜有关方面始终不肯公布"迪拜塔"确切高度的原因是担心"世界第一高"被他人抢走。其实,从当今世界科学技术水平来看,超过迪拜塔的设计高度在技术上是完全可行的,关键是要有足够的资金保证。

图 1.1　台北 101 大楼

图 1.2　迪拜塔

图 1.3　X－Seed 4 000

　　值得一提的是,迄今为止人类有明确设计构想的最高建筑物是日本的 X－Seed 4 000 塔(图 1.3),它共有 800 层,高达 4 000 m,底部直径达 6 000 m。这座由日本大成建筑公司设计的山体形建筑物,可供 500 000～1 000 000 人居住。这座蕴涵着未来环境保护主义的建筑物将把现代化的生活方式与自然环境有机地结合起来。巨塔的电力将来自于太阳能,并且要能够根据外部天气情况的变化随时调整室内的气温和气压。如果这座建筑物建成,那么它的高度将超过日本的最高峰——富士山(海拔 3 776 m)。X－Seed 4 000 作为人类历史上第一座"人造山",预计将会耗资数千亿美元。当然,这只是一个设计构想。

　　我国内地自行建造高层建筑是从 20 世纪 50 年代开始的。从 50 年代到 70 年代末,由于受到当时经济条件的制约,内地的高层建筑数量很少,1976 年建成的广州白云宾馆(33 层,117 m高)是国内首栋百米高层,见图 1.4。随着改革开放和国民经济的迅速发展,近 30 年来,国内各大城市相继建造了大量的高层建筑,高度在 100 m 左右的高层建筑已相当普遍,超过 200 m 的也有几十栋。国内最高的上海金茂大厦高度已达 420.5 m,居世界第四(图 1.5);总高度为 492 m 的上海环球金融中心(图 1.6)正在建设中,预计将于 2008 年建成。

　　由于我国人口众多、土地资源相对稀缺,特别是随着我国城镇化进程的加快,农民要进入城镇(这里需要说明的是:城镇人口占总人口的比例是衡量一个国家现代化水平高低的重要指标。世界上越是发达的国家,越具有较高的城镇化水平。

图 1.4　广州白云宾馆

2000 年世界人口总城镇化水平为 45％,发达国家高达 75％)。这就意味着,我国城镇既要发展扩大,又不可能占用大量耕地,唯一的出路就是兴建高层住宅,提高土地利用率。有人预计:未来我国县、乡级城镇将普遍兴建 5～6 层建筑,少量 7～15 层建筑;中小城市将普遍兴建 8～15 层建筑,少量 20 多层建筑,个别达 30 层左右的建筑;大城市的新建房屋中,则将以 20～30 层建筑为主,少量 40 ~ 80 层建筑,而个别建筑物预计将达到 100 层左右。这就是说,高层建筑的绝对数量及其在全部建筑中的比重,都将有很大的增长。

图 1.5 上海金茂大厦

图 1.6 上海环球金融中心

关于高层建筑与多层建筑之间的界限。事实上,高层建筑与多层建筑在结构内力计算、构件截面设计理论等方面并无本质区别。不过,随着房屋高度的增加,水平作用(风或地震作用)对房屋的影响越来越大,甚至起控制作用,这是高层建筑结构的一个主要特征。即使根据这个特征,也不宜统一采用一个层数(或高度)来划分界限。例如,两幢层数完全相同的房屋,一幢处在设防烈度为 6 度的地区,另一幢处在设防烈度为 9 度的地区,可能前者仍然是竖向荷载在起控制作用,但后者已经是水平地震作用在起控制作用了。这只是一个简单的例子,其实影响划分界限的因素还很多,这里就不一一列举了。总之,统一采用一个层数(或高度)来划分界限的做法是不合适的。但是,为了便于工程师把握何时执行"高层建筑规程",先给出简单实用的界限也是必要的。目前,我国《高层建筑混凝土结构技术规程》JGJ3—2002(以下简称《高规》)规定:10 层及 10 层以上或房屋高度超过 28 m 的为高层建筑结构。即层数或高度超过这个规定的房屋,设计时应当按《高规》的有关规定执行。

按组成高层建筑结构的材料来划分,可将高层建筑分为钢结构、混凝土结构、钢 - 混凝土混合结构(主要指由钢框架或型钢混凝土框架与钢筋混凝土核心筒组成的结构)3 种类型。钢结构具有自重轻、强度高、延性好、施工快等特点,但用钢量大、造价高、防火性能较差。混凝土结构整体性好、刚度大、变形小;阻尼比高,舒适性佳;且混凝土结构耐腐蚀、耐火、维护方便、造价低,但混凝土结构的自重较大。钢 - 混凝土混合结构综合了两者的优点,克服了两者的缺点,是超高层建筑中一种较好的结构形式。在国内,一般的高层建筑,基本上都采用混凝土结构,较少采用钢结构,高度超过 200 m 的高层建筑多数采用钢 - 混凝土混合结构,见表 1.1。值得注意的是:自 20 世纪 90 年代以来,原来从高层钢结构起步的美国和日本,混凝土高层建筑也迅速发展起来。尤其是日本,以前基本上采用钢结构,现在正大力发展混凝土结构,主要用在 20～30 层的高层建筑中，最高可达 40 层。对于超高层建筑，当今世界各国都已趋向采用钢－混凝土混合结构。今后，我国钢－混凝土混合结构和钢结构都会有所发展，特别是在高度超过 200 m 的高层建筑中，采用钢－混凝土混合结构的可能性将会增加。但对于一般高层建筑，混凝土将仍是主要结构材料。本书的任务是介绍混凝土高层建筑结构的设计方法，具体内容包括框架结构、剪力墙结构和框架－剪力墙结构的设计方法。

关于"超高层建筑"这一术语，在《高规》中没有给出定义。在我国《民用建筑设计通则》GB 50352—2005 中规定："建筑高度大于 100 m 的民用建筑为超高层建筑。"这个规定是从建筑防灾、防火的角度考虑的，而在本书中用到的"超高层建筑"是泛指高度很高的高层建筑，例如，超过 A 级最大适用高度的高层建筑（注：关于 A 级最大适用高度的规定，详见第 2 章表 2.1）。

表 1.1　我国内地部分高度超过 200 m 的高层建筑

名　称	地点	±0.00 至屋顶板高度/m	结构层		结　构		形　状	建成年份
			地上	地下	材料	体系		
金茂大厦	上海	420	88	3	M	框架－筒体	方形	1998
地王大厦	深圳	325	81	3	M	框架－筒体	矩形	1996
中天广场（中信广场）	广州	322	80	2	C	框架－筒体	方形	1997
赛格广场	深圳	292	72	4	M	框架－筒体	八角形	2000
明天广场	上海	285	55	3	C	框架－剪力墙	方形	2003
青岛国际金融中心	青岛	249	58	4	C	筒中筒	1/4 圆形	2002
上海交通银行金融大厦（北楼）	上海	230	55	4	M	框架－剪力墙	直角梯形	1999
武汉世界贸易大厦	武汉	229	58	2	C	筒中筒	方形	1998
浦东国际金融大厦	上海	226	56	3	M	框架－筒体	弧形	2001
彭年广场（余氏酒店）	深圳	222	58	2	C	框架－多筒	三角形	1998
鸿昌广场	深圳	218	60	4	C	筒中筒	八角形	1998
武汉国际贸易中心	武汉	212	53	2	C	筒中筒	梭形	1996
万都中心	上海	211	55	2	C	框架－筒体	方形（下）多边形（上）	1998
京广中心	北京	208	57	3	M	框架－剪力墙	扇形	1990
上海国际航运大厦	上海	208	50	3	M	框架－筒体	扇形	1998
金鹰国际商城	南京	206	58	2	C	筒中筒	菱形	1997
上海森茂国际大厦	上海	203	46	4	M	框架－筒体	方形	1997
广州新中国大厦	广州	202	51	5	C	框架－筒体	矩形（一端半圆）	1998
佳丽广场	武汉	202	54	2	C	筒中筒	方形	1997
大连远洋大厦	大连	201	51	3	M	框架－筒体	方形	1998

注：①本表于 1998 年 1 月发布，不包含港、澳、台地区；

②C 为混凝土结构，M 为钢－混凝土混合结构。

第 2 章 高层建筑的结构方案

2.1 高层建筑结构内力及变形特点

高层建筑结构是高次超静定结构,虽然结构内力及变形计算十分复杂,但其特点与简单的竖向悬臂构件是相同的。图 2.1 是同时承受竖向荷载和倒三角形水平荷载的竖向悬臂构件,在竖向荷载作用下,构件主要产生轴向压力,压力 N 的大小与高度成正比;在水平荷载作用下,构件主要产生弯矩、剪力及侧移,弯矩 M 的大小与高度的平方成正比,剪力 V 的大小与高度成正比,而侧移 u 则与高度的四次方成正比,即

$$N = \omega H$$

$$M = \frac{q_{max}H^2}{3}$$

$$V = \frac{q_{max}H}{2}$$

$$u = \frac{11q_{max}H^4}{120EI}$$

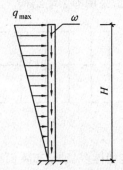

图 2.1 竖向悬臂构件计算简图

由此可见,随着高度的增加,提高房屋的刚度 EI,减小侧移(注:《高规》不要求限制顶点总侧移,仅限制层间相对侧移),将成为决定高层建筑结构体系应考虑的主要因素。从提高房屋刚度 EI 的措施来看,最有效的方法就是增大抗侧力构件的截面惯性矩 I,而增大截面惯性矩的主要措施则是增大抗侧力构件的截面高度。

在工程设计中,当柱的抗侧移刚度不足时,利用截面高度数倍于柱截面高度的钢筋混凝土墙片(工程上称其为"剪力墙"),可大幅度地提高房屋的抗侧移刚度;若将整个外墙或内部楼、电梯间井筒做成筒状钢筋混凝土抗侧力构件(工程上称其为"筒体"),则可获得更大的抗侧移刚度。利用这些不同的抗侧力构件(柱、剪力墙、筒体)或将它们组合在一起,就可得到不同的满足工程需要、经济合理的结构体系。

2.2 高层建筑的结构体系

目前,高层建筑常用的结构体系有:框架、剪力墙、框架 – 剪力墙、筒体等结构体系。它们主要承受由楼(屋)盖传来的恒载、使用活载、屋面活荷载或雪荷载等竖向荷载,以及作用于房屋上的水平风荷载和地震作用等。

2.2.1　框架结构

　　框架结构是指由立柱和横梁在节点刚接组成的结构,如图
2.2所示。在框架结构中,由于框架柱的抗侧移刚度较小,因此主
要用在层数不多、水平荷载较小的情况。

　　框架结构中的墙体属于填充墙,一般采用轻质材料填充,起
保温、隔热、分隔室内空间等作用。因而它的平面布置灵活,可提
供较大的室内空间,适用于各种多层工业厂房和仓库。在民用建
筑中常用于办公楼、旅馆、医院、学校、商店及住宅建筑中。

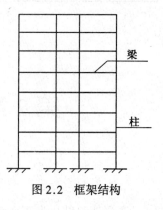

图2.2　框架结构

2.2.2　剪力墙结构

　　剪力墙结构是指底部与基础嵌固的纵、横向钢筋混凝土墙体组成的结构,如图2.3所示。
由于剪力墙的抗侧移刚度较大,可承受很大的水平荷载,所以当高层房屋的层数较多、水平荷
载较大时,可考虑采用剪力墙结构。

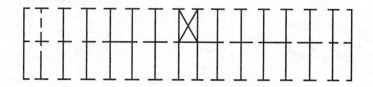

图2.3　剪力墙结构

　　剪力墙结构墙体多,难于布置面积较大的房间。它主要用于住宅、公寓、旅馆等对室内面
积要求不大的建筑。此时,若采用框架或其他由梁、柱构成的结构(如框架 – 剪力墙结构),由
于室内角部柱子及天花板周边的梁凸出于墙面,使较小的室内空间显得极不规整,而剪力墙结
构的墙面和楼面板非常平整,因此可构成规整的室内空间。

　　对于旅馆建筑中的门厅、休息厅、餐厅、会议室等大空间部分,可通过附建低层裙房加以解
决,或将会议室、餐厅、舞厅等设于高层房屋的顶层,在顶层将部分剪力墙改为框架,用以提供
大空间的需要。

　　对于必须在高层主体结构的底部布置大空间的高层建筑,如住宅、旅馆等房屋,底层需布
置商店或公共设施时,可将剪力墙结构底部一层或几层取消部分剪力墙而代之以框架及其他
转换结构(如厚板等转换层),构成框支剪力墙结构体系。这种结构体系的抗侧移刚度由于以
框架取代部分剪力墙而有所削弱,另外由于框架和剪力墙连接部位刚度突变而导致应力集中,
震害调查表明在此部位结构破坏严重。因此,底部被取消的剪力墙数目不应过多。

2.2.3　框架 – 剪力墙结构

　　框架 – 剪力墙结构是指在框架结构的适当部位设置剪力墙的结构,如图2.4所示。它综
合了框架结构和剪力墙结构的优点,既具有较大抗水平力的能力,又可提供较大空间和较灵活
的平面布置。

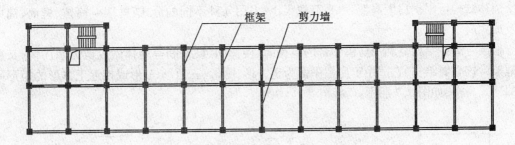

图 2.4　框架 – 剪力墙结构

框架 – 剪力墙结构可用于办公楼、旅馆、公寓、住宅等建筑中。

当房屋的层高受到限制时,为了增大楼层的净高,可取消框架梁,采用板柱 – 剪力墙结构代替框架 – 剪力墙结构,即在板柱结构中设置部分剪力墙,使板柱和剪力墙两者结合起来,取长补短,共同抵抗水平荷载。板柱 – 剪力墙结构仍然具有框架 – 剪力墙结构的特点,只是板柱的侧向刚度较小,因此只能在层数不多的情况下采用板柱 – 剪力墙结构。

2.2.4　筒体结构

由一个或多个筒体所形成的结构称为筒体结构。仅就筒体而言,一般有两种形式:一种为剪力墙内筒,由电梯间、楼梯间及设备管井等组成,水平截面为箱形,底端嵌固于基础顶面、顶端自由,呈竖向放置的薄壁悬臂梁,如图 2.5 所示;另一种为框筒,由布置在房屋四周的密集立柱与高跨比很大的窗裙梁所组成的多孔筒体,如图 2.6 所示。筒体结构与框架或剪力墙结构相比,具有更大的抗侧移刚度。

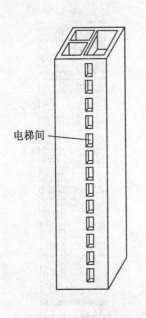

图 2.5　剪力墙内筒

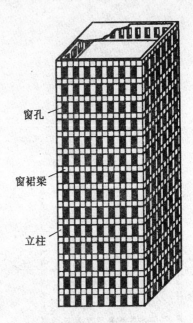

图 2.6　框筒

筒体结构可根据房屋高度、水平荷载大小,采用 4 种不同的形式:框架－筒体、框筒、筒中筒及成束筒。

框架－筒体结构是利用房屋中部的电梯间、楼梯间、设备间等墙体做成剪力墙内筒,又称为框架－核心筒结构,它适用于房屋平面为正方形、圆形、三角形、Y 形或接近正方形的矩形平面的塔式高楼,如图 2.7 所示。

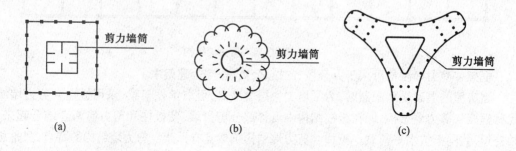

(a)　　　　　　　　　(b)　　　　　　　　　(c)

图 2.7　框架－筒体结构

框筒结构是指在外框筒内部布置只承受竖向荷载的梁柱体系,如图 2.8 所示,水平荷载全部由外框筒承担。它适用于房屋的平面接近正方形或圆形的塔式建筑中。这种体系在 1965 年建成的美国芝加哥 43 层切斯脱纳脱公寓大楼（Dewitt Chestnut Apartment Building）中得到应用（图 2.9）。该楼平面尺寸为 $38.1\ \mathrm{m} \times 24.7\ \mathrm{m}$,密集外柱中心之间的距离为 $1.68\ \mathrm{m}$,窗裙梁高 $0.61\ \mathrm{m}$,楼面为厚 $0.2\ \mathrm{m}$ 的无梁楼盖。为了扩大这种体系的入口通道,通常采用横梁、桁架或拱等转换层支承上部结构,以减少底层密集立柱的数目,如图 2.10 所示。横梁或桁架有时可高达 $1 \sim 2$ 层,通常利用这个空间作为技术设备层。

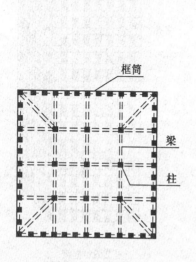

图 2.8　框筒结构

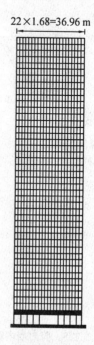

图 2.9　切斯脱纳脱公寓大楼

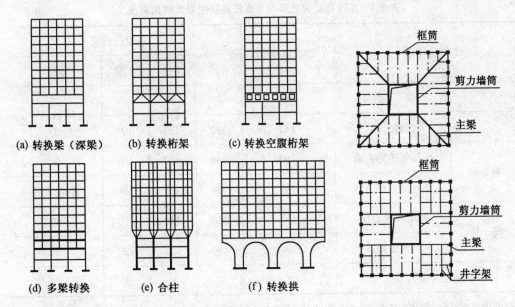

(a) 转换梁（深梁）
(b) 转换桁架
(c) 转换空腹桁架
(d) 多梁转换
(e) 合柱
(f) 转换拱

图2.10　外部形成大入口的转换层

框筒
剪力墙筒
主梁
框筒
剪力墙筒
主梁
井字架

图2.11　筒中筒结构

框筒结构体系，在水平荷载作用下外框筒的剪力滞后效应较大，结构(包括内部梁柱及外框柱)的潜能和空间效应发挥较差，目前已基本不用，但在框筒结构基础上发展起来的筒中筒结构、成束筒结构成为建造50层以上高层建筑的主要结构体系。

110
90
66
50

图2.12　西尔斯大楼

筒中筒和成束筒两种结构体系都具有更大的抗水平力的能力。图2.11表示筒中筒结构的房屋，即由剪力墙内筒和外框筒两个筒体组合而成，故称为“筒中筒”体系。所谓“成束筒”体系的房屋，是指由几个连在一起的框筒组合而成的。美国芝加哥的西尔斯大楼(图2.12)就是采用成束筒结构建造的。

《高规》将上述各种结构体系钢筋混凝土高层建筑结构的最大适用高度分为A级和B级，见表2.1和表2.2。当所建造的高层建筑高度超过A级高度，满足B级高度时，其结构抗震等级、有关的计算和构造措施应相应加严。

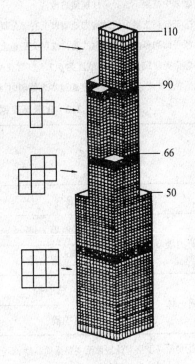

表 2.1　A 级高度钢筋混凝土高层建筑的最大适用高度　　　　　　　单位:m

结构体系		非抗震设计	抗震设防烈度			
			6 度	7 度	8 度	9 度
框　架		70	60	55	45	25
框架 – 剪力墙		140	130	120	100	50
剪力墙	全部落地剪力墙	150	140	120	100	60
	部分框支剪力墙	130	120	100	80	不应采用
筒　体	框架 – 核心筒	160	150	130	100	70
	筒中筒	200	180	150	120	80
板柱 – 剪力墙		70	40	35	30	不应采用

注:①房屋高度指室外地面至主要屋面高度,不包括局部突出屋面的电梯机房、水箱、构架等高度;

②表中框架不含异形柱框架结构;

③部分框支剪力墙结构指地面以上有部分框支剪力墙的剪力墙结构;

④平面和竖向均不规则的结构或Ⅳ类场地上的结构,最大适用高度应当降低;

⑤甲类建筑,抗震设防烈度为 6、7、8 度时宜按本地区抗震设防烈度提高一度后符合本表的要求,9 度时应专门研究;

⑥9 度抗震设防、房屋高度超过本表数值时,结构设计应有可靠依据,并采取有效措施。

表 2.2　B 级高度钢筋混凝土高层建筑的最大适用高度　　　　　　　单位:m

结构体系		非抗震设计	抗震设防烈度		
			6 度	7 度	8 度
框架 – 剪力墙		170	160	140	120
剪力墙	全部落地剪力墙	180	170	150	130
	部分框支剪力墙	150	140	120	100
筒　体	框架 – 核心筒	220	210	180	140
	筒中筒	300	280	230	170

注:①房屋高度指室外地面至主要屋面高度,不包括局部突出屋面的电梯机房、水箱、构架等高度;

②部分框支剪力墙结构指地面以上有部分框支剪力墙的剪力墙结构;

③平面和竖向均不规则的结构或Ⅳ类场地上的结构,表中数值应适当降低;

④甲类建筑,抗震设防烈度为 6、7 度时宜按本地区抗震设防烈度提高一度后符合本表的要求,8 度时应专门研究;

⑤当房屋高度超过本表数值时,结构设计应有可靠依据,并采取有效措施。

　　除了上述常用结构体系之外,其他高层建筑结构体系有:框架 – 核心筒 – 伸臂结构、巨型框架结构、巨型桁架结构以及悬挂结构体系等,如图 2.13 所示。

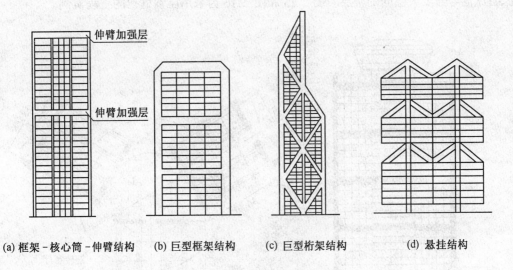

(a) 框架－核心筒－伸臂结构　　(b) 巨型框架结构　　(c) 巨型桁架结构　　(d) 悬挂结构

图 2.13　其他结构体系

　　框架－核心筒－伸臂结构是在框架－核心筒结构的某些楼层中设置伸臂,连接内筒与外柱,以增强其抗侧移刚度。伸臂是由刚度很大的桁架、实腹梁等组成。通常是沿高度选择一层、两层或数层布置伸臂构件,其作用如图 2.14 所示。由于伸臂本身刚度较大,在结构侧移时,它使外柱拉伸或压缩,从而使柱承受较大轴力,增大了外柱抵抗的倾覆力矩;伸臂使内筒产生反向的约束弯矩,内筒的弯矩图改变、弯矩减小;内筒反弯也同时减小了侧移。框架－核心筒－伸臂结构主要用在高宽比较大的超高层建筑中,以达到减少房屋侧移的目的。我国当前最高的上海金茂大厦即采用框架－核心筒－伸臂结构,其高宽比为 7.0,在第 24～25 层,第 51～52 层,第 85～86 层各设置一道两层高的伸臂,每道伸臂的钢桁架高达 8.0 m。

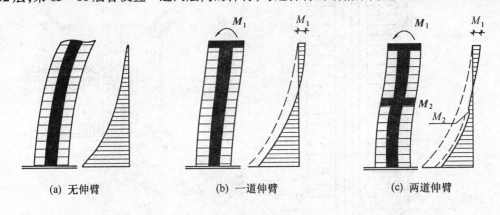

(a) 无伸臂　　　　　　(b) 一道伸臂　　　　　　(c) 两道伸臂

图 2.14　伸臂的作用

　　巨型框架结构体系是将房屋沿高度以每 10 层左右为一段,分为若干段,每段设一巨大的传力梁,与巨大的房屋角柱形成一级巨型框架。承受主要的水平和竖向荷载,其余的楼面梁与柱组成二级结构,二级结构只将楼面荷载传递到一级结构上,这样二级结构的梁、柱截面尺寸可以减小,增加了有效使用面积。巨型横梁下的楼层可以不设中间小柱,便于布置会议室、餐厅、游泳池等需要大空间的楼层。图 2.15 和图 2.16 为采用巨型框架的工程实例。

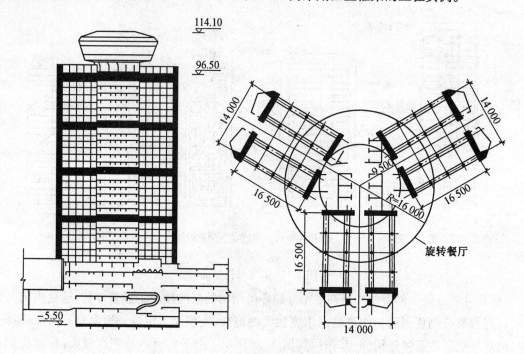

图 2.15 深圳亚洲大酒店

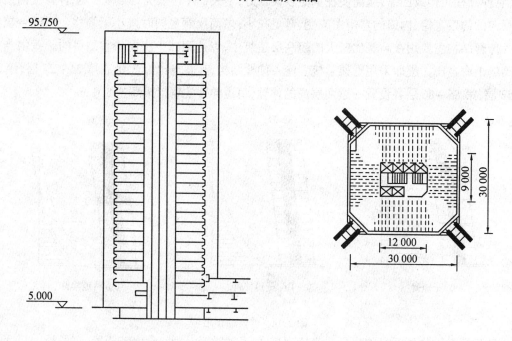

图 2.16 厦门国际金融大厦

　　巨型桁架结构是由巨型立柱和斜向支撑形成的空间结构作为建筑物的主要受力骨架。这种结构体系的有效宽度(即抗倾覆的力臂)大,桁架斜杆可有效地传递剪力,不存在框筒中的剪力滞后现象,提高了房屋的抗侧移刚度,使材料强度得以充分利用。图 2.17 为美国芝加哥的约翰·汉考克(John Hancock)大厦(100 层,高 344 m),设计者用巨型桁架取代了外框筒,提高了房屋的抗侧移刚度。图 2.18 为香港中国银行大厦(70 层,高 315 m,加屋顶天线后总高369 m),它是由 4 个平面为三角形的巨型空间桁架组成,向上每隔若干层取消一个三角区。4 个三角形桁架支承在底部三层巨大的框架上,最后由 4 根巨柱将全部荷载传给基础。

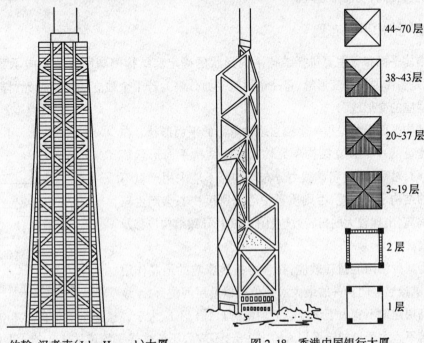

图 2.17　约翰·汉考克(John Hancock)大厦　　　　图 2.18　香港中国银行大厦

　　悬挂结构体系是以筒体、桁架或刚架等作为主要受力结构,全部楼盖均以钢丝束或预应力混凝土吊杆悬挂在上述主要受力结构上,一般每段吊杆悬吊 10 层左右。图 2.19 为南非约翰内斯堡的 Standard Bank 大楼结构示意图。这种结构集中使用主要受力构件,充分利用高强材料的抗拉强度,为敞开底部或其他部位的空间创造了有利条件。

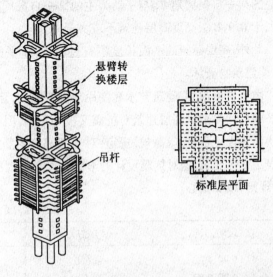

图 2.19　南非约翰内斯堡 Standard Bank 大楼结构示意图

2.3　高层建筑的结构布置

高层建筑的结构布置包括结构平面布置和结构竖向布置。在建筑方案设计阶段,结构工程师应与建筑师密切配合,根据结构布置的要求,制定出既满足建筑造型及功能需要,又安全、经济、切实可行的结构方案。否则,势必给各专业(包括建筑、结构、水、暖、电)带来很多问题,导致造价提高,功能不合理。

2.3.1　结构平面布置

结构平面布置主要包括结构平面形状的确定和结构侧向刚度及竖向承载能力的布置。(关于是否需要设置变形缝,将一个建筑平面分解为若干个独立的结构单元,详见本节"2.3.4 高层房屋的变形缝")。

结构平面形状是指一个独立结构单元的平面形状。在高层建筑的一个独立结构单元内,宜使结构平面形状简单、规则、对称,刚度和承载力分布均匀。不应采用严重不规则的结构平面布置,否则质量中心和刚度中心会产生较大的偏离,出现较大的扭转效应(图 2.20),导致结构位移及内力增大。

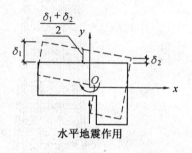

图 2.20　扭转效应示意

为减少结构的扭转效应,在考虑扭转影响的地震作用下,要求楼层竖向构件的最大水平位移以及层间位移,A 级高度高层建筑不宜大于该楼层平均值的1.2倍,不应大于该楼层平均值的 1.5 倍;B 级高度高层建筑不宜大于该楼层平均值的 1.2 倍,不应大于该楼层平均值的 1.4 倍。同时对结构扭转为主的第一自振周期 T_{t1} 与平动为主的第一自振周期 T_1 之比作出要求,A 级高度高层建筑不应大于 0.9,B 级高度高层建筑不应大于 0.85。

此外,高层建筑的平面长度不宜过长,对于平面长度过长的建筑可能出现两端振动不一致,使建筑物破坏。

由于城市规划、建筑艺术和使用功能的限制,建筑平面形状可能不符合简单、规则的要求,而平面形状复杂的高层建筑对抗震又极为不利,因此有必要提供一些对抗震有利的建筑平面形状作为设计参考。《高规》规定:对 A 级高度钢筋混凝土高层建筑的平面形状宜满足图 2.21 和表 2.3 的要求,但对抗震设计的 B 级高度钢筋混凝土高层建筑,则要求其平面布置应做到简单、规则,减少偏心。

表 2.3　L,l 的限值

设防烈度	L/B	l/B_{max}	l/b
6 度、7 度	≤6.0	≤0.35	≤2.0
8 度、9 度	≤5.0	≤0.30	≤1.5

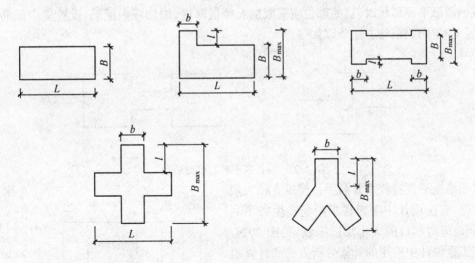

图 2.21　建筑平面

在规则的建筑平面形状中,如果抗侧移刚度和竖向荷载布置的不对称,仍然会产生扭转振动。如尼加拉瓜在 1962 年建造的马那瓜中央银行(图 2.22),是一栋 15 层的钢筋混凝土建筑,建筑平面形状为规则的矩形,采用框架结构体系,两个钢筋混凝土实体的电梯井和两个楼梯间均集中在平面的一侧,同时在该侧的山墙还砌有填充墙,造成结构刚心偏于一侧,在 1972 年 12 月 23 日的地震中遭受到强烈扭转振动,建筑物破坏严重,当地的地震烈度估计为 8 度。

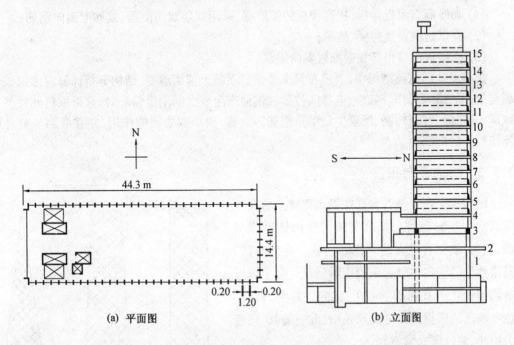

(a)　平面图　　　　　　　　　(b)　立面图

图 2.22　马那瓜中央银行

高层建筑不宜采用角部重叠或细腰形的平面形状,如图 2.23 所示。因为角部重叠或细腰形的平面形状,在中央部位形成狭窄部分,在地震中容易产生震害,尤其在凹角部位,因应力集中容易使楼板开裂、破坏。对于抗震设计的 A 级高度钢筋混凝土高层建筑,如必须采用角部重叠或细腰形平面形状时,这些部位应采取加大楼板厚度、增加板内配筋、设置集中配筋的边梁、配置45°斜向钢筋等方法予以加强。

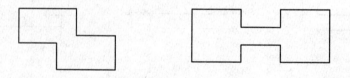

图 2.23　对抗震不利的平面形状

对于楼板平面有较大开洞而使楼板有较大削弱的情况,应在设计中考虑楼板削弱产生的不利影响,同时应对洞口的大小加以限制,见图 2.24。目前在工程设计中应用的计算分析方法和计算机软件,通常假定楼板在平面内刚度为无限大,对于多数工程来说,是能够满足这一假定的。但当楼板平面有较大开洞而使楼板有较大削弱时,楼板可能产生显著的面内变形,这时宜采用考虑楼板变形影响的计算方法,并应采取以下构造措施予以加强:

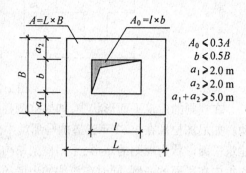

$A_0 \leqslant 0.3A$
$b \leqslant 0.5B$
$a_1 \geqslant 2.0$ m
$a_2 \geqslant 2.0$ m
$a_1 + a_2 \geqslant 5.0$ m

图 2.24　楼板开洞尺寸

(1) 加厚洞口附近楼板,提高楼板的配筋率,采用双层双向配筋,或加配斜向钢筋;

(2) 洞口边缘设置边梁、暗梁;

(3) 在楼板洞口角部集中配置斜向钢筋。

抗震设计的框架结构中,当仅布置少量钢筋混凝土剪力墙时,结构分析计算应考虑该剪力墙与框架的协同工作。如楼、电梯间位置较偏而产生较大的刚度偏心时,宜采取将此种剪力墙减薄、开竖缝、开结构洞、配置少量单排钢筋等措施,减小剪力墙的作用,并宜增加与剪力墙相连接柱子的配筋。

2.3.2　结构竖向布置

结构竖向布置是否合理在很大程度上取决于建筑物的竖向体型。高层建筑的竖向体型宜规则、均匀,避免有过大的外挑和内收。在地震区,高层建筑的竖向体型宜采用矩形、梯形、金字塔形等均匀变化的几何形状(图 2.25)。其中,梯形、金字塔形的质量随高度逐渐减小,重心偏低,倾覆力矩小,对抗震非常有利。

高层建筑结构沿竖向抗侧移刚度的分布宜自下而上逐渐减小,变化宜均匀、连续,不要突变。在实际工程中,往往是沿竖向分段改变构件截面

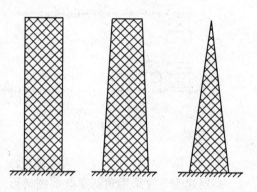

图 2.25　对抗震有利的竖向体型

尺寸和混凝土强度等级。为方便施工,改变次数不宜太多。截面尺寸减小与混凝土强度等级降低应在不同楼层,以免抗侧移刚度变化过大出现薄弱层。

对于需要抗震设防的高层建筑,结构沿竖向抗侧力构件宜上下连续贯通。正常情况下,下部楼层侧向刚度宜大于上部楼层侧向刚度。当某楼层侧向刚度小于上层时,《高规》规定:其楼层侧向刚度不宜小于相邻上部楼层侧向刚度的 70% 或其上相邻三层侧向刚度平均值的 80%(图 2.26)。此外,层间抗侧力结构的受剪承载力,下部楼层宜大于上部楼层,当某楼层层间抗侧力结构的受剪承载力 $V_{u,i}$ 小于上层抗侧力结构的受剪承载力 $V_{u,i+1}$ 时(图 2.27),A 级高度不宜小于其上一层受剪承载力的 80%,不应小于其上一层受剪承载力的 65%;B 级高度不应小于其上一层受剪承载力的 75%。楼层层间抗侧力结构受剪承载力是指在所考虑的水平地震作用方向上,该层全部柱及剪力墙的受剪承载力之和。当满足上述规定时,可以认为是竖向刚度比较均匀的结构。否则,应采用弹性时程分析方法进行多遇地震下的补充计算,并采取有效的措施予以加强。

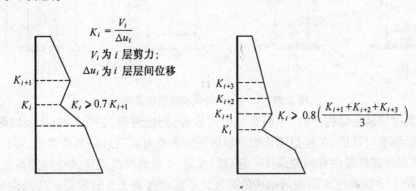

图 2.26　沿竖向楼层侧向刚度分布要求

高层建筑竖向刚度不均匀的情况及应采取的加强措施为:

(1) 底层或底部若干层要求大空间,取消一部分剪力墙或柱子。此时应尽量加大落地剪力墙和下层柱子的截面尺寸,并提高这些楼层的混凝土强度等级,同时加强被取消剪力墙所在楼层的顶板,使未落地的剪力墙所受的水平力通过楼板传到其他落地剪力墙上。

(2) 中部楼层部分剪力墙中断。如果建筑功能要求必须取消中间楼层的部分墙体,则取消的剪力墙不得超过半数,其余墙体应加强配筋。

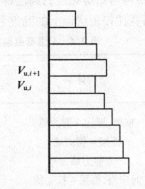

图 2.27　层间抗侧力结构的受剪承载力示意

(3) 顶层设置空旷的大房间,取消部分剪力墙或内柱。由于顶层刚度削弱,高振型影响会使地震力加大。顶层取消的剪力墙也不得超过半数,其余的墙体及柱子应加强配筋。

在地震区,高层建筑的竖向体型若有过大的外挑和内收也容易造成震害。当上部结构楼层相对于下部楼层外挑时,结构的扭转效应和竖向地震作用效应明显,对抗震不利,因此外挑尺寸不宜过大。《高规》要求:下部楼层的水平尺寸 B 不宜小于上部楼层水平尺寸 B_1 的 0.9 倍,且水平外挑尺寸 a 不宜大于 4 m,如图 2.28(a)、(b)所示。同时,设计上应考虑竖向地震作用的影响。当结构上部楼层相对于下部楼层收进时,收进的部位越高、收进后的平面尺寸越小,结构的高振型反应(即"鞭梢"效应)越明显,因此收进后的平面尺寸最好不要过小。《高规》规定:结构上部楼层收进部位到室外地面的高度 H_1 与房屋高度 H 之比大于 0.2 时,上部楼层收进后的水平尺寸 B_1 不宜小于下部楼层水平尺寸 B 的 0.75 倍,如图 2.28(c)、(d)所示。当外挑和内收尺寸超过上述规定时,应采用弹性时程分析方法进行多遇地震下的补充计算,并采取有效的措施予以加强。

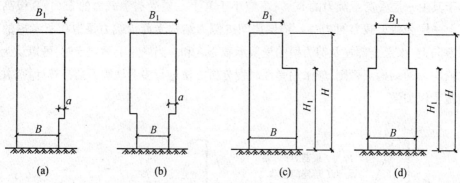

图 2.28　结构竖向外挑和收进示意图

高层建筑除应满足结构平面、竖向布置的要求外,还应对其高宽比 H/B 加以限制,H 是指建筑物地面到檐口高度,B 是指建筑物平面的短方向总宽。通过限制高宽比,可以为控制结构的倾覆、稳定及侧移提供有利的条件。《高规》规定:A 级高度高层建筑结构的高宽比不宜超过表 2.4 的限值;B 级高度高层建筑结构的高宽比不宜超过表 2.5 的限值。应当说明,表中数值是根据经验得到的,可供设计时参考。

对主体结构与裙房相连的高层建筑,当裙房的面积和刚度相对于其上部主体的面积和刚度较大时,高宽比按裙房以上的高度和宽度计算。

表 2.4　A 级高度钢筋混凝土高层建筑结构适用的最大高宽比

结构体系	非抗震设计	抗震设防烈度		
		6 度、7 度	8 度	9 度
框架、板柱 – 剪力墙	5	4	3	2
框架 – 剪力墙	5	5	4	3
剪力墙	6	6	5	4
筒中筒、框架 – 核心筒	6	6	5	4

表 2.5　B 级高度钢筋混凝土高层建筑结构适用的最大高宽比

非抗震设计	抗震设防烈度	
	6 度、7 度	8 度
8	7	6

高层建筑宜设地下室。设置地下室可以减轻地基压力,增加高层房屋抗倾覆能力和改善抗震性能。同一结构单元应全部设置地下室,不宜采用部分地下室,且地下室应具有相同的埋深。

2.3.3　关于结构布置的规则性

前面分别对结构平面布置及竖向布置的规则性给出了《高规》中的一系列规定,为方便设计,将前述规定列成表格,见表 2.6。

表 2.6　规则性限制条件及超限准则

项目			限　制　条　件		超限准则	注
项 目	平面规则性	扭转影响	$\delta_1 \Big/ \dfrac{\delta_1+\delta_2}{2} \leqslant 1.2$		不宜	见图 2.20
			A 级高层建筑	$\delta_1 \Big/ \dfrac{\delta_1+\delta_2}{2} \leqslant 1.5$	不应	
			B 级高层建筑	$\delta_1 \Big/ \dfrac{\delta_1+\delta_2}{2} \leqslant 1.4$		
			$\dfrac{T_{t1}}{T_1}$	A 级高层建筑　$\leqslant 0.9$	不应	T_{t1} 为扭转为主第一自振周期
				B 级高层建筑　$\leqslant 0.85$	不应	T_1 为平动为主第一自振周期
		平面尺寸	6度、7度	$L/B \leqslant 6.0$	不宜	见图 2.21
				$L/B_{max} \leqslant 0.35$	不宜	
				$l/b \leqslant 2$	不宜	
			8度、9度	$L/B \leqslant 5.0$	不宜	
				$l/B_{max} \leqslant 0.3$	不宜	
				$l/b \leqslant 1.5$	不宜	
		楼板开洞	$b \leqslant 0.5B$		不宜	见图 2.24
			$A_0 \leqslant 0.3A$		不宜	
			$a_1+a_2 \geqslant 5\ \text{m}$		不宜	
			$a_1 \geqslant 2\ \text{m}$ 或 $a_2 \geqslant 2\ \text{m}$		不应	
	竖向规则性	刚度比	$\dfrac{K_i}{K_{i+1}} \geqslant 0.7$ 或 $\dfrac{K_i}{\dfrac{K_{i+1}+K_{i+2}+K_{i+3}}{3}} \geqslant 0.8$		不宜	见图 2.26
		受剪承载力比	A 级高层建筑	$\dfrac{V_{u,i}}{V_{u,i+1}} \geqslant 0.8$	不宜	见图 2.27
				$\dfrac{V_{u,i}}{V_{u,i+1}} \geqslant 0.65$	不应	
			B 级高层建筑	$\dfrac{V_{u,i}}{V_{u,i+1}} \geqslant 0.75$	不应	
		外形尺寸	收进	$H_1/H > 0.2$ 时,$B_1 \geqslant 0.75B$	不宜	见图 2.28
			外挑	$B \geqslant 0.9B_1$,且 $a < 4\ \text{m}$	不宜	

若结构方案中仅有个别项目超限,且超限准则为"不宜",此结构虽属不规则结构,但仍可按《高规》有关规定进行计算和采取相应的构造措施;若结构方案中有多项超限,且超限准则为"不宜",此结构属特别不规则结构,应尽量避免;若结构方案中有多项超限,且与限制条件相差较多,超限准则为"不宜",或者有一项超限,超限准则为"不应",则此结构属严重不规则结构,这种结构方案不应采用,必须对结构方案进行调整。

对平面不规则的高层建筑结构,应采用考虑平扭耦联的三维空间分析软件进行整体内力位移计算,当楼板开大洞时,宜采用考虑楼板变形影响的计算方法。除计算之外,还应采取有效的构造措施对薄弱部位予以加强。

对竖向不规则的高层建筑结构,其薄弱层在地震作用标准值作用下的剪力应乘以 1.15 的增大系数,并应对薄弱部位采取有效的抗震构造措施。结构的计算分析应符合下列规定:

(1) 应采用至少两个不同力学模型的三维空间分析软件进行整体内力位移计算;

(2) 抗震计算时,宜考虑平扭耦联计算结构的扭转效应,振型数不应小于 15,且计算振型数应使振型参与质量不小于总质量的 90%;

(3) 应采用弹性时程分析法进行补充计算;

(4) 宜采用弹塑性静力或动力分析方法验算薄弱层弹塑性变形。

2.3.4　高层房屋的变形缝

变形缝是伸缩缝、沉降缝及防震缝的总称。在高层建筑中,常常由于建筑使用要求和考虑立面效果以及防水处理困难等,希望少设或不设缝。特别是在地震区,地震时常因设缝处互相碰撞而造成震害。因此,在高层建筑中,宜采取相应的构造和施工措施,尽量不设变形缝;当必须设缝时,应将缝两侧的高层建筑结构分为独立的结构单元。

1. 伸缩缝

伸缩缝的主要作用是防止建筑物在温度变化过程中产生的温度应力导致结构及非结构构件开裂或破损。当高层建筑结构未采取可靠的构造或施工措施时,其伸缩缝间距不宜超出表 2.7 的限值。

当屋面无保温或隔热措施时,或位于气候干燥地区、夏季炎热且暴雨频繁地区的结构,可适当减小伸缩缝的间距。

混凝土的收缩较大或室内结构因施工外露时间较长时,伸缩缝间距应适当减小。

表 2.7　伸缩缝的最大间距

结构体系	施工方法	最大间距/m
框架结构	现浇	55
剪力墙结构	现浇	45

注:框架 - 剪力墙的伸缩缝间距可根据结构的具体布置情况取表中框架结构与剪力墙结构之间的数值。

当采用以下的构造措施和施工措施减小温度和收缩应力时,可增大伸缩缝的间距:

(1) 在顶层、底层、山墙和纵墙端开间等温度变化影响较大的部位提高配筋率。

(2) 顶层加强保温隔热措施或采用架空通风屋面,外墙设置外保温层。

(3) 顶部楼层改用刚度较小的结构形式或顶部设局部温度缝,将结构划分为长度较短的区段。

(4) 每隔 30～40 m 间距留出施工后浇带,带宽 800～1 000 mm,钢筋可采用搭接接头,如图2.29 所示。后浇带混凝土宜在两个月后浇灌,后浇带混凝土浇灌时温度宜低于主体混凝土浇灌时的温度。

(5) 采用收缩小的水泥、减少水泥用量,在混凝土中加入适宜的外加剂。

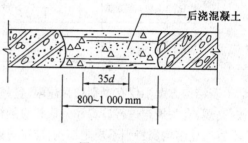

图 2.29　后浇带

（6）提高每层楼板的构造配筋率或采用部分预应力结构。

目前已建成的一些工程，由于采取了一系列措施并进行合理的施工，伸缩缝间距已超出了表 2.7 的限值。例如，位于东北地区的农业银行黑龙江省分行办公楼长 80 m 未设伸缩缝，北京京伦饭店长度已达 138 m 也未设伸缩缝。

2. 沉降缝

在高层建筑中，当建筑物相邻部位层数或荷载相差悬殊或地基土层压缩性变化过大，从而造成较大差异沉降时，宜设置沉降缝将结构划分为独立单元。高层建筑沉降缝的基本要求是相邻单元可以自由沉降，并应考虑由于基础转动产生顶点位移的影响。

当采用以下措施后，高层部分与裙房之间可连为整体而不设沉降缝：

（1）采用桩基，桩支承在基岩上；或者采取减少沉降的有效措施，并经计算，且沉降差在允许范围内。

（2）主楼与裙房采用不同的基础形式，并宜先施工主楼，后施工裙房，调整土压力使后期沉降基本接近。

（3）地基承载力较高、沉降计算较为可靠时，主楼与裙房的标高预留沉降差，先施工主楼，后施工裙房，使最后两者标高基本一致。

在采用（2）、（3）条措施的情况下，施工时应在主楼与裙房之间先留出后浇带，待沉降基本稳定后再连为整体。后浇带的构造见图 2.29，但钢筋可以直通，不必搭接。设计中应考虑后期沉降差的不利影响。

3. 防震缝

抗震设计时，高层建筑宜调整平面形状和结构布置，避免结构不规则，不设防震缝。当建筑物平面形状复杂而又无法调整其平面形状和结构布置使之成为较规则的结构时，宜设置防震缝将其划分为较简单的几个结构单元。

设置防震缝时，应符合下列规定。

（1）防震缝最小宽度应符合下列要求：

①框架结构房屋，高度不超过 15 m 的部分，可取 70 mm；超过 15 m 的部分，6 度、7 度、8 度和 9 度相应每增加高度 5 m、4 m、3 m 和 2 m，宜加宽 20 mm；

②框架 – 剪力墙结构房屋可按第①项规定数值的 70% 采用，剪力墙结构房屋可按第①项规定数值的 50% 采用，但二者均不宜小于 70 mm。

（2）防震缝两侧结构体系不同时，防震缝宽度应按不利的结构类型确定；防震缝两侧的房屋高度不同时，防震缝宽度应按较低的房屋高度确定。

（3）当相邻结构的基础存在较大沉降差时，宜增大防震缝的宽度。

（4）防震缝宜沿房屋全高设置；地下室、基础可不设防震缝，但在与上部防震缝对应处应加强构造和连接。

（5）结构单元之间或主楼与裙房之间如无可靠措施，不应采用牛腿托梁的做法设置防震缝。

需要抗震设防的建筑，当必须设缝时，其伸缩缝、沉降缝均应符合防震缝宽度的要求。

第3章 高层建筑的荷载和地震作用

高层建筑主要承受竖向荷载、风荷载和地震作用。本章的主要任务是介绍上述荷载的汇集方法。在高层建筑结构设计的荷载汇集阶段,通常按荷载标准值进行荷载汇集,以便求出构件内力后,根据不同要求进行内力组合(详见第4章4.2节)。

3.1 竖向荷载

竖向荷载可分为恒荷载(永久荷载)和活荷载(可变荷载)。恒荷载包括结构及装饰材料自重、固定设备重量;活荷载包括楼面均布活荷载、雪荷载、施工检修人员与机具的重量。

恒荷载标准值可由各构件的截面尺寸、长度、装饰材料情况,根据《建筑结构荷载规范》GB 50009—2001(以下简称《荷载规范》)规定的各种材料自重标准值进行计算。固定设备重由有关专业设计人员提供。

活荷载标准值应按《荷载规范》中的规定采用。其中楼面均布活荷载标准值是设计基准期(50年)内,具有一定概率保证的楼面可能出现的活荷载"最大值"。高层建筑在使用期间,所有楼面活荷载同时达到"最大值"(即活荷载标准值)的可能性很小。因此,当梁、柱或墙承受的楼面面积较大或柱、墙承担的楼层较多时,应对活荷载标准值进行折减。例如,在设计住宅、宿舍、旅馆、办公楼等高层民用建筑的剪力墙、柱或基础时,要求楼面均布活荷载按表3.1进行折减,其他民用建筑的楼面均布活荷载标准值折减系数详见《荷载规范》第4.1.2条中的有关规定。在荷载汇集及内力计算中,应按未经折减的活荷载标准值进行计算,楼面活荷载的折减可在构件内力组合时,针对具体设计的构件所处位置,从《荷载规范》第4.1.2条中选用相应的活荷载折减系数,对活荷载引起的内力进行折减,然后再将经过折减的活荷载引起的构件内力用来参与组合。

表3.1 活荷载按楼层数的折减系数

墙、柱、基础计算截面以上的层数	1	2~3	4~5	6~8	9~20	>20
计算截面以上各楼层活荷载总和的折减系数	1.00(0.90)	0.85	0.70	0.65	0.60	0.55

注:当楼面梁的从属面积超过25 m² 时,采用括号内的系数。

在计算高层建筑活荷载引起的内力时,可不考虑活荷载最不利布置。因为在高层建筑中楼面活荷载标准值一般为2~3 kN/m²,而高层建筑全部竖向荷载标准值一般为12~16 kN/m²,所以楼面活荷的最不利分布对内力产生的影响较小。为简化计算,可按活荷载满布进行计算,然后对梁跨中弯矩乘以放大系数,放大系数可取为1.1~1.3,活荷载大时可选用较大数值。

3.2　风荷载

3.2.1　总体风荷载

垂直于建筑物表面上的风荷载标准值应按下式计算

$$\omega_k = \beta_z \mu_z \mu_s \omega_0 \tag{3.1}$$

式中，ω_k 为风荷载标准值，kN/m^2；ω_0 为基本风压，kN/m^2；μ_z 为风压高度变化系数；μ_s 为风荷载体型系数；β_z 为 z 高度处的风振系数。

风荷载作用面积应取垂直于风向的最大投影面积。

基本风压 ω_0 应按《荷载规范》附录 D.4 中附表 D.4 确定，表中分别给出了重现期为 10 年、50 年、100 年的基本风压。对于一般高层建筑可采用重现期为 50 年的基本风压；对于特别重要或对风荷载比较敏感的高层建筑，应采用重现期为 100 年的风压（高层建筑对风荷载是否敏感，主要与高层建筑的自振周期有关，目前尚无实用的划分标准，一般情况下，高度大于 60 m 的高层建筑，可采用 100 年一遇的风压值，对于高度不超过 60 m 的高层建筑是否采用 100 年一遇的风压值，可由设计人员根据实际情况确定）；重现期为 10 年的风压用于高层建筑的舒适度验算（见第 4 章）。

风压高度变化系数 μ_z 可按表 3.2 规定采用。

表 3.2　风压高度变化系数 μ_z

离地面或海平面高度 /m	地面粗糙度类别			
	A	B	C	D
5	1.17	1.00	0.74	0.62
10	1.38	1.00	0.74	0.62
15	1.52	1.14	0.74	0.62
20	1.63	1.25	0.84	0.62
30	1.80	1.42	1.00	0.62
40	1.92	1.56	1.13	0.73
50	2.03	1.67	1.25	0.84
60	2.12	1.77	1.35	0.93
70	2.20	1.86	1.45	1.02
80	2.27	1.95	1.54	1.11
90	2.34	2.02	1.62	1.19
100	2.40	2.09	1.70	1.27
150	2.64	2.38	2.03	1.61
200	2.83	2.61	2.30	1.92
250	2.99	2.80	2.54	2.19
300	3.12	2.97	2.75	2.45
350	3.12	3.12	2.94	2.68
400	3.12	3.12	3.12	2.91
≥ 450	3.12	3.12	3.12	3.12

表 3.2 中地面粗糙度按高层建筑所在地区的不同可分为 4 类:A 类指近海海面和海岛、海岸、湖岸及沙漠地区;B 类指田野、乡村、丛林、丘陵以及房屋比较稀疏的乡镇和城市郊区;C 类指有密集建筑群的城市市区;D 类指有密集建筑群且房屋高度较高的城市市区。

风荷载体型系数 μ_s,与高层建筑的体型、平面尺寸有关,可按下列规定采用:

(1) 圆形平面建筑,风荷载体型系数取 0.8 。

(2) 正多边形及截角三角形平面风荷载体型系数,由下式计算

$$\mu_s = 0.8 + \frac{1.2}{\sqrt{n}} \tag{3.2}$$

式中,n 为多边形的边数。

(3) 高宽比 H/B 不大于 4 的矩形、方形、十字形平面建筑风荷载体型系数取 1.3。

(4) 下列建筑的风荷载体型系数取 1.4。

① V 形、Y 形、L 形、槽形、弧形、双十字形、井字形平面建筑;

② 高宽比 H/B 大于 4 的十字形平面建筑;

③ 高宽比 H/B 大于 4 ,长宽比 L/B 不大于 1.5 的矩形、鼓形平面建筑。

在需要更细致地进行风荷载计算的情况下,风荷载体型系数可按表 3.3 采用或由风洞试验确定。

复杂体型的高层建筑在进行内力与位移计算时,正反两个方向风荷载的绝对值可按两个方向中的较大值采用。这样,正向风和反向风只需计算一次,两个方向的风力大小相等,方向相反,可使计算大为简化。

表 3.3 风荷载体型系数 μ_s

(1) 矩形平面

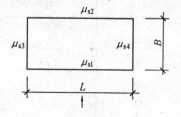

μ_{s1}	μ_{s2}	μ_{s3}	μ_{s4}
0.80	$-\left(0.48 + 0.03\dfrac{H}{L}\right)$	-0.60	-0.60

注:H 为房屋高度。

(2) L 形平面

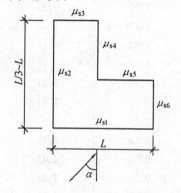

α	μ_{s1}	μ_{s2}	μ_{s3}	μ_{s4}	μ_{s5}	μ_{s6}
0°	0.80	-0.70	-0.60	-0.50	-0.50	-0.60
45°	0.50	0.50	-0.80	-0.70	-0.70	-0.80
225°	-0.60	-0.60	0.30	0.90	0.90	0.30

(3) 槽形平面

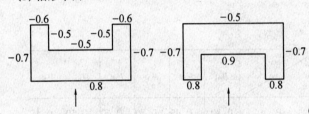

(4) 正多边形平面、圆形平面

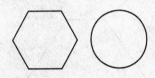

① $\mu_s = 0.8 + \dfrac{1.2}{\sqrt{n}}$（n 为多边形的边数）；

② 当圆形高层建筑表面较粗糙时，$\mu_s = 0.8$。

(5) 扇形平面

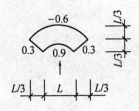

(6) 梭形平面

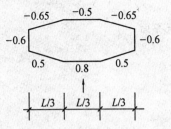

(7) 十字形平面

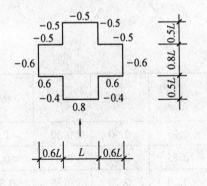

(8) 井字形平面

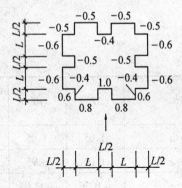

(9) X 形平面

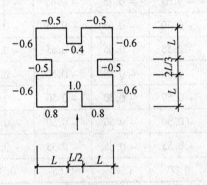

(10) ╪ 形平面

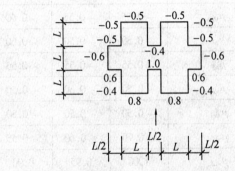

(11) 六角形平面

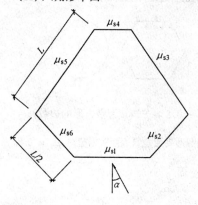

μ_s α	μ_{s1}	μ_{s2}	μ_{s3}	μ_{s4}	μ_{s5}	μ_{s6}
0°	0.80	− 0.45	− 0.50	− 0.60	− 0.50	− 0.45
30°	0.70	0.40	− 0.55	− 0.50	− 0.55	− 0.55

(12) Y 形平面

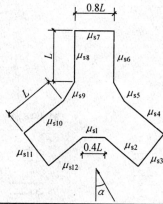

μ_s α	0°	10°	20°	30°	40°	50°	60°
μ_{s1}	1.05	1.05	1.00	0.95	0.90	0.50	− 0.15
μ_{s2}	1.00	0.95	0.90	0.85	0.80	0.40	− 0.10
μ_{s3}	− 0.70	− 0.10	0.30	0.50	0.70	0.85	0.95
μ_{s4}	− 0.50	− 0.50	− 0.55	− 0.60	− 0.75	− 0.40	− 0.10
μ_{s5}	− 0.50	− 0.55	− 0.60	− 0.65	− 0.75	− 0.45	− 0.15
μ_{s6}	− 0.55	− 0.55	− 0.60	− 0.70	− 0.65	− 0.15	− 0.35
μ_{s7}	− 0.50	− 0.50	− 0.50	− 0.55	− 0.55	− 0.55	− 0.55
μ_{s8}	− 0.55	− 0.55	− 0.55	− 0.50	− 0.50	− 0.50	− 0.50
μ_{s9}	− 0.50	− 0.50	− 0.50	− 0.50	− 0.50	− 0.50	− 0.50
μ_{s10}	− 0.50	− 0.50	− 0.50	− 0.50	− 0.50	− 0.50	− 0.50
μ_{s11}	− 0.70	− 0.60	− 0.55	− 0.55	− 0.55	− 0.55	− 0.55
μ_{s12}	1.00	0.95	0.90	0.80	0.75	0.65	0.35

风振系数 β_z 可按下式计算

$$\beta_z = 1 + \frac{\varphi_z \xi \upsilon}{\mu_z} \tag{3.3}$$

式中, φ_z 为振型系数,可由结构动力计算确定,计算时可仅考虑受力方向基本振型的影响,对于截面沿高度不变且迎风面宽度较大的高层建筑, φ_z 可按表 3.4 采用; ξ 为脉动增大系数,按表 3.5 采用; υ 为脉动影响系数,外形、质量沿高度比较均匀的结构可按表 3.6 采用; μ_z 为风压高度变化系数,按表 3.2 采用。

表 3.4　高层建筑的振型系数 φ_z

相对高度 z/H	0.1	0.2	0.3	0.4	0.5	0.6	0.7	0.8	0.9	1.0
振型系数 φ_z	0.02	0.08	0.17	0.27	0.38	0.45	0.67	0.74	0.86	1.00

对于质量和刚度沿高度分布比较均匀的弯剪型结构, β_z 可近似按下式计算

$$\beta_z = 1 + \frac{H_i \xi \upsilon}{H \mu_z} \tag{3.4}$$

式中, H_i 为第 i 层标高; H 为建筑总高度;其余符号含义同公式(3.3)。

表 3.5　脉动增大系数 ξ

$\omega_0 T_1^2 / (kN \cdot s^2 \cdot m^{-2})$	地面粗糙度类别			
	A 类	B 类	C 类	D 类
0.06	1.21	1.19	1.17	1.14
0.08	1.23	1.21	1.18	1.15
0.10	1.25	1.23	1.19	1.16
0.20	1.30	1.28	1.24	1.19
0.40	1.37	1.34	1.29	1.24
0.60	1.42	1.38	1.33	1.28
0.80	1.45	1.42	1.36	1.30
1.00	1.48	1.44	1.38	1.32
2.00	1.58	1.54	1.46	1.39
4.00	1.70	1.65	1.57	1.47
6.00	1.78	1.72	1.63	1.53
8.00	1.83	1.77	1.68	1.57
10.00	1.87	1.82	1.73	1.61
20.00	2.04	1.96	1.85	1.73
30.00	—	2.06	1.94	1.81

注: ω_0 为基本风压,按《荷载规范》附录 D.4 中附表 D.4 确定; T_1 为结构基本自振周期,可由结构动力学计算确定。对比较规则的结构,也可采用近似公式计算:框架结构 $T_1 = (0.08 \sim 0.1)n$,框架 - 剪力墙和框架 - 核心筒结构 $T_1 = (0.06 \sim 0.08)n$,剪力墙结构和筒中筒结构 $T_1 = (0.05 \sim 0.06)n$, n 为结构层数。

表 3.6　高层建筑的脉动影响系数 υ

H/B	粗糙度类别	房屋总高度 H/m							
		≤ 30	50	100	150	200	250	300	350
≤ 0.5	A	0.44	0.42	0.33	0.27	0.24	0.21	0.19	0.17
	B	0.42	0.41	0.33	0.28	0.25	0.22	0.20	0.18
	C	0.40	0.40	0.34	0.29	0.27	0.23	0.22	0.20
	D	0.36	0.37	0.34	0.30	0.27	0.25	0.27	0.22
1.0	A	0.48	0.47	0.41	0.35	0.31	0.27	0.26	0.24
	B	0.46	0.46	0.42	0.36	0.36	0.29	0.27	0.26
	C	0.43	0.44	0.42	0.37	0.34	0.31	0.29	0.28
	D	0.39	0.42	0.42	0.38	0.36	0.33	0.32	0.31
2.0	A	0.50	0.51	0.46	0.42	0.38	0.35	0.33	0.31
	B	0.48	0.50	0.47	0.42	0.40	0.36	0.35	0.33
	C	0.45	0.49	0.48	0.44	0.42	0.38	0.38	0.36
	D	0.41	0.46	0.48	0.46	0.44	0.42	0.42	0.39
3.0	A	0.53	0.51	0.49	0.45	0.42	0.38	0.38	0.36
	B	0.51	0.50	0.49	0.45	0.43	0.40	0.40	0.38
	C	0.48	0.49	0.49	0.48	0.46	0.43	0.43	0.41
	D	0.43	0.46	0.49	0.49	0.48	0.46	0.46	0.45
5.0	A	0.52	0.53	0.51	0.49	0.46	0.44	0.42	0.39
	B	0.50	0.53	0.52	0.50	0.48	0.45	0.44	0.42
	C	0.47	0.50	0.52	0.52	0.50	0.48	0.47	0.45
	D	0.43	0.48	0.52	0.53	0.53	0.52	0.51	0.50
8.0	A	0.53	0.54	0.53	0.51	0.48	0.46	0.43	0.42
	B	0.51	0.53	0.54	0.52	0.50	0.49	0.46	0.44
	C	0.48	0.51	0.54	0.53	0.52	0.52	0.50	0.48
	D	0.43	0.48	0.54	0.53	0.55	0.55	0.54	0.53

房屋高度大于 200 m 或房屋高度大于 150 m 且体型较复杂时,宜采用风洞试验来确定建筑物的风荷载。

3.2.2　局部风荷载

风压在建筑物表面是不均匀的,在计算局部构件时,应考虑风荷载的局部效应。对于檐口、雨篷、遮阳板、阳台等水平构件,计算局部上浮风荷载时,用增大风荷载体型系数的方法考虑局部效应,此时 μ_s 不宜小于 2.0。

3.3　地震作用

3.3.1　地震作用计算的有关规定

1. 高层建筑重要性分类

对高层建筑按重要性进行分类,就是要根据高层建筑的重要性,采取不同的抗震设防标准,以便达到相对合理地使用建设资金的目的。高层建筑按其重要性可分为甲、乙、丙 3 类。

(1) 甲类建筑是指有特殊要求,如遇地震破坏会导致严重次生灾害的建筑。这类建筑应根据具体情况,按国家规定的审批权限审批后确定。

(2) 乙类建筑是指地震时使用功能不能中断或需尽快恢复的建筑。例如,救护、医疗、广播、通信等,但不是所有这些类型的高层建筑均列入乙类,应根据城市防灾规划确定,或由有关部门批准确定。属于乙类建筑的高层建筑物可以有:

① 对国内、外广播的广播电台和节目传输中心、电视发射中心。通常指国家级、省和直辖市级的广播电视中心;

② 城市和长途通信枢纽、国际无线电台;

③ 有 200 床位以上的医院病房楼、门诊楼。

(3) 丙类建筑是指一般的建筑。

目前国内尚无按甲类设计的高层建筑,绝大多数高层建筑均属丙类。

2.设防标准

各类高层建筑的抗震设防标准应符合下列要求:

(1) 对于甲类建筑应按高于本地区抗震设防烈度计算,提高的幅度应经专门研究,并需要按规定的权限审批。

甲类建筑应采取专门的设计方法,例如,对建筑物的不同使用要求规定专门的设防标准;采用地震危险性分析提出专门的地震动参数;采取规范以外的特殊抗震方案、抗震措施和抗震验算方法等。

(2) 对于乙、丙类建筑应按本地区抗震设防烈度计算。

抗震设防烈度为 6 度及以上地区的建筑,必须进行抗震设计。

3.抗震设防目标

目前,建筑结构采用三个水准进行抗震设防,第一水准,即多遇地震(小震),约 50 年一遇;第二水准,即设防烈度地震(中震),约 475 年一遇;第三水准,即罕遇地震(大震),约为 2 000 年一遇的强烈地震。抗震设防目标为"小震不坏,中震可修,大震不倒"。

小震烈度比设防烈度约低 1.55 度,大震烈度比设防烈度约高 1 度。

为实现三水准抗震设防目标,应按以下两个阶段进行抗震设计:

第一阶段设计:对于高层建筑结构,首先应满足第一、二水准的抗震要求。为此,应按多遇地震(即第一水准,比设防烈度约低 1.55 度)的地震动参数计算地震作用,进行构件截面承载力计算和结构位移控制,并采取相应构造措施保证结构的延性,使之具有与第二水准(设防烈度)相应的变形能力,从而实现"小震不坏"和"中震可修"的设防目标。这一阶段设计对所有抗震设计的高层建筑结构都必须进行。

第二阶段设计:对地震时抗震能力较低、特别不规则(有薄弱层)的高层建筑结构以及抗震要求较高的建筑结构(如甲类建筑),要进行易损部位(薄弱层)的塑性变形验算,并采取措施提高薄弱层的承载力或增加变形能力,从而实现"大震不倒"的设防目标。这一阶段设计主要是对甲类建筑和特别不规则的结构进行的。

4.地震作用计算原则

高层建筑结构应按下列原则计算地震作用:

(1) 一般情况下,可在结构两个主轴方向分别计算单向水平地震作用;对有斜交抗侧力构件的结构,当相交角度大于 15° 时,应分别计算各抗侧力构件方向的水平地震作用。

(2) 质量与刚度分布明显不对称、不均匀的结构,应计算双向水平地震作用。

(3) 8 度、9 度抗震设计时,高层建筑中的大跨度和长悬臂结构应计算竖向地震作用。

(4) 9 度抗震设计时应计算竖向地震作用。

由于施工、使用或地震地面运动的扭转分量等因素的不利影响,即使对于平面规则(包括理论上质量中心与刚度中心无偏心距)的高层建筑结构也可能存在偶然偏心,因此《高规》规定:计算单向地震作用时应考虑偶然偏心的影响。偶然偏心可按下式计算

$$e_i = \pm 0.05 L_i \tag{3.5}$$

式中,e_i 为第 i 层质心偏移值,m,各楼层质心偏移方向相同;L_i 为第 i 层垂直于地震作用方向的建筑物总长度,m。

对于平面布置不规则的结构,除其自身已有的偏心外,还要加上偶然偏心。计算双向水平地震作用时,可不考虑偶然偏心,但应考虑自身已有的偏心影响。

3.3.2　水平地震作用的计算

水平地震作用的计算方法有 3 种,即底部剪力法、振型分解反应谱法、时程分析法。

底部剪力法,即利用反应谱理论确定结构最大加速度值,乘以结构的总质量,则得到结构所承受的总水平地震作用(即结构底部总剪力),然后按每一楼层的高度和重量,将总的水平地震作用分配到各楼层处。它的优点是计算简单,便于手算,缺点是没有考虑高振型的影响。底部剪力法只适用于高度不超过 40 m,以剪切变形为主且质量、刚度沿高度分布比较均匀的高层建筑结构。

振型分解反应谱法,即将多质点体系的振动分解成各个振型的组合,而每个振型又是一个广义的单自由度体系,利用反应谱便可求出每一振型的地震作用,经过内力分析,计算出每一振型相应的结构内力,按照一定的方法进行相应的内力组合。

从上述定义可以看出,底部剪力法是振型分解反应谱法的一个特例,底部剪力法只考虑基本振型(第 1 振型)的地震作用,因此振型分解法的计算精度比底部剪力法高。

时程分析法,即根据结构振动的动力方程,选择适当的强震记录作为地震地面运动,然后按照所设计的建筑结构,确定结构振动的计算模型和结构恢复力模型,利用数值解法求解动力方程。该方法可以直接计算出地面运动过程中结构的各种地震反应(位移、速度和加速度)的变化过程,并且能够描述强震作用下,整个结构反应的全过程,由此可得出结构抗震过程中的薄弱部位,以便修正结构的抗震设计。

高层建筑结构的地震作用宜采用振型分解法进行计算。但在 7～9 度抗震设防地区的甲类高层建筑、表 3.7 所列的乙丙类高层建筑结构、质量沿竖向分布特别不规则的高层建筑结构应采用弹性时程分析法进行多遇地震下的补充计算。

表 3.7　采用时程分析法的高层建筑结构

设防烈度、场地类别	建筑高度范围
8 度 Ⅰ、Ⅱ 类场地和 7 度	> 100 m
8 度 Ⅲ、Ⅳ 类场地	> 80 m
9 度	> 60 m

1.底部剪力法

高层建筑采用底部剪力法进行水平地震作用计算时,可将各楼层的质量集中于楼板处,看作是一个集中质点(图 3.1),结构的水平地震作用标准值可按下列公式确定

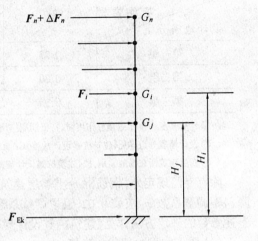

$$F_{Ek} = \alpha_1 G_{eq} \qquad (3.6)$$

$$F_i = \frac{G_i H_i}{\sum\limits_{j=1}^{n} G_j H_j} F_{Ek}(1 - \delta_n) \qquad (3.7)$$

$$\Delta F_n = \delta_n F_{Ek} \qquad (3.8)$$

式中,F_{Ek} 为结构总水平地震作用标准值;α_1 为相应于结构基本自振周期 T_1 的水平地震影响系数;G_{eq} 为结构等效总重力荷载代表值;F_i 为质点 i 的水平地震作用标准值;H_i,H_j 分别为质点 i,j 的计算高度;G_i,G_j 分别为质点 i,j 的重力荷载代表

图 3.1　底部剪力法计算简图

值;δ_n 为顶部附加水平地震作用系数;ΔF_n 为顶部附加水平地震作用标准值。

(1) 水平地震影响系数 α

高层建筑结构的水平地震影响系数 α 应按图 3.2 确定。其中水平地震影响系数最大值 α_{max} 应按表 3.8 采用,特征周期应根据场地类别和设计地震分组按表 3.9 采用。

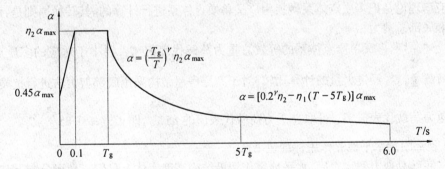

图 3.2　地震影响系数曲线

α— 地震影响系数;α_{max}— 地震影响系数最大值;T— 结构自振周期;T_g— 特征周期;

γ— 衰减指数;η_1— 直线下降段下降斜率调整系数;η_2— 阻尼调整系数

表 3.8　水平地震影响系数最大值 α_{max}

地震影响	6 度	7 度	8 度	9 度
多遇地震	0.04	0.08(0.12)	0.16 (0.24)	0.32
罕遇地震	—	0.50(0.72)	0.90(1.20)	1.40

注:①7 度、8 度时括号内数值分别用于设计基本地震加速度为 $0.15g$ 和 $0.30g$ 的地区;

②基本地震加速度值按《建筑抗震设计规范》GB 50011—2001 附录 A 的有关规定采用。

表3.9 特征周期值 T_g 单位:s

场地类别 设计地震分组	I	II	III	IV
第一组	0.25	0.35	0.45	0.65
第二组	0.30	0.40	0.55	0.75
第三组	0.35	0.45	0.65	0.90

注:①计算8度、9度罕遇地震作用时,特征周期应增加0.05 s;

②设计地震分组详见《建筑抗震设计规范》GB 50011—2001附录A的有关规定;

③高层建筑所在场地类别,按《建筑抗震设计规范》GB 50011—2001中第4.1.6条确定。

除有专门规定外,钢筋混凝土高层建筑结构的阻尼比为0.05,此时衰减指数应取0.9,下降斜率调整系数 η_1 应取0.02,阻尼调整系数 η_2 应取1.0。当建筑结构的阻尼比不等于0.05时上述参数的确定方法详见《建筑抗震设计规范》GB 50011—2001第5.1.5条的有关规定。

(2)质点的重力荷载代表值 G_i

质点的重力荷载代表值是指发生地震时,各楼层(即各质点)处可能具有的永久荷载和可变荷载值之和。此时永久荷载应取100%,可变荷载应按下列规定采用:

①雪荷载取50%;

②楼面活荷载,按实际情况计算时取100%,按等效均布荷载计算时,藏书库、档案库、库房取80%,一般民用建筑取50%。

(3)结构等效总重力荷载代表值 G_{eq}

反应谱理论是把多质点体系转换为广义单质点体系进行计算的。其转换原则是:两者的基本周期和底部总剪力相等。

按上述原则,广义单质点体系的等效总重力荷载代表值 G_{eq} 要小于对应的多质点体系的总重力荷载 $\sum_{i=1}^{n} G_i$。经过大量的计算比较,对于高层房屋结构采用底部剪力法进行抗震计算时,等效总重力荷载代表值 G_{eq} 可取总重力荷载代表值的85%,即 $G_{eq} = 0.85 \sum_{i=1}^{n} G_i$。

(4)顶部附加水平地震作用标准值 ΔF_n

结构底部总剪力确定之后,水平地震作用沿结构高度大体上呈倒三角形分布,但对周期较长的结构,按倒三角形计算出的结构上部水平地震剪力比振型分解法计算的结果要小,最大误差可达到20%之多。采用附加顶部集中力的方法,即可以适当改进倒三角形分布的误差,又可以保持计算简便的优点。附加集中力 ΔF_n 的大小,与结构自振周期、场地土特征周期及结构总水平地震作用值有关,按 $\Delta F_n = \delta_n F_{Ek}$ 计算。δ_n 取值见表3.10。

表3.10 顶部附加地震作用系数 δ_n

T_g/s	$T_1 > 1.4T_g$	$T_1 \leqslant 1.4 T_g$
$\leqslant 0.35$	$0.08 T_1 + 0.07$	
$0.35 \sim 0.55$	$0.08 T_1 + 0.01$	不考虑
$\geqslant 0.55$	$0.08 T_1 - 0.02$	

注:T_g 为场地特征周期;T_1 为结构基本自振周期。

(5) 基本自振周期 T_1

对于质量和刚度沿高度分布比较均匀的框架结构、框架 - 剪力墙结构和剪力墙结构,其基本自振周期可统一按下式计算

$$T_1 = 1.7\psi_T \sqrt{u_T} \tag{3.9}$$

式中,u_T 为计算结构基本自振周期用的结构顶点假想位移,即假想把集中在各层楼面处的重力荷载代表值 G_i 作为水平荷载所求得的结构顶点侧移,m;ψ_T 为考虑非承重墙对结构基本自振周期影响的折减系数,框架结构取 0.6 ~ 0.7,框架 - 剪力墙结构取 0.7 ~ 0.8,剪力墙结构取 0.9 ~ 1.0。

采用振型分解法计算地震作用时,也应考虑非承重砖墙对各自振周期的影响。结构基本自振周期也可以采用根据实测资料考虑地震影响的经验公式确定。

(6) 带小塔楼的高层建筑结构

采用底部剪力法计算时,突出屋面的小塔楼作为一个质点参加计算,计算求得的小塔楼水平地震作用应考虑"鞭梢效应"乘以增大系数,可按表 3.11 采用。此增大部分不应往下传递,仅用于小塔楼自身以及与小塔楼直接连接的主体结构构件。

表 3.11 突出屋面房屋地震作用增大系数 β_n

结构基本自振周期 T_1/s	G_n / G ╲ K_n / K	0.001	0.010	0.050	0.100
0.25	0.01	2.0	1.6	1.5	1.5
	0.05	1.9	1.8	1.6	1.6
	0.10	1.9	1.8	1.6	1.5
0.50	0.01	2.6	1.9	1.7	1.7
	0.05	2.1	2.4	1.8	1.8
	0.10	2.2	2.4	2.0	1.8
0.75	0.01	3.6	2.3	2.2	2.2
	0.05	2.7	3.4	2.5	2.3
	0.10	2.2	3.3	2.5	2.3
1.00	0.01	4.8	2.9	2.7	2.7
	0.05	3.6	4.3	2.9	2.7
	0.10	2.4	4.1	3.2	3.0
1.50	0.01	6.6	3.9	3.5	3.5
	0.05	3.7	5.8	3.8	3.6
	0.10	2.4	5.6	4.2	3.7

注:K_n,G_n 分别为突出屋面房屋的侧向刚度和重力荷载代表值;K,G 分别为主体结构层侧向刚度和重力荷载代表值,可取各层的平均值;楼层侧向刚度可由楼层剪力除以楼层层间位移计算。

2.振型分解反应谱法

振型分解反应谱法根据质量中心与刚度中心是否存在偏心距可分为考虑平动－扭转耦联和仅考虑平动两种情况的计算方法,由于《高规》要求即使是规则建筑也应考虑偶然偏心影响,因此,只需给出考虑平动－扭转耦联振动的计算方法即可。

在高层建筑平动－扭转耦联振动中,当高层建筑楼面在自身平面内的刚度很大时,每层楼面有3个独立的自由度,相应于任一振型 j 在任意层 i 具有3个相对位移:x_{ji},y_{ji},φ_{ji},此时,第 j 振型第 i 层质心处地震作用有 x 向和 y 向水平力分量和绕质心轴的扭矩,其计算公式为

$$\left.\begin{aligned} F_{xji} &= \alpha_j \gamma_{ij} x_{ji} G_i \\ F_{yji} &= \alpha_j \gamma_{ij} y_{ji} G_i \\ F_{tji} &= \alpha_j \gamma_{ij} r_i^2 \varphi_{ji} G_i \end{aligned}\right\}(i = 1,2,\cdots,n; j = 1,2,\cdots,m) \tag{3.10}$$

式中,F_{xji},F_{yji},F_{tji} 为分别为 j 振型第 i 层的 x,y 方向和转角方向的地震作用标准值;x_{ji},y_{ji} 分别为 j 振型第 i 层质心在 x,y 方向的水平相对位移;φ_{ji} 为 j 振型第 i 层的相对扭转角;r_i 为第 i 层转动半径,可取 i 层绕质心的转动惯量除以该层质量的商的正二次方根;α_j 为相应于第 j 振型自振周期 T_j 的地震影响系数;G_i 为质点 i 的重力荷载代表值;n 为结构计算总质点数,小塔楼宜每层作为一个质点参加计算;m 为结构计算振型数,一般情况下可取 9 ~ 15;γ_{ij} 为考虑扭转的 j 振型参与系数,可按公式(3.11) ~ (3.13)计算。

当仅考虑 x 方向地震作用时

$$\gamma_{tj} = \frac{\sum_{i=1}^{n} x_{ji} G_i}{\sum_{i=1}^{n} (x_{ji}^2 + y_{ji}^2 + \varphi_{ji}^2 r_i^2) G_i} \tag{3.11}$$

当仅考虑 y 方向地震作用时

$$\gamma_{tj} = \frac{\sum_{i=1}^{n} y_{ji} G_i}{\sum_{i=1}^{n} (x_{ji}^2 + y_{ji}^2 + \varphi_{ji}^2 r_i^2) G_i} \tag{3.12}$$

当考虑与 x 方向夹角为 θ 的地震作用时

$$\gamma_{tj} = \gamma_{xj}\cos\theta + \gamma_{yj}\sin\theta \tag{3.13}$$

式中,γ_{xj},γ_{yj} 分别为由式(3.11),(3.12)求得的振型参与系数。

地震作用效应计算:

① 单向水平地震作用下,考虑扭转的地震作用效应,应按下式确定

$$S = \sqrt{\sum_{j=1}^{m} \sum_{k=1}^{m} \rho_{jk} S_j S_k} \tag{3.14}$$

$$\rho_{jk} = \frac{8\zeta_j\zeta_k(1 + \lambda_T)\lambda_T^{1.5}}{(1 - \lambda_T^2)^2 + 4\zeta_j\zeta_k(1 + \lambda_T)^2\lambda_T} \tag{3.15}$$

式中,S 为考虑扭转的地震作用标准值的效应;S_j,S_k 分别为 j,k 振型地震作用标准值的效应;

ρ_{jk} 为 j 振型与 k 振型的耦联系数；λ_T 为 k 振型与 j 振型的自振周期比；ζ_j，ζ_k 分别为 j，k 振型的阻尼比。

② 考虑双向水平地震作用下的扭转地震作用效应，应按下列公式中较大值确定

$$S = \sqrt{S_x^2 + (0.85 S_y)^2} \qquad (3.16)$$

或

$$S = \sqrt{S_y^2 + (0.85 S_x)^2} \qquad (3.17)$$

式中，S 为考虑双向水平地震作用下的扭转地震作用效应；S_x，S_y 分别为仅考虑 x，y 方向水平地震作用效应，系指两个正交方向地震作用在每个构件的同一局部坐标方向的地震作用效应，如 x 方向地震作用下的局部坐标 x_i 向的弯矩 M_{xx} 和 y 方向地震作用下在局部坐标 x_i 方向的弯矩 M_{xy}。

4. 时程分析方法

（1）振动方程

图 3.3 表示某单质点体系，基底受到地面运动加速度 $\ddot{x}_g(t)$ 的作用，质点 m 在任意时刻 t 的振动方程为

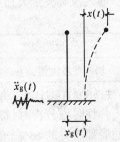

$$m\ddot{x} + C\dot{x} + F(x) = -m\ddot{x}_g \qquad (3.18)$$

式中，m 为质量；C 为阻尼系数；$C\dot{x}$ 为阻尼力；$F(x)$ 为当质点产生相对位移 x 时，质点 m 所受的恢复力，当结构处于弹性阶段，$F(x)$ 与位移 x 成正比，即 $F(x) = kx$；$x,\dot{x},\ddot{x}$ 分别为质点 m 于任意时刻 t 相对于地面的位移、速度与加速度；$\ddot{x}_g$ 为地面运动加速度。

图 3.3　单质点振动模型

高层建筑不是单质点的振动体系，最简化的模型是将质点集中于各楼层而形成多质点串联体系（图 3.4），因而，形成的振动方程是一个矩阵方程，即

$$[m]\{\ddot{x}\} + [C]\{\dot{x}\} + [k]\{x\} = -[m]\{\ddot{x}_g(t)\} \qquad (3.19)$$

式中，$[m]$ 为质量矩阵；$[C]$ 为阻尼矩阵；$[k]$ 为刚度矩阵；$\{x\}$ 为质点位移列阵；$\{\dot{x}\}$ 为质点速度列阵；$\{\ddot{x}\}$ 为质点加速度列阵；$\{\ddot{x}_g(t)\}$ 为输入地震加速度记录列阵。

在地震作用下，结构的受力状态往往超出弹性范围，恢复力与位移的关系也由线性过渡到非线性，结构的振动也由弹性状态进入弹塑性状态。由于结构的各个构件进入塑性状态或返回弹性状态的时刻先后不一，每一构件弹塑性状态的变化都将引起结构内力和变形的变化。因此，采用时程分析法进行结构设计，计算工作将是十分繁重的，但是它能从初始状态开始一步一步积分到地震作用的终止，从而可以得出结构在地震作用下，从静止到振动以至达到最终状态的全过程。

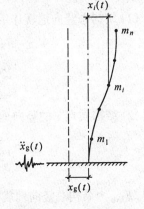

图 3.4　多质点体系振动模型

目前国内主要采用弹性时程分析法进行多遇地震下的补充计算，并已在工程设计中普遍应用。

（2）输入地震波的选用

地震时，地面运动加速度的波形是随机的，而不同的波形输入后，时程分析的结果很不相

同,分散性很大,因而选用合适的地震波非常重要。选择的地震波类型可以是:

　　① 与拟建场地相近的真实地震记录;

　　② 按拟建场地地质条件人工生成的模拟地震波;

　　③ 按标准反应谱曲线生成的人工地震波。

　　上述 ① 类地震波由地震台站记录并提供,②、③ 类可用专门程序按用户的要求生成。每座建筑物每一个方向至少选用 3 条地震波,其中至少有 2 条真实地震记录。一般应用程序都建立了几十条真实地震记录的地震波的波形库,供用户选用,常用的地震记录有:Ⅰ 类场地,唐山地震迁安波、四川松潘波;Ⅱ、Ⅲ 类场地,EL Centro、Taft;Ⅳ 类场地,天津宁河波。

　　常用时距 Δt 为 0.01 ~ 0.02 s,地震波的持续时间不宜小于建筑结构基本自振周期的 3 ~ 4 倍,也不宜少于 12 s。

　　输入地震波最大加速度可按表 3.12 取用。

表 3.12　弹性时程分析时输入地震加速度的最大值

设防烈度	7 度	8 度	9 度
加速度最大值 /(cm·s^{-2})	35(55)	70 (110)	140

注:7 度、8 度时括号内数值分别用于设计基本地震加速度为 0.15g 和 0.30g 的地区,此处 g 为重力加速度。

　　弹性时程分析时,每条时程曲线计算所得的结构底部剪力不应小于振型分解反应谱法求得的底部剪力的 65%,多条时程曲线计算所得的结构底部剪力的平均值不应小于振型分解反应谱法求得的底部剪力的 80%。

3.3.3　竖向地震作用

　　地震时地面运动是多分量的,即 3 个位移分量和 3 个转动分量。大量的宏观震害调查表明,建筑物在地震时,主要是由于水平运动造成破坏,因此在抗震设计时较多地考虑水平地震作用的影响,仅对 9 度设防时的高层建筑及 8 度和 9 度设防的大跨度和长悬臂结构要求考虑竖向地震作用,如图 3.5 所示。

　　(1) 结构总竖向地震作用的标准值按下式计算

$$F_{Evk} = \alpha_{vmax} G_{eq} \qquad (3.20)$$

$$G_{eq} = 0.75 G_{E} \qquad (3.21)$$

$$\alpha_{vmax} = 0.65 \alpha_{max} \qquad (3.22)$$

　　(2) 结构质点 i 的竖向地震作用标准值可按下式计算

$$F_{vi} = \frac{G_i H_i}{\sum\limits_{j=1}^{n} G_j H_j} F_{Evk} \qquad (3.23)$$

式中,F_{Evk} 为结构总竖向地震作用标准值;α_{vmax} 为结构竖向地震作用影响系数的最大值;G_{eq} 为结构等效总重力荷载代表值;G_E 为计算竖向地震作用时,结构总重力荷载代表值,应取各质点重力荷载代表值之和;F_{vi} 为质点 i 的竖向地震作用标准值;G_i,G_j 分别为集中于质点 i,j 的重力荷载代表值;H_i,H_j 分别为质点 i,j 的计算高度。

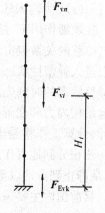

图 3.5　结构竖向地震作用计算示意图

　　楼层各构件的竖向地震作用效应可按各构件承受的重力荷载代表值比例分配,并宜乘以增大系数 1.5。

　　(3) 水平长悬臂构件、大跨度结构以及结构上部楼层外挑部分考虑竖向地震作用时,为简化计算,竖向地震作用的标准值在 8 度和 9 度设防时,可分别取该结构或构件承受的重力荷载代表值的 10% 和 20%。

3.3.4 高层建筑混凝土结构的抗震等级

　　对高层建筑混凝土结构划分抗震等级,是为了调整构件设计内力及采取不同的抗震构造措施,以避免普遍、无区别地提高(或降低) 所有构件的抗震设防标准。抗震等级是根据设防烈度、结构类型和房屋高度来确定的。

　　高层建筑混凝土结构的抗震等级分为特一级和一、二、三、四级。特一级抗震设防要求最高。

　　A 级高度高层建筑混凝土结构的抗震等级应按表 3.13 确定,B 级高度高层建筑混凝土结构的抗震等级应按表 3.14 确定。

表 3.13　A 级高度的高层建筑结构抗震等级

结构类型		烈　　度						
		6 度		7 度		8 度		9 度
框架	高度 /m	≤ 30	> 30	≤ 30	> 30	≤ 30	> 30	≤ 25
	框架	四	三	三	二	二	一	一
框架 – 剪力墙	高度 /m	≤ 60	> 60	≤ 60	> 60	≤ 60	> 60	≤ 50
	框架	四	三	三	二	二	一	一
	剪力墙	三		二		一		一
剪力墙	高度 /m	≤ 80	> 80	≤ 80	> 80	≤ 80	> 80	≤ 60
	剪力墙	四	三	三	二	二	一	一
框支剪力墙	非底部加强部位剪力墙	四		三		二		不应采用
	底部加强部位剪力墙	三	二	二	一	一		
	框支框架	二		二		一		
筒体	框架 – 核心筒	框架	三		二		一	一
		核心筒	二		二		一	一
	筒中筒	内筒	三		二		一	一
		外筒						
板柱 – 剪力墙	板柱的柱	三		二		一		不应采用
	剪力墙	二		二		二		

表 3.14　B 级高度的高层建筑结构抗震等级

结构类型		烈度		
		6 度	7 度	8 度
框架 – 剪力墙	框架	二	一	一
	剪力墙	二	一	特一
剪力墙	剪力墙	二	一	一
框支剪力墙	非底部加强部位剪力墙	二	一	一
	底部加强部位剪力墙	一	一	特一
	框支框架	一	特一	特一
框架 – 核心筒	框架	二	一	一
	筒体	二	一	特一
筒中筒	外筒	二	一	特一
	内筒	二	一	特一

注:烈度为 9 度的抗震等级,在表中没有规定,其抗震措施应专门研究确定。

　　表 3.13 和表 3.14 中的烈度不完全等同于房屋所在地区的设防烈度。应根据建筑类别及场地类别等因素,按表 3.15、表 3.16 重新给出确定抗震等级时应采用的烈度。若与调整构件设计内力有关时,按表 3.15 的烈度确定抗震等级;若与抗震构造措施有关时,按表 3.16 的烈度确定抗震等级。

表 3.15　确定抗震等级的烈度(用于调整构件设计内力)

建筑类别	设计基本地震加速度(g)和设防烈度					
	0.05 6	0.1 7	0.15 7	0.2 8	0.3 8	0.4 9
甲、乙类	7	8	8	9	9	9 +
丙类	6	7	7	8	8	9

表 3.16　确定抗震等级的烈度(用于抗震构造措施)

建筑类别	场地类别	设计基本地震加速度(g)和设防烈度					
		0.05 6	0.1 7	0.15 7	0.2 8	0.3 8	0.4 9
甲、乙类	Ⅰ	6	7	7	8	8	9
	Ⅱ	7	8	8	9	9	9 +
	Ⅲ、Ⅳ	7	8	8 +	9	9 +	9 +
丙类	Ⅰ	6	6	6	7	7	8
	Ⅱ	6	7	7	8	8	9
	Ⅲ、Ⅳ	6	7	8	8	9	9

　　表3.15和表3.16中的"9 +"表示应采取比9度更高的抗震措施。此时,A级高度乙类建筑的抗震等级应按特一级采用,甲类建筑抗震措施提高幅度应具体研究确定。

　　抗震设计的高层建筑,当地下室顶层作为上部结构的嵌固端时,地下一层的抗震等级应按上部结构采用,地下一层以下结构的抗震等级可根据具体情况采用三级或四级,地下室柱截面每侧的纵向钢筋面积除应符合计算要求外,不应少于地上一层对应柱每侧纵向钢筋面积的1.1倍;地下室中超出上部主楼范围且无上部结构的部分,其抗震等级可根据具体情况采用三级或四级。9度抗震设计时,地下室结构的抗震等级不应低于二级。

　　抗震设计时,与主楼连为整体的裙房的抗震等级不应低于主楼的抗震等级;主楼结构在裙房顶部上、下各一层应适当加强抗震构造措施。

第4章 高层建筑结构计算的一般原则及有关规定

4.1 基本假定

4.1.1 结构分析的弹性假定

目前,对需要抗震设防的高层建筑结构"第一阶段设计"以及不需要抗震设防的设计,内力与位移均按弹性方法计算。一般构件都可采用弹性刚度,不必折减。但对于需要抗震设防的框架 - 剪力墙及剪力墙结构中的连梁,当梁的高跨比较大时,剪力与弯矩计算值往往过大,此时可对连梁刚度予以折减。连梁刚度降低后,弯矩和剪力相应减小。连梁的刚度折减系数可以按具体情况确定,《高规》规定,连梁刚度折减系数不宜小于0.5。

对于需要抗震设防的高层建筑结构"第二阶段设计",主要是对甲类建筑和特别不规则的结构进行弹塑性变形验算,绝大多数高层建筑结构只进行"第一阶段设计"即可。实际上,由于在强震下结构已进入弹塑性阶段,多处开裂、破坏,构件刚度难以确切给定,内力计算已无重要意义。

4.1.2 楼板在自身平面内的刚性假定

高层建筑的各个抗侧力结构之间,是通过楼板联系在一起共同抵抗水平作用的。设计中,通常假定楼板在自身平面内的刚度为无限大。这一假定的依据是:高层建筑的进深较大,剪力墙、框架相距较近,楼板可视为水平放置的深梁,在水平平面内有很大刚度,并可按楼板在平面内不变形的刚性隔板考虑。高层建筑在水平荷载作用下,楼板只有刚性位移——平移和转动,见图4.1。

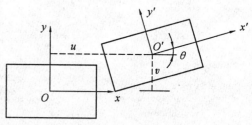

图 4.1 刚性楼板位移

各个抗侧力结构的位移,都可按楼板的 3 个独立位移分量 u, v, θ 来计算,而不必考虑楼板的变形。

如果计算中采用了楼板刚度无限大的假定,相应地设计时应采取必要的措施保证楼板平面内的整体刚度,使其假定成立。由于现浇楼盖在自身平面内的刚度大,整体性好,因此,在高层建筑中,多数采用现浇楼盖。对于各个抗侧力结构刚度相差不多且布置均匀,或一些高度不高(不大于 50 m)的高层建筑,也可以根据当地的实际情况(即预制板的加工能力)及具体工程的工期要求,采用装配式楼盖或采用加现浇钢筋混凝土面层的装配整体式楼盖。具体要求见表4.1。

表 4.1　高层建筑的楼盖

结构体系	高　度	
	不大于 50 m	大于 50 m
框　架	可采用现浇楼盖,也可采用装配式楼盖	宜采用现浇楼盖
剪力墙	可采用现浇楼盖,也可采用装配式楼盖	宜采用现浇楼盖
框架 – 剪力墙	宜采用现浇楼盖	应采用现浇楼盖
板柱 – 剪力墙	应采用现浇楼盖	—
框架 – 核心筒和筒中筒	应采用现浇楼盖	应采用现浇楼盖

注:房屋的顶层、结构转换层、平面复杂或开洞过大的楼层、作为上部结构嵌固部位的地下室楼层应采用现浇楼盖。

采用现浇楼盖时,楼板的厚度:一般楼层,不应小于 80 mm,当板内预埋暗管时不宜小于 100 mm;顶层不宜小于 120 mm;普通地下室顶板不宜小于 160 mm;作为上部结构嵌固部位的地下室楼层的顶板,不宜小于 180 mm。现浇预应力混凝土楼板厚度可按跨度的 1/45～1/50 采用,且不宜小于 150 mm。

现浇楼盖的混凝土强度等级不宜低于 C20,不宜高于 C40。

为了抵抗温度变化的影响,提高抗风、抗震能力,高层建筑顶层楼板宜采用双层双向配筋,加强建筑物顶部的约束能力。

作为上部结构嵌固部位的地下室楼层的顶楼盖应采用梁板结构,混凝土强度等级不宜低于 C30,应采用双层双向配筋,且每层每个方向的配筋率不宜小于 0.25%。

采用装配式楼盖时,要拉开板缝,配置板缝钢筋,用高于预制板混凝土强度的混凝土灌缝,必要时可以设置现浇配筋板带,具体做法见《高规》的有关规定。

采用加现浇钢筋混凝土面层的装配整体式楼盖时,其现浇面层及预制板板缝的构造要求详见《高规》的有关规定。

当楼板会产生较明显的面内变形时,计算时应考虑楼板的面内变形或对采用楼板面内无限刚性假定计算方法的计算结果进行适当调整。

4.2　荷载效应和地震作用效应的组合

无地震作用效应组合时,荷载效应组合的设计值应按下式确定

$$S = \gamma_G S_{Gk} + \psi_Q \gamma_Q S_{Qk} + \psi_w \gamma_w S_{wk} \tag{4.1}$$

式中,S 为荷载效应组合的设计值;γ_G,γ_Q,γ_w 分别为恒荷载、楼面活荷载和风荷载的分项系数,见表 4.2;S_{Gk},S_{Qk},S_{wk} 分别为恒荷载、楼面活荷载和风荷载效应标准值;ψ_Q,ψ_w 分别为楼面活荷载和风荷载组合值系数,当永久荷载效应起控制作用时应分别取 0.7 和 0,当可变荷载效应起控制作用时应分别取 1.0 和 0.6 或 0.7 和 1.0(注:对书库、档案库、储藏室、通风机房和电梯机房,楼面活荷载组合值系数取 0.7 的场合应取为 0.9)。

表4.2 无地震作用效应组合时的分项系数

情　况		分项系数值
承载力计算	1.恒荷载分项系数 γ_G	
	其效应对结构不利 { 活荷效应控制的组合	1.2
	恒荷效应控制的组合	1.35
	其效应对结构有利	1.0
	2.楼面活荷载分项系数 γ_Q	1.4
	3.风荷载分项系数 γ_w	1.4
位移计算时, γ_G, γ_Q, γ_w		1.0

有地震作用效应组合时,荷载效应和地震作用效应组合的设计值应按下式确定

$$S = \gamma_G S_{GE} + \gamma_{Eh} S_{Ehk} + \gamma_{Ev} S_{Evk} + \psi_w \gamma_w S_{wk} \tag{4.2}$$

式中, S 为荷载效应和地震作用效应组合的设计值; S_{GE} 为重力荷载代表值的效应; S_{Ehk} 为水平地震作用标准值的效应,尚应乘以相应的增大系数或调整系数; S_{Evk} 为竖向地震作用标准值的效应,尚应乘以相应的增大系数或调整系数; γ_G, γ_w, γ_{Eh}, γ_{Ev} 分别为重力荷载、风荷载、水平地震作用和竖向地震作用的分项系数,见表4.3; ψ_w 为风荷载的组合值系数,应取0.2。

表4.3 有地震作用效应组合时荷载和作用分项系数

所考虑的组合	γ_G	γ_{Eh}	γ_{Ev}	γ_w	说　明
重力荷载及水平地震作用	1.2	1.3	—		
重力荷载及竖向地震作用	1.2	—	1.3	—	9度抗震设计时考虑;水平长悬臂结构8度、9度抗震设计时考虑
重力荷载、水平地震作用及竖向地震作用	1.2	1.3	0.5	—	9度抗震设计时考虑;水平长悬臂结构8度、9度抗震设计时考虑
重力荷载、水平地震作用及风荷载	1.2	1.3	—	1.4	60 m以上的高层建筑考虑
重力荷载、水平地震作用、竖向地震作用及风荷载	1.2	1.3	0.5	1.4	60 m以上的高层建筑,9度抗震设计时考虑;水平长悬臂结构8度、9度抗震设计时考虑

注:表中"—"号表示组合中不考虑该项荷载或作用效应。

承载力计算时,当重力荷载效应对结构承载力有利时,表4.3中 γ_G 不应大于1.0;位移计算时,表4.3中各分项系数均应取1.0。

4.3　构件承载力计算

高层建筑结构构件承载力按下式计算:

无地震作用组合

$$\gamma_0 S \leqslant R \tag{4.3a}$$

有地震作用组合

$$S \leqslant R / \gamma_{RE} \tag{4.3b}$$

式中，γ_0 为结构重要性系数。对安全等级为一级(重要的高层建筑)或设计使用年限为 100 年及以上的高层建筑结构构件，不应小于 1.1；对安全等级为二级(一般的高层建筑)或设计使用年限为 50 年的高层建筑结构构件，不应小于 1.0；S 为作用效应组合的设计值；R 为构件承载力设计值；γ_{RE} 为构件承载力抗震调整系数，按表 4.4 采用。当仅考虑竖向地震作用组合时，各类结构构件的承载力抗震调整系数均应取为 1.0。

表 4.4　承载力抗震调整系数

构件类别	梁	轴压比小于 0.15 的柱	轴压比不小于 0.15 的柱	剪力墙		各类构件	节点
受力状态	受弯	偏压	偏压	偏压	局部承压	受剪、偏拉	受剪
γ_{RE}	0.75	0.75	0.80	0.85	1.0	0.85	0.85

4.4　重力二阶效应和结构稳定

4.4.1　重力二阶效应(即重力 $P - \Delta$ 效应)

关于重力二阶效应的计算，《高规》采用了与《混凝土结构设计规范》GB 50010 及《建筑抗震设计规范》GB 50011 不同的方法，《高规》的计算方法如下。

1. 可不考虑重力二阶效应的条件

在水平力作用下，当高层建筑结构满足下列规定时，可不考虑重力二阶效应的不利影响。

(1) 剪力墙结构、框架 – 剪力墙结构、简体结构

$$EJ_d \geqslant 2.7 H^2 \sum_{i=1}^{n} G_i \tag{4.4}$$

(2) 框架结构

$$D_i \geqslant 20 \sum_{j=1}^{n} G_j / h_i \quad (i = 1, 2, \cdots, n) \tag{4.5}$$

式中，EJ_d 为结构的弹性等效侧向刚度；H 为房屋高度；G_i，G_j 分别为第 i，j 层楼重力荷载设计值；h_i 为第 i 层楼的层高；D_i 为第 i 层楼的弹性等效侧向刚度，可取该层剪力与层间位移的比值；n 为结构计算总层数。

公式(4.4) 中，结构的弹性等效侧向刚度 EJ_d，可近似按倒三角形分布荷载作用下结构顶点位移相等的原则，将结构的侧向刚度折算为竖向悬臂受弯构件的等效侧向刚度，折算公式为

$$EJ_d = \frac{11 q H^4}{120 u} \tag{4.6}$$

式中，q 为水平作用的倒三角形分布荷载的最大值；u 为在最大值为 q 的倒三角形荷载作用下结构顶点质心的弹性水平位移；H 为房屋高度。

2. 考虑重力二阶效应的简化计算方法

高层建筑结构如果不满足上述条件时，应考虑重力二阶效应对水平力作用下结构内力和位移的不利影响。高层建筑结构重力二阶效应，可采用弹性方法进行计算，也可采用对未考虑重力二阶效应的计算结果乘以增大系数的方法近似考虑。

对框架结构，增大系数可按下列公式计算：

（1）结构位移增大系数为

$$F_{1i} = \cfrac{1}{1 - \sum_{j=i}^{n} G_j/(D_i h_i)} \quad (i = 1, 2, \cdots, n) \tag{4.7}$$

（2）构件弯矩和剪力增大系数为

$$F_{2i} = \cfrac{1}{1 - 2\sum_{j=i}^{n} G_j/(D_i h_i)} \quad (i = 1, 2, \cdots, n) \tag{4.8}$$

对剪力墙结构、框架 – 剪力墙结构、筒体结构,增大系数可按下列公式计算：
（1）结构位移增大系数为

$$F_1 = \cfrac{1}{1 - 0.14H^2 \sum_{i=1}^{n} G_i/(EJ_d)} \tag{4.9}$$

（2）构件弯矩和剪力增大系数为

$$F_2 = \cfrac{1}{1 - 0.28H^2 \sum_{i=1}^{n} G_i/(EJ_d)} \tag{4.10}$$

3.构件挠曲效应的考虑

对未按上述方法考虑重力二阶效应（$P - \Delta$ 效应）,且长细比（构件计算长度与构件截面回转半径之比）大于 17.5 的偏心受压构件,计算其偏心受压承载力时,应按照《混凝土结构设计规范》GB 50010 的规定考虑偏心距增大系数 η。

4.4.2　结构稳定性验算

当高层建筑结构满足下列规定时,可保证结构整体稳定。
（1）剪力墙结构、框架 – 剪力墙结构、筒体结构

$$EJ_d \geq 1.4H^2 \sum_{i=1}^{n} G_i \tag{4.11}$$

（2）框架结构

$$D_i \geq 10\sum_{j=i}^{n} G_j/h_i \quad (i = 1, 2, \cdots, n) \tag{4.12}$$

研究表明,高层建筑混凝土结构仅在竖向重力荷载作用下产生整体失稳的可能性很小。高层建筑结构的稳定设计主要是控制在风荷载或水平地震作用下,重力荷载产生的二阶效应（重力 $P - \Delta$ 效应）不致过大,以此避免结构的失稳倒塌。

影响重力 $P - \Delta$ 效应的主要参数是结构的刚度和重力荷载之比（刚重比）。如结构的刚重比满足公式（4.11）或（4.12）的要求,则重力 $P - \Delta$ 效应可控制在 20% 之内,结构的稳定性则具有适宜的安全储备。若结构的刚重比进一步减小,则重力 $P - \Delta$ 效应将会呈非线性关系急剧增长,直至引起结构的整体失稳。如不满足公式（4.11）或（4.12）的要求,应调整并增大结构的侧向刚度。

4.5　整体倾覆验算

当高层建筑高宽比较大,水平风荷载或地震作用较大,地基刚度较弱时,结构整体倾覆验算十分重要,直接关系到整体结构安全度的控制。因此,《高规》规定:高宽比大于4的高层建筑,基础底面不宜出现零应力区;高宽比不大于4的高层建筑,基础底面与地基之间零应力区面积不应超过基础底面面积的15%,如图4.2所示。按此规定,整体倾覆安全系数可达到2.3。

计算时,质量偏心较大的裙楼与主楼可分开考虑。

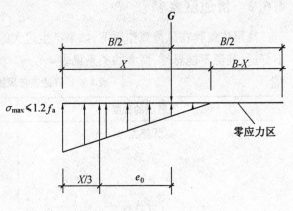

图 4.2　基础底板反力示意图

4.6　高层建筑水平位移限值及舒适度要求

4.6.1　水平位移限值

在正常使用条件下,限制高层建筑结构层间位移的主要目的有两点:

(1)保证结构基本处于弹性受力状态,对钢筋混凝土结构来讲,要避免混凝土墙或柱出现裂缝;同时,将混凝土梁等楼面构件的裂缝数量、宽度和高度限制在规范允许的范围之内。

(2)保证填充墙、隔墙和幕墙等非结构构件的完好,避免产生明显损伤。

高层建筑在风荷载、小震作用下,按弹性方法计算的楼层层间最大位移与层高之比 $\Delta u/h$ 宜符合以下规定:

(1)高度不大于150 m的高层建筑,其楼层层间最大位移与层高之比 $\Delta u/h$ 不宜大于表4.5的限值;

表 4.5　楼层层间最大位移与层高之比的限值

结构类型	$\Delta u/h$ 限值
框架	1/550
框架 – 剪力墙、框架 – 核心筒、板柱 – 剪力墙	1/800
筒中筒、剪力墙	1/1 000
框支层	1/1 000

(2)高度等于或大于250 m的高层建筑,其楼层层间最大位移与层高之比 $\Delta u/h$ 不宜大于1/500;

(3)高度在150 ~ 250 m之间的高层建筑,其楼层层间最大位移与层高之比 $\Delta u/h$ 的限值按第(1)和第(2)条的限值线性插入取用。

楼层层间最大位移 Δu 以楼层最大的水平位移差计算,不扣除整体弯曲变形。抗震设计时,本条规定的楼层位移计算不考虑偶然偏心的影响。

4.6.2　舒适度要求

高层建筑物在风荷载作用下,如果产生过大的振动加速度将使在高楼内居住的人们感觉不舒适,甚至不能忍受,两者的关系见表 4.6。

表 4.6　舒适度与风振加速度的关系

不舒适的程度	建筑物的加速度
无感觉	$< 0.005g$
有感	$0.005g \sim 0.015g$
扰人	$0.015g \sim 0.05g$
十分扰人	$0.05g \sim 0.15g$
不能忍受	$> 0.15g$

对于高度不高且刚度较大的钢筋混凝土高层建筑,风振很小,不会使楼内居住的人们感觉不舒适,但对于高度较高(超过 150 m)的高层建筑结构,为保证在正常使用条件下风振不至于扰人,应按下述要求进行舒适度验算。

高度超过 150 m 的高层建筑结构,按《荷载规范》规定的 10 年一遇的风荷载取值计算的顺风向与横风向结构顶点最大加速度 a_{max},不应超过表 4.7 的限值。

表 4.7　结构顶点最大加速度限值 a_{max}

使用功能	$a_{max}/(m \cdot s^{-2})$
住宅、公寓	0.15
办公、旅馆	0.25

高层建筑顺风向与横风向结构顶点最大加速度 a_{max},可按《高层民用建筑钢结构技术规程》JGJ 99 - 98 的规定计算;必要时,可通过专门风洞试验结果确定顺风向与横风向结构顶点最大加速度 a_{max}。

4.7　罕遇地震作用下的薄弱层弹塑性变形验算

在罕遇地震(即大震)作用下,结构进入弹塑性大位移状态,结构产生较显著的破坏,为防止建筑物倒塌,应对结构塑性变形集中发展的楼层(称薄弱层)的变形加以控制,以实现"大震不倒"的设防目标,也就是第二阶段抗震设计。但是,要确切地找出结构的薄弱层以及准确计算出薄弱层部位的弹塑性变形,目前还有许多困难。《高规》仅对有特殊要求的建筑、地震时易倒塌的结构以及有明显薄弱层的不规则结构,要求做第二阶段抗震设计,即除了第一阶段的弹性承载力及变形计算外,还要进行薄弱层弹塑性层间变形验算,并采取相应的抗震构造措施,实现第三水准的抗震设防要求。

4.7.1　弹塑性变形验算范围

1.应进行弹塑性变形验算的高层建筑结构

(1) 7 ~ 9 度时楼层屈服强度系数 ξ_y 小于 0.5 的框架结构;

(2) 甲类建筑和 9 度抗震设防的乙类建筑结构;

(3) 采用隔震和消能减震技术的建筑结构。

这里所说的楼层屈服强度系数 ξ_y,是指按构件实际配筋和材料强度标准值计算的楼层受剪承载力与按罕遇地震作用标准值计算的楼层弹性地震剪力的比值。罕遇地震作用计算时的水平地震影响系数最大值应按表 3.8 采用。

2.宜进行弹塑性变形验算的高层建筑结构

(1) 表 3.7 所列高度范围且竖向不规则(即不满足表 2.6 中竖向规则性要求) 的高层建筑结构;

(2) 7 度 Ⅲ、Ⅳ 类场地和 8 度抗震设防的乙类建筑结构;

(3) 板柱 - 剪力墙结构。

4.7.2　弹塑性变形计算方法

1.简化计算方法

不超过 12 层且层侧向刚度无突变的框架结构可按下述简化方法计算。

(1) 结构薄弱层(部位) 的位置可按下列情况确定:

① 楼层屈服强度系数沿高度分布均匀的结构,可取底层;

② 楼层屈服强度系数沿高度分布不均匀的结构,可取该系数最小的楼层(部位) 及相对较小的楼层,一般不超过 2 ~ 3 处。

(2) 层间弹塑性变形可按下列公式计算

$$\Delta u_p = \eta_p \Delta u_e \tag{4.13}$$

式中,Δu_p 为层间弹塑性变形;Δu_e 为罕遇地震作用下按弹性分析的层间位移,计算时,水平地震影响系数最大值应按表 3.8 采用;η_p 为弹塑性位移增大系数,当薄弱层(部位)的屈服强度系数不小于相邻层(部位) 该系数平均值的 0.8 倍时,可按表 4.8 采用,当不大于该平均值的 0.5 倍时,可按表内相应数值的 1.5 倍采用,其他情况可采用内插法取值。

表 4.8　结构的弹塑性位移增大系数 η_p

ζ_y	0.5	0.4	0.3
η_p	1.8	2.0	2.2

2.弹塑性分析方法

理论上,结构弹塑性分析可以应用于任何材料结构体系的受力过程各阶段的分析。结构弹塑性分析的基本原理是以结构构件、材料的实际力学性能为依据,导出相应的弹塑性本构关系,建立变形协调方程和力学平衡方程后,求解结构在各个阶段的变形和受力的变化,必要时还可考虑结构或构件几何非线性的影响。随着结构有限元分析理论和计算机技术的日益进步,结构弹塑性分析已开始逐渐应用于建筑结构的分析和设计,尤其是对于体形复杂的不规则结构。但是,准确地确定结构各阶段的外作用力模式和本构关系是比较困难的;另外,弹塑性分析软件也不够成熟和完善,计算工作量大,计算结果的整理、分析、判断和使用都比较复杂。因此,使弹塑性分析在建筑结构分析和设计中的应用受到较大限制。基于这种现实情况,《高规》仅规定了对少量的结构进行弹塑性变形验算(见 4.7.1 中弹塑性变形验算范围)。

采用弹塑性动力时程分析方法进行薄弱层验算时,宜符合以下要求:

(1)应按建筑场地类别和设计地震分组选用不少于两组实际地震波和一组人工模拟的地震波的加速度时程曲线。

(2)地震波持续时间不宜少于 12 s,一般可取结构基本自振周期的 5 ~ 10 倍;地震波数值化时距可取为 0.01 s 或 0.02 s。

(3)输入地震波的最大加速度,可按表 4.9 采用。

表 4.9　弹塑性动力时程分析时输入地震加速度的最大值 a_{max}

抗震设防烈度	7 度	8 度	9 度
$a_{max}/(cm \cdot s^{-2})$	220(310)	400(510)	620

3. 重力二阶效应

因为结构的弹塑性变形比弹性变形更大,所以对于在弹性分析时需要考虑重力二阶效应的结构,在计算弹塑性变形时也应考虑重力二阶效应的不利影响。当需要考虑重力二阶效应而结构计算时未考虑的,作为近似考虑,可将计算的弹塑性变形乘以增大系数 1.2。

4.7.3　弹塑性变形验算

结构薄弱层(部位)层间弹塑性变形应符合下式要求

$$\Delta u_p \le [\theta_p] h \tag{4.14}$$

式中,Δu_p 为层间弹塑性变形;$[\theta_p]$ 为层间弹塑性位移角限值,可按表 4.10 采用;对框架结构,当轴压比小于 0.40 时,可提高 10%,当柱子全高的箍筋用量比框架柱箍筋最小含箍特征值大30% 时,可提高 20%,但累计不超过 25%;h 为层高。

表 4.10　层间弹塑性位移角限值

结构类型	$[\theta_p]$
框架结构	1/50
框架 – 剪力墙结构、框架 – 核心筒结构、板柱 – 剪力墙结构	1/100
剪力墙结构和筒中筒结构	1/120
框支层	1/120

第 5 章　框架结构设计

5.1　框架结构布置

框架结构布置包括柱网布置和框架梁布置(注:无梁楼盖也属框架结构,可不布置框架梁)。

柱网布置可分为大柱网和小柱网两种,如图 5.1 所示。小柱网对应的梁柱截面尺寸可小些,结构造价亦低。但小柱网柱子过多,有可能影响使用功能。从用户的角度来说,往往一方面希望柱网越大越好,同时又不希望梁柱截面尺寸增大,这显然是一对矛盾。因此,在柱网布置时,应针对具体工程综合考虑建筑物的功能要求及经济合理性来确定柱网的大小。

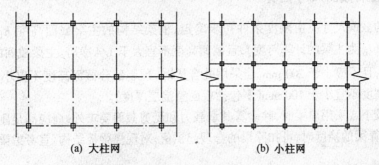

(a) 大柱网　　　　　　　　　　(b) 小柱网

图 5.1　柱网布置

框架梁布置应本着尽可能使纵横两个方向的框架梁与框架柱相交的原则进行。由于高层建筑纵横两个方向都承受较大水平力,因此在纵横两个方向都应按框架设计。框架梁、柱构件的轴线宜重合。如果二者有偏心,梁、柱中心线之间的偏心距,9 度抗震设计时不应大于柱截面在该方向宽度的 1/4;非抗震设计和 6~8 度抗震设计时不宜大于柱截面在该方向宽度的 1/4。

根据楼盖上竖向荷载的传力路线,框架结构又可分为横向承重、纵向承重及双向承重等几种布置方式,如图 5.2 所示。

在通常情况下,承重框架比非承重框架梁的截面高度要大一些,使该方向的框架抗侧移刚度增大,有利于抵抗该方向的水平荷载。但由于梁截面高度大而使房屋的净空减小,不利于其垂直方向的管道布置。

框架沿高度方向柱子截面变化时应尽可能做到轴线不变或变化不大,使柱子上下对齐或仅有较小的偏心。当楼层高度不同而形成楼板错层或在某些轴线上取消柱子形成不规则框架时,都对抗震相当不利,应尽可能避免。否则,应通过相应的计算及构造措施予以加强,防止出现薄弱环节。

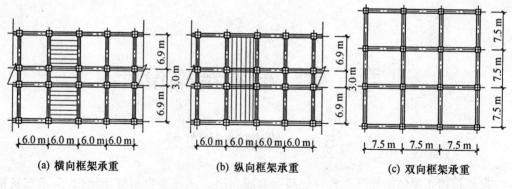

（a）横向框架承重　　　　　　（b）纵向框架承重　　　　　　（c）双向框架承重

图 5.2　框架承重体系

5.2　框架梁、柱截面尺寸估算及混凝土强度等级

5.2.1　框架梁截面尺寸估算

框架梁的截面尺寸应由刚度条件初步确定。框架结构的主梁截面高度 h_b 可按（1/10 ~ 1/18）l_b 确定（l_b 为主梁的计算跨度），且截面高度不宜大于 1/4 净跨。主梁截面的宽度 b_b 不宜小于（1/4）h_b，且不应小于 200 mm。当采用叠合梁时，预制部分截面高度不宜小于（1/15）l_b，后浇部分截面高度不宜小于 100 mm（不包括板面整浇层厚度）。

当梁高较小或采用扁梁时，除验算其承载力和受剪截面要求外，尚应满足刚度和裂缝的有关要求。在计算梁的挠度时，可扣除梁的合理起拱值；对现浇梁板结构，宜考虑梁受压翼缘的有利影响。

5.2.2　框架柱截面尺寸估算

框架柱的截面宜采用正方形或接近正方形的矩形。正方形或矩形截面柱的边长，非抗震设计时不宜小于 250 mm，抗震设计时不宜小于 300 mm；圆柱截面直径不宜小于 350 mm。柱剪跨比宜大于 2；矩形截面柱，截面长短边之比不宜大于 3。

在初步设计时，柱截面面积 A_c 可按下式确定

一级抗震时　　　　　　　　　$A_c = \dfrac{N}{0.7 f_c}$　　　　　　　　　　（5.1a）

二级抗震时　　　　　　　　　$A_c = \dfrac{N}{0.8 f_c}$　　　　　　　　　　（5.1b）

三级抗震时　　　　　　　　　$A_c = \dfrac{N}{0.9 f_c}$　　　　　　　　　　（5.1c）

四级抗震或风荷载作用时　　　$A_c = \dfrac{N}{f_c}$　　　　　　　　　　（5.1d）

式中，N 为估算的框架柱轴力设计值。

抗震等级为一 ~ 三级时　　　　$N = (1.1 ~ 1.2) N_v$　　　　　　　（5.1e）

四级抗震或风荷载作用时　　　　$N = (1.05 ~ 1.1) N_v$　　　　　　（5.1f）

式中, N_v 为估算的竖向荷载作用下产生的框架柱轴力。

N_v 可根据柱支承的楼板面积、楼层数及楼层上的竖向荷载,并考虑分项系数 1.25 进行计算,楼层上的竖向荷载可按 11 ～ 14 kN/m² 计算。

5.2.3　混凝土强度等级

当按一级抗震等级设计时,现浇框架的混凝土强度等级不应低于 C30,按二 ～ 四级抗震等级和非抗震设计时,不应低于 C20。现浇框架梁的混凝土强度等级不宜大于 C40;框架柱的混凝土强度等级,抗震设防烈度为 9 度时不宜大于 C60,抗震设防烈度为 8 度时不宜大于 C70。

5.3　计算单元及计算简图

5.3.1　计算单元

框架结构为空间结构,应取整个结构作为计算单元,按三维框架分析。但对于平面布置较规则,柱距及跨数相差不多的大多数框架结构,在计算中可将三维框架简化为平面框架,每榀框架按其负荷面积承担外荷载。

在各榀框架中(包括纵、横向框架),选出一榀或几榀有代表性的框架作为计算单元。对于结构及荷载相近的计算单元可以适当统一,以减少计算工作量,如图 5.3 所示。

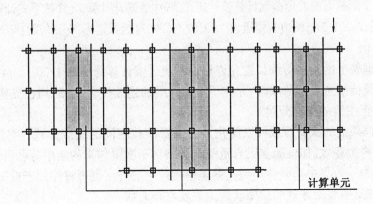

图 5.3　框架结构计算单元

5.3.2　计算简图

计算简图是由计算模型及其作用在其中的荷载共同构成的。

框架结构的计算模型是由梁、柱截面的几何轴线确定的,框架柱在基础顶面按固定端考虑,如图 5.4 所示。

1. 计算模型的简化

(1) 当框架梁为坡度 $i \leqslant 1/8$ 的折梁时,可简化为直杆,如图 5.4 所示。

(2) 对于不等跨框架,当各跨度差不大于 10% 时,可以简化为等跨框架,跨度取原框架各跨跨度的平均值。

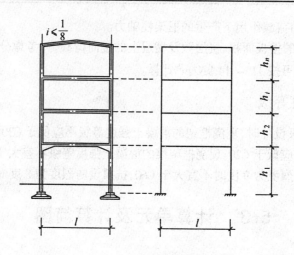

图 5.4　框架计算模型

（3）当框架梁为有加腋的变截面梁时，如 $\dfrac{I_{end}}{I_{mid}} < 4$ 或 $\dfrac{h_{end}}{h_{mid}} < 1.6$ 时，可不考虑加腋的影响，按等截面梁进行内力计算（I_{end} 和 h_{end} 为加腋端最高截面的惯性矩和梁高，I_{mid} 和 h_{mid} 为跨中等截面梁的惯性矩和梁高）。当不满足上述条件时，梁应按变截面杆进行内力分析。

在计算模型中，各杆的截面惯性矩：柱按实际截面确定；框架梁则应考虑楼板的作用。当采用现浇楼板时，现浇板可作为框架梁的翼缘，故框架梁应按 T 形截面确定其惯性矩，翼缘有效宽度为每侧 6 倍板厚，然后按 T 形截面或 L 形截面计算惯性矩。工程中为简化计算，允许按下式计算框架梁的惯性矩：一边有楼板，$I = 1.5I_0$；两边有楼板，$I = 2.0I_0$（式中 I_0 为梁矩形部分的惯性矩）。

2.荷载的简化

（1）作用在框架上的集中荷载位置允许移动不超过梁计算跨度的 1/20。

（2）计算次梁传给主梁的荷载时，允许不考虑次梁的连续性，按各跨均在支座处间断的简支次梁来计算传至主梁的集中荷载。

（3）作用在框架上的次要荷载可以简化为与主要荷载相同的荷载形式，但应对结构的主要受力部位维持内力等效。如框架主梁自重线荷载相对于次梁传来的集中荷载可谓次要荷载，故此线荷载可化为等效集中荷载叠加到次梁集中荷载中。另外，也可将作用于框架梁上的三角形、梯形等荷载按支座弯矩等效的原则改造为等效均布荷载。

上述荷载简化方法仅用在手算中，电算时不必简化。

5.4　框架结构的内力及侧移计算

框架内力及侧移的近似计算方法很多，由于每种方法所采用的假定不同，其计算结果的近似程度也有区别，但一般都能满足工程设计所要求的精度。

下面分别介绍近似计算方法中的分层法、反弯点法和 D 值法。

5.4.1　框架在竖向荷载作用下内力的近似计算方法 —— 分层法

根据框架在竖向荷载作用下的精确解可知，一般规则框架的侧移是极小的，而且每层梁上的荷载对其他各层梁内力的影响也很小。因此可假定：

（1）框架在竖向荷载作用下，节点的侧移可忽略不计；

（2）每层梁上的荷载对其他各层梁内力的影响可忽略不计。

根据上述假定，多层框架在竖向荷载作用下可以分层计算，计算时可将各层梁及与其相连的上、下柱所组成的开口框架作为独立的计算单元，如图5.5所示。由于各层开口框架上下柱的远端（除底层框架柱的下端外）实际上为弹性支承，而简图5.5中则是按固定端处理的，这将减小框架的变形，相当于提高了结构的刚度。为消除由此带来的误差，在分层法计算时，需将除底层外所有各层柱的线刚度乘以折减系数0.9，并取弯矩传递系数为1/3；底层柱的线刚度不折减，传递系数取1/2。分层后的开口框架可用弯矩分配法或迭代法计算。

各杆的最终弯矩取法为：框架梁的最终弯矩即为分层计算所得的弯矩；对框架柱来说，因任一柱会同时出现在上、下两层开口框架中，所以柱的最终弯矩应将上、下两相邻开口框架同一柱的弯矩叠加起来。

需要指出一点，最后算得的各梁、柱弯矩在节点处有可能不平衡，但一般误差不大，如有需要，也可将各节点不平衡力矩再分配一次。

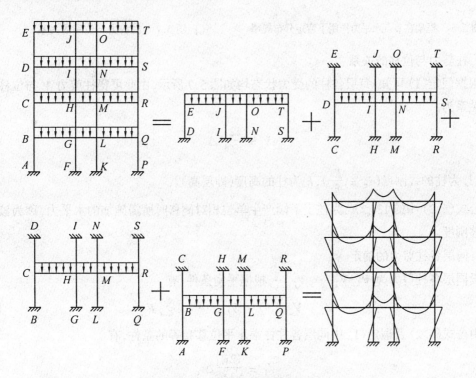

图5.5 分层法计算框架内力

5.4.2 框架在水平荷载作用下内力近似计算方法 —— 反弯点法

在工程设计中，通常将作用在框架上的风荷载或水平地震作用简化为节点水平力。在节点水平力作用下，其弯矩分布规律见图5.6，各杆的弯矩都是直线分布的，每根柱都有一个零弯矩点，称反弯点。在该点处，柱只有剪力作用（图5.6中的 V_1, V_2, V_3, V_4）。如果能求出各柱的剪力及其反弯点的位置，用柱中剪力乘以反弯点至柱端的高度，即可求出柱端弯矩，再根据节点平衡条件又可求出梁端弯矩。所以反弯点法的关键是确定各柱剪力及反弯点位置。

1.反弯点法的基本假定

对于层数不多、柱截面较小、梁柱线刚度比大于 3 的框架,为简化计算,可作如下假定:

(1)在确定各柱剪力时,假定框架梁刚度无限大,即各柱端无转角,且同一层柱具有相同的水平位移。

(2)最下层各柱的反弯点在距柱底的 2/3 高度处,上面各层柱的反弯点在柱高度的中点。

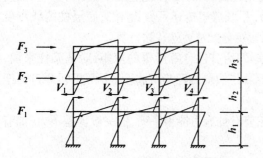

图 5.6　框架在节点水平力作用下弯矩分布规律　　　图 5.7　柱剪力与位移的关系

2.柱剪力与位移的关系

根据假定(1)可知:每层各柱的受力状态均如图 5.7 所示,由此可得柱剪力 V 与位移 Δ 之间的关系为

$$V = \frac{12i_{\mathrm{c}}}{h^2}\Delta \tag{5.2}$$

式中,i_{c} 为柱的线刚度($i_{\mathrm{c}} = \dfrac{EI}{h}$);$h$ 为柱的高度(即层高)。

公式(5.2)中的 $12i_{\mathrm{c}}/h^2$ 为柱上下端产生单位相对侧移时所需施加的水平力,称为该柱的抗侧移刚度。

3.同层各柱剪力的确定

设同层各柱剪力为 $V_1, V_2, \cdots, V_j, \cdots$,根据平衡条件,有

$$V_1 + V_2 + \cdots + V_j + \cdots = \sum F \tag{5.3}$$

由公式(5.2)及假定(1)中同层各柱柱端水平位移相等的条件,有

$$V_1 = \frac{12i_{\mathrm{c1}}}{h^2}\Delta$$

$$V_2 = \frac{12i_{\mathrm{c2}}}{h^2}\Delta$$

$$\vdots$$

$$V_j = \frac{12i_{\mathrm{cj}}}{h^2}\Delta$$

$$\vdots$$

把上述各式代入公式(5.3),可得

$$\Delta = \frac{\sum F}{\dfrac{12i_{c1}}{h^2} + \dfrac{12i_{c2}}{h^2} + \cdots + \dfrac{12i_{cj}}{h^2} + \cdots} = \frac{\sum F}{\sum \dfrac{12i_c}{h^2}}$$

于是有

$$V_j = \frac{\dfrac{12i_{cj}}{h^2}}{\sum \dfrac{12i_c}{h^2}} \sum F \qquad (5.4)$$

式中，V_j 为第 n 层第 j 根柱的剪力；$\dfrac{12i_{cj}}{h^2}$ 为第 n 层第 j 根柱的抗侧移刚度；$\sum \dfrac{12i_c}{h^2}$ 为第 n 层各柱抗侧移刚度总和；$\sum F$ 为第 n 层以上所有水平荷载总和。

4.计算步骤

(1) 按公式(5.4)求出框架中各柱的剪力。

(2) 取底层柱反弯点在 $\dfrac{2}{3}h$ 处，其他各层柱反弯点在 $\dfrac{1}{2}h$ 处。

(3) 柱端弯矩

底层柱上端 $\qquad\qquad M_上 = V_j \times \dfrac{1}{3}h$

底层柱下端 $\qquad\qquad M_下 = V_j \times \dfrac{2}{3}h$

其余各层，柱上、下端 $\qquad M = V_j \times 0.5h$

(4) 梁端弯矩

边跨外边缘处的梁端弯矩[图 5.8(a)]

$$M = M_n + M_{n+1}$$

中间支座处的梁端弯矩[图 5.8(b)]

$$M_左 = (M_n + M_{n+1})\frac{i_左}{i_左 + i_右}$$

$$M_右 = (M_n + M_{n+1})\frac{i_右}{i_左 + i_右}$$

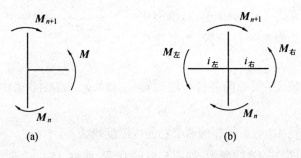

(a) (b)

图 5.8　框架梁端弯矩计算简图

5.4.3　框架在水平荷载作用下内力的近似计算方法——D 值法

D 值法又称改进反弯点法。由前述反弯点法可以看出：框架各柱中的剪力仅与各柱间的线刚度比有关，各柱的反弯点位置取为定值，这与高层框架结构的实际工作情况相差较大。事实上，柱的抗侧移刚度不但与柱本身的线刚度及层高有关，而且还与梁的线刚度有关。反弯点法假定框架横梁刚度无限大，这在层数较多的框架中是不合理的，此时，柱截面较大，梁柱线刚度比较小，若再采用反弯点法，计算误差较大。另外，框架变形后节点必有转角，它既能影响柱中的剪力，也能影响柱中的反弯点位置。故柱的反弯点高度不应是定值，而应随该柱与梁线刚度比、该柱所在楼层位置、上下层梁间的线刚度比以及上下层层高的不同而不同，甚至与房屋的总层数等因素有关。因此 D 值法主要针对柱的抗侧移刚度及反弯点的高度进行改进，以求得更精确的内力值。

1. 柱的抗侧移刚度 D 值

图 5.9(a) 为一多层多跨框架。在水平荷载作用下框架产生节点转角 θ 和柱的层间侧移 Δ(或以弦转角 $\phi = \dfrac{\Delta}{h}$ 表示)。除底层外，上部各层的节点转角和柱的弦转角基本相等。根据这种变形特点，考虑 D 值时，应把底层柱和上部各层柱分开来讨论。

(1) 上部各层(一般层)柱的 D 值。从框架中任取不在底层的柱 AB 为例进行分析。为简化分析，作如下假定：

① 柱 AB 以及与柱 AB 相邻的各杆杆端的转角均为 θ；

② 柱 AB 以及与柱 AB 上下相邻的两个柱的线刚度均为 i_c。

根据上述假定，可得柱 AB 的变形，如图 5.9(b) 所示，将柱 AB 的变形分解为图 5.9(c)、(d) 所示的两部分，前者为侧移 Δ 引起的柱变形，后者为节点转角 θ 引起的柱变形，由转角位移方程，有

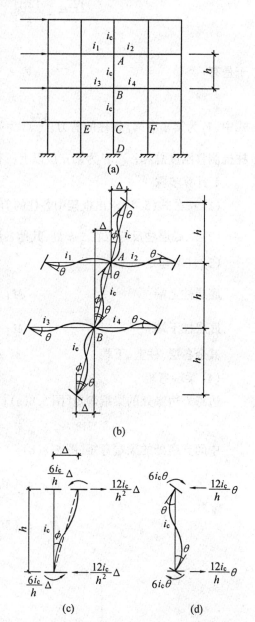

图 5.9　框架柱抗侧移刚度 D 的推导简图

$$V = \frac{12i_c}{h^2}\Delta - \frac{12i_c}{h}\theta = \frac{12i_c}{h^2}\Delta\left(1 - \frac{h\theta}{\Delta}\right) = \alpha_c\frac{12i_c}{h^2}\Delta = D\Delta \tag{5.5}$$

式中，α_c 为节点转动影响系数，$\alpha_c = 1 - \dfrac{h\theta}{\Delta}$。

根据柱抗侧移刚度的定义（即框架柱层间产生单位相对侧移时，所需施加的水平力）可知：公式(5.5)中的 $D\left(= \alpha_c\dfrac{12i_c}{h^2}\right)$ 即为考虑节点转动影响后的柱抗侧移刚度。D 值中的节点转动影响系数 α_c 可由节点 A、B 的平衡条件求得

$$\begin{cases} \sum M_A = 0 \\ \sum M_B = 0 \end{cases} \begin{cases} 4(i_1 + i_2 + i_c + i_c)\theta + 2(i_1 + i_2 + i_c + i_c)\theta - 6(i_c + i_c)\dfrac{\Delta}{h} = 0 \\ 4(i_3 + i_4 + i_c + i_c)\theta + 2(i_3 + i_4 + i_c + i_c)\theta - 6(i_c + i_c)\dfrac{\Delta}{h} = 0 \end{cases}$$

将以上两式相加并整理，得

$$\frac{h\theta}{\Delta} = \frac{24i_c}{6(i_1 + i_2 + i_3 + i_4) + 24i_c} = \frac{24i_c}{24i_b + 24i_c} = \frac{i_c}{i_b + i_c} \tag{5.6}$$

式中，i_b 为与柱 AB 相连接的梁的平均线刚度，$i_b = \dfrac{1}{4}(i_1 + i_2 + i_3 + i_4)$。

将公式(5.6)代入 α_c 的算式，有

$$\alpha_c = 1 - \frac{h\theta}{\Delta} = 1 - \frac{i_c}{i_b + i_c} = \frac{i_b}{i_b + i_c} = \frac{\dfrac{i_1 + i_2 + i_3 + i_4}{2i_c}}{\dfrac{i_1 + i_2 + i_3 + i_4}{2i_c} + 2}$$

令

$$\bar{K} = \frac{i_1 + i_2 + i_3 + i_4}{2i_c}$$

则

$$\alpha_c = \frac{\bar{K}}{\bar{K} + 2}$$

式中，$\bar{K}$ 为梁柱线刚度比，$\bar{K} = \dfrac{i_1 + i_2 + i_3 + i_4}{2i_c}$。

(2) 底层柱的 D 值

以柱 CD 为研究对象（图 5.10），其中

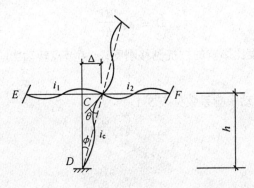

图 5.10　底层柱抗侧移刚度 D 推导简图

$$M_{CD} = 4i_c\theta - 6i_c\frac{\Delta}{h}, M_{CE} = 6i_1\theta, M_{CF} = 6i_2\theta$$

设
$$a = \frac{M_{CD}}{M_{CE} + M_{CF}} = \frac{4i_c\theta - 6i_c\frac{\Delta}{h}}{6(i_1 + i_2)\theta} = \frac{(2\theta - \frac{3\Delta}{h})i_c}{3(i_1 + i_2)\theta}$$

令
$$\bar{K} = \frac{i_1 + i_2}{i_c}$$

因此
$$\theta = \frac{3}{2 - 3a\bar{K}}\frac{\Delta}{h}$$

由柱 CD 的平衡条件,可得
$$V_{CD} = \frac{12i_c}{h^2}\Delta - \frac{6i_c}{h}\theta = \frac{12i_c\Delta}{h^2}(1 - \frac{1.5}{1 - 3a\bar{K}}) = (\frac{0.5 - 3a\bar{K}}{2 - 3a\bar{K}})\frac{12i_c}{h^2}\Delta$$

由此可得
$$D = \frac{V}{\Delta} = (\frac{0.5 - 3a\bar{K}}{2 - 3a\bar{K}})\frac{12i_c}{h^2} = \alpha_c\frac{12i_c}{h^2}$$

其中
$$\alpha_c = \frac{0.5 - 3a\bar{K}}{2 - 3a\bar{K}}$$

在实际工程中,$\bar{K}$ 通常在 $0.3 \sim 0.5$ 之间变化,a 在 $(-0.14) \sim (-0.50)$ 之间变化,则其相应的 α_c 值在 $0.3 \sim 0.84$ 之间变动。为简化计,若令 a 为一常数,且等于 $(-1/3)$,则相应的 α_c 值为 $0.35 \sim 0.79$,可见它对 D 值的误差不大。为此,可令 $a = -1/3$,把 α_c 简化为
$$\alpha_c = \frac{0.5 + \bar{K}}{2 + \bar{K}}$$

同理,当柱脚为铰接时,可得 $\bar{K} = \frac{i_1 + i_2}{i_c}$;$\alpha_c = -\frac{0.5a\bar{K}}{1 - 2a\bar{K}}$。当 $\bar{K}$ 取不同值时,a 通常在 $(-1) \sim (-0.67)$ 之间变化。为简化计算,在误差不大的条件下,可取 $a = -1$,则有
$$\alpha_c = \frac{0.5\bar{K}}{1 + 2\bar{K}}$$

(3) 柱的抗侧移刚度 D 值计算方法汇总

为了以后应用的方便,将以上讨论的结果汇总如下。

柱的抗侧移刚度 D 值按下式计算
$$D = \alpha_c\frac{12i_c}{h^2} \tag{5.7}$$

式中,D 为考虑梁柱线刚度比影响的柱抗侧移刚度;α_c 为节点转动影响系数;i_c 为柱的线刚度;h 为层高。

不同部位柱的节点转动影响系数见表 5.1。

表 5.1　节点转动影响系数

柱位 / 层位	边　柱		中　柱		α_c
一般层		$\bar{K} = \dfrac{i_1 + i_2}{2i_c}$		$\bar{K} = \dfrac{i_1 + i_2 + i_3 + i_4}{2i_c}$	$\alpha_c = \dfrac{\bar{K}}{2 + \bar{K}}$
底层		$\bar{K} = \dfrac{i_1 + i_2}{2i_c}$		$\bar{K} = \dfrac{i_1 + i_2 + i_3 + i_4}{2i_c}$	$\alpha_c = \dfrac{0.5\bar{K}}{1 + 2\bar{K}}$
		$\bar{K} = \dfrac{i_1}{i_c}$		$\bar{K} = \dfrac{i_1 + i_2}{i_c}$	$\alpha_c = \dfrac{0.5 + \bar{K}}{2 + \bar{K}}$

与反弯点法的柱抗侧移刚度($\dfrac{12i_c}{h^2}$)相比,可知 D 值法在计算柱的抗侧移刚度时考虑了节点转动的影响[即公式(5.7)中的系数 α_c],因此提高了计算精度。

由表 5.1 可见,当梁柱线刚度比 $\bar{K}$ 很大时,α_c 值接近于 1,当 $\bar{K} = \infty$ 时,$\alpha_c = 1.0$,这是反弯点法推求的假定与结果。所以反弯点法只不过是 D 值法当 $\bar{K} = \infty$(横梁无穷刚)时的特例。

2. 柱的反弯点高度

框架柱的反弯点高度 yh(图 5.11)可由下式求得

$$yh = (y_0 + y_1 + y_2 + y_3)h \qquad (5.8)$$

式中,y 为反弯点高度比;y_0 为标准反弯点高度比,按表 5.2 或表 5.3 查用;y_1 为考虑上下层梁刚度不同时反弯点高度比的修正值,按表 5.4 查用;y_2,y_3 分别为考虑上、下层层高变化时反弯点高度比的修正值,按表 5.5 查用。

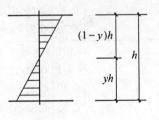

图 5.11　反弯点高度

3. 计算方法

当每根柱的抗侧移刚度 D 按公式(5.7)计算确定后,框架柱的剪力可按下式计算

$$V_j = \frac{D_j}{\sum D} \sum F$$

式中,D_j 为第 n 层第 j 根柱的抗侧移刚度;$\sum D$ 为第 n 层各柱抗侧移刚度总和。

反弯点高度按公式(5.8)计算。

其余计算步骤同反弯点法。

表5.2　规则框架承受均布水平力作用时标准反弯点的高度比 y_0 值

m	$\bar{K}$ / n	0.1	0.2	0.3	0.4	0.5	0.6	0.7	0.8	0.9	1.0	2.0	3.0	4.0	5.0
1	1	0.80	0.75	0.70	0.65	0.65	0.6	0.60	0.60	0.60	0.55	0.55	0.55	0.55	0.55
2	2	0.45	0.40	0.35	0.35	0.35	0.35	0.40	0.40	0.40	0.40	0.45	0.45	0.45	0.45
	1	0.95	0.80	0.75	0.70	0.65	0.65	0.65	0.60	0.60	0.60	0.55	0.55	0.55	0.50
3	3	0.15	0.20	0.20	0.25	0.30	0.30	0.35	0.35	0.35	0.35	0.40	0.45	0.45	0.45
	2	0.55	0.50	0.45	0.45	0.45	0.45	0.45	0.45	0.45	0.45	0.45	0.50	0.50	0.50
	1	1.00	0.85	0.80	0.75	0.70	0.65	0.65	0.65	0.60	0.60	0.55	0.55	0.55	0.55
4	4	0.05	0.05	0.15	0.20	0.25	0.30	0.30	0.35	0.35	0.35	0.40	0.40	0.45	0.45
	3	0.25	0.30	0.30	0.35	0.35	0.40	0.40	0.40	0.40	0.45	0.45	0.50	0.50	0.50
	2	0.65	0.55	0.50	0.50	0.45	0.45	0.45	0.45	0.45	0.45	0.50	0.50	0.50	0.50
	1	1.10	0.90	0.80	0.75	0.70	0.70	0.65	0.65	0.65	0.60	0.55	0.55	0.55	0.55
5	5	-0.20	0.00	0.15	0.20	0.25	0.30	0.30	0.30	0.35	0.35	0.40	0.45	0.45	0.45
	4	0.10	0.20	0.25	0.30	0.35	0.35	0.40	0.40	0.40	0.45	0.45	0.45	0.45	0.50
	3	0.40	0.40	0.40	0.40	0.40	0.45	0.45	0.45	0.45	0.45	0.50	0.50	0.50	0.50
	2	0.65	0.55	0.50	0.50	0.50	0.50	0.50	0.50	0.50	0.50	0.50	0.50	0.50	0.50
	1	1.20	0.95	0.80	0.75	0.75	0.70	0.70	0.65	0.65	0.65	0.55	0.55	0.55	0.55
6	6	-0.30	0.00	0.10	0.20	0.25	0.25	0.30	0.30	0.35	0.35	0.40	0.45	0.45	0.45
	5	0.00	0.20	0.25	0.30	0.35	0.35	0.40	0.40	0.40	0.40	0.45	0.45	0.50	0.50
	4	0.20	0.30	0.35	0.35	0.40	0.40	0.40	0.45	0.45	0.45	0.45	0.50	0.50	0.50
	3	0.40	0.40	0.40	0.45	0.45	0.45	0.45	0.45	0.45	0.45	0.50	0.50	0.50	0.50
	2	0.70	0.60	0.55	0.50	0.50	0.50	0.50	0.50	0.50	0.50	0.50	0.50	0.50	0.50
	1	1.20	0.95	0.85	0.80	0.75	0.70	0.70	0.65	0.65	0.65	0.55	0.55	0.55	0.50
7	7	-0.35	-0.05	1.10	0.20	0.20	0.25	0.30	0.30	0.35	0.35	0.40	0.45	0.45	0.45
	6	-0.10	0.15	0.25	0.30	0.35	0.35	0.35	0.40	0.40	0.40	0.45	0.45	0.50	0.50
	5	0.10	0.25	0.30	0.35	0.40	0.40	0.40	0.45	0.45	0.45	0.45	0.50	0.50	0.50
	4	0.30	0.35	0.40	0.40	0.40	0.45	0.45	0.45	0.45	0.45	0.50	0.50	0.50	0.50
	3	0.50	0.45	0.45	0.45	0.45	0.45	0.45	0.45	0.45	0.45	0.50	0.50	0.50	0.50
	2	0.75	0.60	0.55	0.55	0.50	0.50	0.50	0.50	0.50	0.50	0.50	0.50	0.50	0.50
	1	1.20	0.95	0.85	0.80	0.75	0.70	0.70	0.65	0.65	0.65	0.55	0.55	0.55	0.55
8	8	-0.35	-0.15	0.10	0.15	0.25	0.25	0.30	0.30	0.35	0.35	0.40	0.45	0.45	0.45
	7	-0.10	0.15	0.25	0.30	0.35	0.35	0.40	0.40	0.40	0.40	0.45	0.50	0.50	0.50
	6	0.05	0.25	0.30	0.35	0.40	0.40	0.40	0.45	0.45	0.45	0.45	0.50	0.50	0.50
	5	0.20	0.30	0.35	0.40	0.40	0.45	0.45	0.45	0.45	0.45	0.50	0.50	0.50	0.50
	4	0.35	0.40	0.40	0.45	0.45	0.45	0.45	0.45	0.45	0.45	0.50	0.50	0.50	0.50
	3	0.50	0.45	0.45	0.45	0.45	0.45	0.45	0.45	0.50	0.50	0.50	0.50	0.50	0.50
	2	0.75	0.60	0.55	0.55	0.50	0.50	0.50	0.50	0.50	0.50	0.50	0.50	0.50	0.50
	1	1.20	1.00	0.85	0.80	0.75	0.70	0.70	0.65	0.65	0.65	0.55	0.55	0.55	0.55

续表 5.2

m	n \ $\bar{K}$	0.1	0.2	0.3	0.4	0.5	0.6	0.7	0.8	0.9	1.0	2.0	3.0	4.0	5.0
9	9	-0.40	-0.05	0.10	0.20	0.25	0.25	0.30	0.30	0.35	0.35	0.45	0.45	0.45	0.45
	8	-0.15	0.15	0.25	0.30	0.35	0.35	0.35	0.40	0.40	0.40	0.45	0.45	0.50	0.50
	7	0.05	0.25	0.30	0.35	0.40	0.40	0.40	0.45	0.45	0.45	0.45	0.50	0.50	0.50
	6	0.15	0.30	0.35	0.40	0.40	0.45	0.45	0.45	0.45	0.45	0.50	0.50	0.50	0.50
	5	0.25	0.35	0.40	0.40	0.45	0.45	0.45	0.45	0.45	0.45	0.50	0.50	0.50	0.50
	4	0.40	0.40	0.40	0.45	0.45	0.45	0.45	0.45	0.45	0.45	0.50	0.50	0.50	0.50
	3	0.55	0.45	0.45	0.45	0.45	0.45	0.45	0.45	0.50	0.50	0.50	0.50	0.50	0.50
	2	0.80	0.65	0.55	0.55	0.50	0.50	0.50	0.50	0.50	0.50	0.50	0.50	0.50	0.50
	1	1.20	1.00	0.85	0.80	0.75	0.70	0.70	0.65	0.65	0.65	0.55	0.55	0.55	0.55
10	10	-0.40	-0.05	0.10	0.20	0.25	0.30	0.30	0.30	0.30	0.35	0.40	0.45	0.45	0.45
	9	-0.15	0.15	0.25	0.30	0.35	0.35	0.40	0.40	0.40	0.40	0.45	0.45	0.50	0.50
	8	0.00	0.25	0.30	0.35	0.40	0.40	0.45	0.45	0.45	0.45	0.45	0.50	0.50	0.50
	7	0.10	0.30	0.35	0.40	0.40	0.45	0.45	0.45	0.45	0.45	0.50	0.50	0.50	0.50
	6	0.20	0.35	0.40	0.40	0.45	0.45	0.45	0.45	0.45	0.45	0.50	0.50	0.50	0.50
	5	0.30	0.40	0.40	0.45	0.45	0.45	0.45	0.45	0.45	0.50	0.50	0.50	0.50	0.50
	4	0.40	0.40	0.45	0.45	0.45	0.45	0.45	0.45	0.45	0.50	0.50	0.50	0.50	0.50
	3	0.55	0.50	0.45	0.45	0.45	0.50	0.50	0.50	0.50	0.50	0.50	0.50	0.50	0.50
	2	0.80	0.65	0.55	0.55	0.55	0.50	0.50	0.50	0.50	0.50	0.50	0.50	0.50	0.50
	1	1.30	1.00	0.85	0.80	0.75	0.70	0.70	0.65	0.65	0.65	0.60	0.55	0.55	0.55
11	11	-0.40	0.05	0.10	0.20	0.25	0.30	0.30	0.30	0.35	0.35	0.40	0.45	0.45	0.45
	10	-0.15	0.15	0.25	0.30	0.35	0.35	0.40	0.40	0.40	0.40	0.45	0.45	0.50	0.50
	9	0.00	0.25	0.30	0.35	0.40	0.40	0.45	0.40	0.45	0.45	0.45	0.50	0.50	0.50
	8	0.10	0.30	0.35	0.40	0.40	0.45	0.45	0.45	0.45	0.45	0.50	0.50	0.50	0.50
	7	0.20	0.35	0.40	0.45	0.45	0.45	0.45	0.45	0.45	0.45	0.50	0.50	0.50	0.50
	6	0.25	0.35	0.40	0.45	0.45	0.45	0.45	0.45	0.45	0.45	0.50	0.50	0.50	0.50
	5	0.35	0.40	0.40	0.45	0.45	0.45	0.45	0.45	0.45	0.50	0.50	0.50	0.50	0.50
	4	0.40	0.45	0.45	0.45	0.45	0.45	0.45	0.50	0.50	0.50	0.50	0.50	0.50	0.50
	3	0.55	0.50	0.50	0.50	0.50	0.50	0.50	0.50	0.50	0.50	0.50	0.50	0.50	0.50
	2	0.80	0.65	0.60	0.55	0.55	0.50	0.50	0.50	0.50	0.50	0.50	0.50	0.50	0.50
	1	1.30	1.00	0.85	0.80	0.75	0.70	0.70	0.65	0.65	0.65	0.60	0.55	0.55	0.55
12以上	自上1	-0.40	-0.05	0.10	0.20	0.25	0.30	0.30	0.30	0.35	0.35	0.40	0.45	0.45	0.45
	2	-0.15	0.15	0.25	0.30	0.35	0.35	0.40	0.40	0.40	0.40	0.45	0.45	0.50	0.50
	3	0.00	0.25	0.30	0.35	0.40	0.40	0.40	0.45	0.45	0.45	0.50	0.50	0.50	0.50
	4	0.10	0.30	0.35	0.40	0.40	0.45	0.45	0.45	0.45	0.45	0.50	0.50	0.50	0.50
	5	0.20	0.35	0.40	0.40	0.45	0.45	0.45	0.45	0.45	0.45	0.50	0.50	0.50	0.50
	6	0.25	0.35	0.40	0.45	0.45	0.45	0.45	0.45	0.45	0.45	0.50	0.50	0.50	0.50
	7	0.30	0.40	0.40	0.45	0.45	0.45	0.45	0.45	0.50	0.50	0.50	0.50	0.50	0.50
	8	0.35	0.40	0.45	0.45	0.45	0.45	0.45	0.50	0.50	0.50	0.50	0.50	0.50	0.50
	中间	0.40	0.40	0.45	0.45	0.45	0.45	0.50	0.50	0.50	0.50	0.50	0.50	0.50	0.50
	4	0.45	0.45	0.45	0.45	0.50	0.50	0.50	0.50	0.50	0.50	0.50	0.50	0.50	0.50
	3	0.60	0.50	0.50	0.50	0.50	0.50	0.50	0.50	0.50	0.50	0.50	0.50	0.50	0.50
	2	0.80	0.65	0.60	0.55	0.50	0.50	0.50	0.50	0.50	0.50	0.50	0.50	0.50	0.50
	自下1	1.30	1.00	0.85	0.80	0.75	0.70	0.70	0.65	0.65	0.65	0.55	0.55	0.55	0.55

注：$\bar{K} = \dfrac{i_1 + i_2 + i_3 + i_4}{2i_c}$；$m$ 为总层数；n 为该柱所在的层数。

表 5.3　规则框架承受倒三角形分布水平力作用时标准反弯点的高度比 y_0 值

m	n＼$\bar{K}$	0.1	0.2	0.3	0.4	0.5	0.6	0.7	0.8	0.9	1.0	2.0	3.0	4.0	5.0
1	1	0.80	0.75	0.70	0.65	0.65	0.6	0.60	0.60	0.60	0.55	0.55	0.55	0.55	0.55
2	2	0.50	0.45	0.40	0.40	0.70	0.40	0.40	0.40	0.40	0.45	0.45	0.45	0.50	0.50
	1	1.00	0.85	0.75	0.70	0.70	0.65	0.65	0.65	0.60	0.60	0.55	0.55	0.55	0.55
3	3	0.25	0.25	0.25	0.30	0.30	0.35	0.35	0.35	0.40	0.40	0.45	0.45	0.45	0.50
	2	0.60	0.50	0.50	0.50	0.50	0.40	0.45	0.45	0.45	0.50	0.50	0.50	0.50	0.50
	1	1.15	0.90	0.80	0.75	0.75	0.70	0.70	0.65	0.65	0.65	0.60	0.55	0.55	0.55
4	4	0.10	0.15	0.20	0.25	0.30	0.35	0.35	0.35	0.40	0.45	0.45	0.45	0.45	0.45
	3	0.35	0.35	0.35	0.40	0.40	0.40	0.40	0.45	0.45	0.45	0.45	0.50	0.50	0.50
	2	0.70	0.60	0.55	0.50	0.50	0.50	0.50	0.50	0.50	0.50	0.50	0.50	0.50	0.50
	1	1.20	0.95	0.85	0.80	0.75	0.70	0.70	0.70	0.65	0.65	0.55	0.55	0.55	0.55
5	5	-0.50	0.10	0.20	0.25	0.30	0.30	0.35	0.35	0.30	0.35	0.40	0.45	0.45	0.45
	4	0.20	0.25	0.35	0.35	0.40	0.40	0.40	0.40	0.40	0.45	0.45	0.50	0.50	0.50
	3	0.45	0.40	0.45	0.45	0.45	0.45	0.45	0.45	0.45	0.45	0.50	0.50	0.50	0.50
	2	0.75	0.60	0.55	0.55	0.50	0.50	0.50	0.50	0.50	0.50	0.50	0.50	0.50	0.50
	1	1.30	1.00	0.85	0.80	0.75	0.70	0.70	0.65	0.65	0.65	0.65	0.55	0.55	0.55
6	6	-0.15	0.05	0.15	0.20	0.25	0.30	0.30	0.35	0.35	0.35	0.40	0.45	0.45	0.45
	5	0.10	0.25	0.30	0.35	0.35	0.40	0.40	0.40	0.45	0.45	0.45	0.50	0.50	0.50
	4	0.30	0.35	0.40	0.40	0.45	0.45	0.45	0.45	0.45	0.45	0.50	0.50	0.50	0.50
	3	0.50	0.45	0.45	0.45	0.45	0.45	0.45	0.45	0.50	0.50	0.50	0.50	0.50	0.50
	2	0.80	0.65	0.55	0.55	0.55	0.55	0.50	0.50	0.50	0.50	0.50	0.50	0.50	0.50
	1	1.30	1.00	0.85	0.80	0.75	0.70	0.70	0.65	0.65	0.65	0.65	0.55	0.55	0.55
7	7	-0.20	0.05	0.15	0.20	0.25	0.30	0.30	0.35	0.35	0.35	0.45	0.45	0.45	0.45
	6	0.05	0.20	0.30	0.35	0.35	0.40	0.40	0.40	0.40	0.45	0.45	0.50	0.50	0.50
	5	0.20	0.30	0.35	0.40	0.40	0.45	0.45	0.45	0.45	0.45	0.50	0.50	0.50	0.50
	4	0.35	0.40	0.40	0.45	0.45	0.45	0.45	0.45	0.45	0.45	0.50	0.50	0.50	0.50
	3	0.55	0.50	0.50	0.50	0.50	0.50	0.50	0.50	0.50	0.50	0.50	0.50	0.50	0.50
	2	0.80	0.65	0.60	0.55	0.55	0.55	0.50	0.50	0.50	0.50	0.50	0.50	0.50	0.50
	1	1.30	1.00	0.90	0.80	0.75	0.70	0.70	0.70	0.65	0.65	0.60	0.55	0.55	0.55
8	8	-0.20	0.05	0.15	0.20	0.25	0.30	0.30	0.35	0.35	0.35	0.45	0.45	0.45	0.45
	7	0.00	0.20	0.30	0.35	0.35	0.40	0.40	0.40	0.40	0.45	0.45	0.50	0.50	0.50
	6	0.15	0.30	0.35	0.40	0.40	0.45	0.45	0.45	0.45	0.45	0.50	0.50	0.50	0.50
	5	0.30	0.40	0.40	0.45	0.45	0.45	0.45	0.45	0.45	0.45	0.50	0.50	0.50	0.50
	4	0.40	0.45	0.45	0.45	0.45	0.45	0.45	0.50	0.50	0.50	0.50	0.50	0.50	0.50
	3	0.60	0.50	0.50	0.50	0.50	0.50	0.50	0.50	0.50	0.50	0.50	0.50	0.50	0.50
	2	0.85	0.65	0.60	0.55	0.55	0.55	0.50	0.50	0.50	0.50	0.50	0.50	0.50	0.50
	1	1.30	1.00	0.90	0.80	0.75	0.70	0.70	0.70	0.65	0.65	0.60	0.55	0.55	0.55

续表5.3

m	n	$\bar{K}$ 0.1	0.2	0.3	0.4	0.5	0.6	0.7	0.8	0.9	1.0	2.0	3.0	4.0	5.0
9	9	-0.25	0.00	0.15	0.20	0.25	0.30	0.30	0.35	0.35	0.40	0.45	0.45	0.45	0.45
	8	0.00	0.20	0.30	0.35	0.35	0.40	0.40	0.40	0.40	0.45	0.45	0.50	0.50	0.50
	7	0.15	0.30	0.35	0.40	0.40	0.45	0.45	0.45	0.45	0.45	0.50	0.50	0.50	0.50
	6	0.25	0.35	0.40	0.40	0.45	0.45	0.45	0.45	0.45	0.50	0.50	0.50	0.50	0.50
	5	0.35	0.40	0.45	0.45	0.45	0.45	0.45	0.45	0.50	0.50	0.50	0.50	0.50	0.50
	4	0.45	0.45	0.45	0.45	0.45	0.50	0.50	0.50	0.50	0.50	0.50	0.50	0.50	0.50
	3	0.60	0.50	0.50	0.50	0.50	0.50	0.50	0.50	0.50	0.50	0.50	0.50	0.50	0.50
	2	0.85	0.65	0.60	0.55	0.55	0.55	0.55	0.50	0.50	0.50	0.50	0.50	0.50	0.50
	1	1.35	1.00	0.90	0.80	0.75	0.75	0.70	0.70	0.65	0.65	0.60	0.55	0.55	0.55
10	10	-0.25	0.00	0.15	0.20	0.25	0.30	0.30	0.35	0.35	0.40	0.45	0.45	0.45	0.45
	9	-0.05	0.20	0.30	0.35	0.35	0.40	0.40	0.40	0.40	0.45	0.45	0.50	0.50	0.50
	8	0.10	0.30	0.35	0.40	0.40	0.40	0.45	0.45	0.45	0.45	0.50	0.50	0.50	0.50
	7	0.20	0.35	0.40	0.40	0.45	0.45	0.45	0.45	0.45	0.50	0.50	0.50	0.50	0.50
	6	0.30	0.40	0.40	0.45	0.45	0.45	0.45	0.45	0.45	0.50	0.50	0.50	0.50	0.50
	5	0.40	0.45	0.45	0.45	0.45	0.45	0.45	0.50	0.50	0.50	0.50	0.50	0.50	0.50
	4	0.50	0.45	0.45	0.45	0.50	0.50	0.50	0.50	0.50	0.50	0.50	0.50	0.50	0.50
	3	0.60	0.55	0.50	0.50	0.50	0.50	0.50	0.50	0.50	0.50	0.50	0.50	0.50	0.50
	2	0.85	0.65	0.60	0.55	0.55	0.55	0.55	0.50	0.50	0.50	0.50	0.50	0.50	0.50
	1	1.35	1.00	0.90	0.80	0.75	0.75	0.70	0.70	0.65	0.65	0.60	0.55	0.55	0.55
11	11	-0.25	0.00	0.15	0.20	0.25	0.30	0.30	0.30	0.35	0.35	0.45	0.45	0.45	0.45
	10	-0.05	0.20	0.25	0.30	0.35	0.40	0.40	0.40	0.40	0.45	0.45	0.50	0.50	0.50
	9	0.10	0.30	0.35	0.40	0.40	0.40	0.45	0.45	0.45	0.45	0.50	0.50	0.50	0.50
	8	0.20	0.35	0.40	0.40	0.45	0.45	0.45	0.45	0.45	0.45	0.50	0.50	0.50	0.50
	7	0.25	0.40	0.40	0.45	0.45	0.45	0.45	0.45	0.45	0.50	0.50	0.50	0.50	0.50
	6	0.35	0.40	0.45	0.45	0.45	0.45	0.45	0.50	0.50	0.50	0.50	0.50	0.50	0.50
	5	0.40	0.45	0.45	0.45	0.45	0.50	0.50	0.50	0.50	0.50	0.50	0.50	0.50	0.50
	4	0.50	0.50	0.50	0.50	0.50	0.50	0.50	0.50	0.50	0.50	0.50	0.50	0.50	0.50
	3	0.65	0.55	0.50	0.50	0.50	0.50	0.50	0.50	0.50	0.50	0.50	0.50	0.50	0.50
	2	0.85	0.65	0.60	0.55	0.55	0.55	0.55	0.50	0.50	0.50	0.50	0.50	0.50	0.50
	1	1.35	1.05	0.90	0.80	0.75	0.75	0.70	0.70	0.65	0.65	0.60	0.55	0.55	0.55
12	自上1	-0.30	0.00	0.15	0.20	0.25	0.30	0.30	0.30	0.35	0.35	0.40	0.45	0.45	0.45
	2	-0.30	0.20	0.25	0.30	0.35	0.40	0.40	0.40	0.40	0.40	0.45	0.45	0.45	0.50
	3	0.05	0.25	0.35	0.40	0.40	0.40	0.45	0.45	0.45	0.45	0.45	0.50	0.50	0.50
	4	0.15	0.30	0.40	0.40	0.45	0.45	0.45	0.45	0.45	0.45	0.45	0.50	0.50	0.50
	5	0.25	0.30	0.40	0.45	0.45	0.45	0.45	0.45	0.45	0.45	0.50	0.50	0.50	0.50
	6	0.30	0.40	0.40	0.45	0.45	0.45	0.45	0.50	0.50	0.50	0.50	0.50	0.50	0.50
	7	0.35	0.40	0.40	0.45	0.45	0.45	0.50	0.50	0.50	0.50	0.50	0.50	0.50	0.50
	8	0.35	0.45	0.45	0.45	0.50	0.50	0.50	0.50	0.50	0.50	0.50	0.50	0.50	0.50
	中间	0.45	0.45	0.45	0.45	0.50	0.50	0.50	0.50	0.50	0.50	0.50	0.50	0.50	0.50
	4	0.55	0.50	0.50	0.50	0.50	0.50	0.50	0.50	0.50	0.50	0.50	0.50	0.50	0.50
	3	0.65	0.55	0.50	0.50	0.50	0.50	0.50	0.50	0.50	0.50	0.50	0.50	0.50	0.50
	2	0.70	0.70	0.60	0.55	0.55	0.55	0.55	0.50	0.50	0.50	0.50	0.50	0.50	0.50
	自下1	1.35	1.05	0.90	0.80	0.75	0.70	0.70	0.70	0.65	0.65	0.60	0.55	0.55	0.55

表5.4　上下层横梁线刚度比对 y_0 的修正值 y_1

α_1 \ $\bar{K}$	0.1	0.2	0.3	0.4	0.5	0.6	0.7	0.8	0.9	1.0	2.0	3.0	4.0	5.0
0.4	0.55	0.40	0.30	0.25	0.20	0.20	0.20	0.15	0.15	0.15	0.05	0.05	0.05	0.05
0.5	0.45	0.30	0.20	0.20	0.15	0.15	0.15	0.10	0.10	0.10	0.05	0.05	0.05	0.05
0.6	0.30	0.20	0.15	0.15	0.10	0.10	0.10	0.10	0.05	0.05	0.05	0.05	0	0
0.7	0.20	0.15	0.10	0.10	0.10	0.05	0.05	0.05	0.05	0.05	0.05	0	0	0
0.8	0.15	0.10	0.05	0.05	0.05	0.05	0.05	0.05	0.05	0	0	0	0	0
0.9	0.05	0.05	0.05	0.05	0	0	0	0	0	0	0	0	0	0

注：$\alpha_1 = \dfrac{i_1 + i_2}{i_3 + i_4}$，当 $i_1 + i_2 > i_3 + i_4$ 时，则 $\alpha_1 = \dfrac{i_3 + i_4}{i_1 + i_2}$，且 y_1 值取负号"－"。

$\bar{K} = \dfrac{i_1 + i_2 + i_3 + i_4}{2i_c}$。

i_1	i_2
	i_c
i_3	i_4

表5.5　上、下层层高变化对 y_0 的修正值 y_2 和 y_3

α_2	α_3 \ $\bar{K}$	0.1	0.2	0.3	0.4	0.5	0.6	0.7	0.8	0.9	1.0	2.0	3.0	4.0	5.0
2.0		0.25	0.15	0.15	0.10	0.10	0.10	0.10	0.10	0.05	0.05	0.05	0.05	0.0	0.0
1.8		0.20	0.15	0.10	0.10	0.10	0.05	0.05	0.05	0.05	0.05	0.05	0.0	0.0	0.0
1.6	0.4	0.15	0.10	0.10	0.05	0.05	0.05	0.05	0.05	0.05	0.05	0.0	0.0	0.0	0.0
1.4	0.6	0.10	0.05	0.05	0.05	0.05	0.05	0.05	0.05	0.05	0.0	0.0	0.0	0.0	0.0
1.2	0.8	0.05	0.05	0.05	0.0	0.0	0.0	0.0	0.0	0.0	0.0	0.0	0.0	0.0	0.0
1.0	1.0	0.0	0.0	0.0	0.0	0.0	0.0	0.0	0.0	0.0	0.0	0.0	0.0	0.0	0.0
0.8	1.2	-0.05	-0.05	-0.05	0.0	0.0	0.0	0.0	0.0	0.0	0.0	0.0	0.0	0.0	0.0
0.6	1.4	-0.10	-0.05	-0.05	-0.05	-0.05	-0.05	-0.05	-0.05	-0.05	-0.05	0.0	0.0	0.0	0.0
0.4	1.6	-0.15	-0.10	-0.10	-0.10	-0.05	-0.05	-0.05	-0.05	-0.05	-0.05	0.0	0.0	0.0	0.0
	1.8	-0.20	-0.15	-0.10	-0.10	-0.10	-0.05	-0.05	-0.05	-0.05	-0.05	-0.05	0.0	0.0	0.0
	2.0	-0.25	-0.15	-0.15	-0.10	-0.10	-0.10	-0.10	-0.05	-0.05	-0.05	-0.05	-0.05	0.0	0.0

注：y_2 按照 $\bar{K}$ 及 α_2 求得；y_3 按照 $\bar{K}$ 及 α_3 求得。

5.4.4　框架结构的侧移计算

由结构力学可知:在水平荷载作用下框架结构的总侧移可由下式计算

$$u = \sum \int_l \frac{MM_1}{EI} \mathrm{d}l + \sum \int_l \frac{NN_1}{EA} \mathrm{d}l + \sum \mu \int_l \frac{VV_1}{GA} \mathrm{d}l \qquad (5.9)$$

式中,M,N,V 分别为水平荷载作用下各杆中的弯矩、轴力和剪力;M_1,N_1,V_1 分别为顶点单位水平力作用下各杆中的弯矩、轴力和剪力。

在公式(5.9)中第三项为各杆中剪力引起的框架侧移,由于框架均为细长杆件组成的结构,故该项变形极小,工程设计中可以忽略不计。对一般框架结构的变形仅考虑上式中的第一项(即杆件中弯矩引起的框架侧移 u_M)即可,见图 5.12(b)。仅对于 $H > 50$ m 或 $\frac{H}{B} > 4$ 的细高框架结构,除考虑上式第一项引起的侧移 u_M 之外,还应考虑第二项引起的侧移(即杆件轴力引起的框架侧移)u_N,见图 5.12(c)。由于杆件中弯矩引起的框架侧移从总体变形规律上看[图 5.12(b′)]类似于一实体悬臂梁的剪切变形曲线,故一般称其为总体剪切变形,其特点是上部层间侧移小,下部层间侧移大($\Delta u_1 > \Delta u_2 > \cdots > \Delta u_m$);而由杆件轴力引起的框架侧移从总体变形规律上看,类似于一实体悬臂梁的弯曲变形[图 5.12(c′)],故一般称其为总体弯曲变形,其特点是上部层间侧移大,下部层间侧移小。

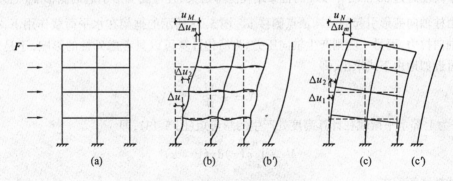

图 5.12　框架在水平荷载作用下的侧移

在设计中,用公式(5.9)计算结构的侧移显然是太繁琐了,故采用下述近似方法计算。

1.梁柱弯曲变形引起的框架侧移 u_M

由 D 值法可知,在水平荷载作用下,同一层柱的抗侧移刚度之和为 $\sum D$(即该层框架产生单位层间侧移所需的层间剪力),当已知第 n 层的层间剪力为 V_n 时,则层间侧移应为

$$\Delta u_n = \frac{V_n}{\sum D} \qquad (5.10)$$

式中,V_n 为第 n 层的层间剪力,$V_n = \sum_{k=n}^{m} F_k$(即第 n 层以上所有水平荷载的总和);m 为框架的总层数。

在按上式求得每层框架的层间侧移之后,则框架的总侧移为

$$u_M = \Delta u_1 + \Delta u_2 + \cdots + \Delta u_m = \sum_{n=1}^{m} \Delta u_n$$

由上述方法即可算出层间侧移,又可算出顶点总侧移,但该方法算得的仅是框架的总体剪

切变形,未包括总体弯曲变形。

2.柱轴向变形引起的框架侧移 u_N

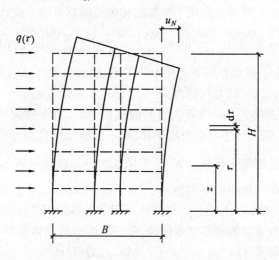

图 5.13　轴力引起的水平位移计算简图

对于高度超过 50 m 或 $\dfrac{H}{B} > 4$ 的框架结构除考虑梁、柱弯曲变形引起的侧移 u_M 之外,还必须考虑由柱轴向变形引起的结构顶点侧移 u_N。图 5.13 所示的框架在水平荷载作用下,框架一侧产生轴向拉力,而另一侧则产生轴向压力。为简化计算可以只考虑外柱的影响,于是外柱中的轴力可近似地由下式求出,即

$$N = \pm \frac{M}{B}$$

式中,M 为上部水平荷载在计算高度处产生的总弯矩(图 5.13),即

$$M = \int_z^H q(\tau)\mathrm{d}\tau(\tau - z)$$

B 为外柱轴线间距离。

根据结构力学可知,轴力引起的框架顶点的水平位移为

$$u_N = \sum \int_0^H \frac{NN_1}{EA}\mathrm{d}z \tag{5.11}$$

式中,N 为外荷载作用下框架各层外柱中产生的轴力;N_1 为单位水平力作用于框架顶端时,各层外柱中产生的轴力;EA 为外柱的轴向刚度。

当外柱的轴向刚度沿房屋高度有变化时,可假定轴向刚度沿房屋高度连续变化,即

$$EA = EA_1\big[1 - \frac{(1 - n)}{H}z\big]$$

其中

$$n = \frac{EA_m}{EA_1}$$

式中,EA_m,EA_1 分别为顶层、底层外柱的轴向刚度。

在单位水平力作用于框架顶端时,外柱中的轴力可按下式计算

$$N_1 = \pm \frac{(H - z)}{B}$$

将以上各式代入公式(5.11),积分后可得框架由轴向变形引起的侧移为

$$u_N = \frac{V_0 H^3}{EA_1 B^2} F(n) \tag{5.12}$$

式中,V_0 为框架底部总剪力,即作用于框架上所有水平外载之和;$F(n)$ 为系数,取决于荷载形式、顶层与底层柱的轴向刚度比 n,可由图 5.14 查得。

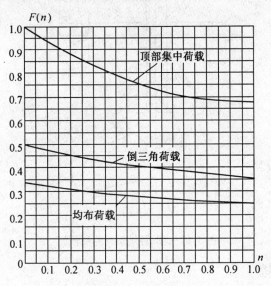

图 5.14　$F(n)$ 系数

5.5　框架结构的荷载效应组合及内力调幅

　　框架的内力及侧移应分别在各种荷载作用下单独计算,并且应对竖向荷载引起的梁端弯矩进行调幅。然后按照荷载效应和地震作用效应组合的要求(见本书第 4 章)进行组合。检验组合后的侧向位移是否满足位移限值要求(表 4.5),如不满足则应修改构件截面重新计算;如满足则由组合后的内力进行截面配筋。

5.5.1　控制截面内力

　　内力组合是针对控制截面的内力进行的。框架梁控制截面为梁端及跨中;框架柱控制截面为柱端。各控制截面内力类型见表 5.6。

表 5.6　最不利内力类型

构件	梁		柱
控制截面	梁端	跨中	柱端
最不利内力	$-M_{max}$	$+M_{max}$	$+M_{max}$ 及相应的 N,V
	$+M_{max}$	$-M_{max}$	$-M_{max}$ 及相应的 N,V
	$\lvert V \rvert_{max}$		N_{max} 及相应的 M,V
			N_{min} 及相应的 M,V

表 5.6 中的梁端指柱边,柱端指梁底及梁顶,见图 5.15。按轴线计算简图得到的内力要换算到控制截面处的相应数值。有时为简化计算,也可采用轴线处内力值。

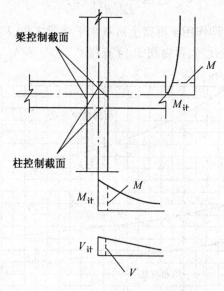

图 5.15　梁、柱端设计控制截面

5.5.2　梁端内力调幅

在竖向荷载作用下可以考虑梁端塑性变形内力重分布,对梁端负弯矩进行调幅。现浇框架调幅系数为 0.8 ~ 0.9,装配整体式框架调幅系数为 0.7 ~ 0.8。梁端负弯矩减小后,应按平衡条件计算调幅后的跨中弯矩,且要求梁跨中正弯矩设计值至少应取竖向荷载作用下按简支梁计算的跨中弯矩的 1/2。

竖向荷载产生的梁端弯矩应先行调幅,再与风荷载和水平地震作用产生的弯矩进行组合。

5.6　截面、节点设计要点及构造要求

框架梁、柱内力按本书第 4 章中的有关规定进行组合,并按本节有关要求进行调整。根据组合及调整后的内力设计值,分别按受弯及偏压构件进行构件截面承载力计算,并应满足相应的构造要求。有关承载力计算公式详见钢筋混凝土结构基本构件计算公式。但其中关于框架梁、柱抗震设计承载力计算公式与非抗震设计计算公式有变化的情况将在下面给出,并同时给出与其对应的非抗震设计公式加以对比。

5.6.1　框架柱截面设计要点及构造

1. 内力设计值调整

(1) 框架柱的弯矩设计值调整

为避免框架底层柱根部过早出现塑性铰,抗震设计时,一、二、三级框架结构的底层柱底截面的弯矩设计值,应分别采用考虑地震作用组合的弯矩值与增大系数 1.5、1.25 和 1.15 的乘积。

为实现强柱弱梁的设计概念,抗震设计时,一、二、三级框架的梁、柱节点处,除顶层和柱轴压比小于 0.15 者外,柱端考虑地震作用组合的弯矩设计值应按下列公式予以调整,四级框架柱的柱端弯矩设计值可直接取考虑地震作用组合的弯矩值。

$$\sum M_c = \eta_c \sum M_b \qquad (5.13a)$$

9 度抗震设计的结构和一级框架结构尚应符合

$$\sum M_c = 1.2 \sum M_{bua} \qquad (5.13b)$$

式中,$\sum M_c$ 为节点上、下柱端截面顺时针或逆时针方向组合弯矩设计值之和,上、下柱端的弯矩设计值,可按弹性分析的弯矩比例进行分配;$\sum M_b$ 为节点左、右梁端截面逆时针或顺时针方向组合弯矩设计值之和。当抗震等级为一级且节点左、右梁端均为负弯矩时,绝对值较小的弯矩应取零;η_c 为柱端弯矩增大系数,一、二、三级分别取 1.4,1.2 和 1.1;$\sum M_{bua}$ 为节点左、右梁端逆时针或顺时针方向实配的正截面受弯承载力所对应的弯矩值之和,可根据实际配筋面积(计入受压钢筋) 和材料强度标准值并考虑承载力抗震调整系数计算。

当反弯点不在柱的层高范围内时,柱端弯矩设计值可直接乘以柱端弯矩增大系数 η_c。

(2) 框架柱的剪力设计值调整

抗震设计的框架柱端部截面的剪力设计值,一、二、三级时应按下列公式计算;四级时可直接取考虑地震作用组合的剪力计算值。

$$V = \eta_{vc}(M_c^t + M_c^b)/H_n \qquad (5.14a)$$

9 度抗震设计的结构和一级框架结构尚应符合

$$V = 1.2(M_{cua}^t + M_{cua}^b)/H_n \qquad (5.14b)$$

式中,M_c^t,M_c^b 分别为柱上、下端顺时针或逆时针方向截面组合的弯矩设计值,应符合第(1) 条"框架柱的弯矩设计值调整"的规定;M_{cua}^t,M_{cua}^b 分别为柱上、下端顺时针或逆时针方向实配的正截面受弯承载力所对应的弯矩值,可根据实配钢筋面积、材料强度标准值和重力荷载代表值产生的轴向压力设计值并考虑承载力抗震调整系数计算;H_n 为柱的净高;η_{vc} 为柱端剪力增大系数,一、二、三级分别取 1.4,1.2 和 1.1。

(3) 框架角柱的内力设计值调整

抗震设计时,一、二、三级框架角柱经上述方法调整后的弯矩、剪力设计值应乘以不小于 1.1 的增大系数(注:框架角柱应按双向偏心受力构件进行正截面承载力设计)。

2. 截面尺寸校核

抗震设计时,框架柱的轴压比宜满足表 5.7 的规定。轴压比指考虑地震作用组合的轴压力设计值与柱全截面面积和混凝土轴心抗压强度设计值乘积的比值(即 $N/A_c f_c$)

表 5.7　框架柱轴压比限值

抗震等级	一	二	三
轴压比限值	0.7	0.8	0.9

注:① 表内数值适用于混凝土强度等级不高于 C60 的柱。当混凝土强度等级为 C65 ~ C70 时,轴压比限值应比表中数值降低 0.05;当混凝土强度等级为 C75 ~ C80 时,轴压比限值应比表中数值降低 0.10。

② 表内数值适用于剪跨比大于 2 的柱。剪跨比不大于 2 但不小于 1.5 的柱,其轴压比限值应比表中数值减小 0.05;剪跨比小于 1.5 的柱,其轴压比限值应专门研究并采取特殊构造措施。

在 Ⅳ 类场地上较高的高层建筑的框架柱,其轴压比限值应适当减小;以下三种情况柱轴压比限值可增加 0.10:① 当沿柱全高采用井字复合箍,箍筋间距不大于100 mm、肢距不大于 200 mm、直径不小于 12 mm 时;② 当沿柱全高采用复合螺旋箍,箍筋螺距不大于 100 mm、肢距不大于 200 mm、直径不小于 12 mm 时;③ 当沿柱全高采用连续复合螺旋箍,且螺距不大于 80 mm、肢距不大于 200 mm、直径不小于 10 mm 时。

框架柱截面剪压比应符合表 5.8 的要求。

表 5.8　框架柱剪压比限值

类型	无地震作用组合	有地震作用组合	
$V/\beta_c f_c bh_0$	0.25	剪跨比大于2的柱	$0.2/\gamma_{RE}$
		剪跨比不大于2的柱	$0.15/\gamma_{RE}$

注:β_c 为混凝土强度影响系数。当混凝土强度等级不大于 C50 时取 1.0;当混凝土强度等级为 C80 时取 0.8;当混凝土强度等级在 C50 和 C80 之间时可按线性内插取用。

框架柱的剪跨比可按下式计算

$$\lambda = M^c/(V^c h_0) \tag{5.15}$$

式中,λ 为框架柱的剪跨比。反弯点位于柱高中部的框架柱,可取柱净高与计算方向2倍柱截面有效高度之比值;M^c 为柱端截面未经上述第(1)、(3)条调整的组合弯矩计算值,可取柱上、下端的较大值;V^c 为柱端截面与组合弯矩计算值对应的组合剪力计算值;h_0 为柱截面计算方向有效高度。

3. 柱的纵向钢筋构造要求

框架柱宜采用对称配筋。非抗震设计时:全部纵向钢筋的配筋率,不宜大于 5%,不应大于 6%;且柱截面每一侧纵向钢筋配筋率不应小于 0.2%,全部纵向钢筋的配筋率不应小于0.6%。抗震设计时:全部纵向钢筋的配筋率不应大于 5%、不应小于表 5.9 所列的最小配筋百分率,同时应满足柱截面每一侧纵向钢筋配筋率不应小于 0.2% 的规定。对于抗震等级为一级且剪跨比不大于 2 的柱,其单侧纵向受拉钢筋的配筋率不宜大于 1.2%;边柱、角柱考虑地震作用组合产生小偏心受拉时,柱内纵筋总截面面积应比计算值增加 25%。

表 5.9　柱纵向钢筋最小配筋百分率(%)

柱类型	抗　震　等　级				非抗震
	一级	二级	三级	四级	
中柱、边柱	1.0	0.8	0.7	0.6	0.6
角柱	1.2	1.0	0.9	0.8	0.6

注:① 当混凝土强度等级大于 C60 时,表中的数值应增加 0.1;

　　② 当采用 HRB400、RRB400 级钢时,表中的数值应允许减小 0.1;

　　③ 抗震设计时,对 Ⅳ 类场地上较高的高层建筑,表中的数值应增加 0.1。

非抗震设计时,柱纵向钢筋间距不应大于 350 mm;抗震设计时,截面尺寸大于 400 mm 的柱,其纵向钢筋间距不宜大于 200 mm;柱纵向钢筋净距均不应小于 50 mm。

4. 柱的箍筋计算与构造

(1) 柱斜截面承载力计算公式

矩形截面偏心受压框架柱,其斜截面受剪承载力应按下列公式计算:

无地震作用组合

$$V \leq \frac{1.75}{\lambda + 1} f_t b h_0 + f_{yv} \frac{A_{sv}}{s} h_0 + 0.07N \tag{5.16a}$$

有地震作用组合

$$V \leq \frac{1}{\gamma_{RE}} \left(\frac{1.05}{\lambda + 1} f_t b h_0 + f_{yv} \frac{A_{sv}}{s} h_0 + 0.056N \right) \tag{5.16b}$$

式中,λ 为框架柱的剪跨比,当 $\lambda < 1$ 时,取 $\lambda = 1$,当 $\lambda > 3$ 时,取 $\lambda = 3$;N 为考虑风荷载或地震作用组合的框架柱轴向压力设计值,当 N 大于 $0.3f_cA_c$ 时,取 N 等于 $0.3f_cA_c$。

当矩形截面框架柱出现拉力时,其斜截面受剪承载力应按下列公式计算:

无地震作用组合

$$V \leq \frac{1.75}{\lambda + 1} f_t b h_0 + f_{yv} \frac{A_{sv}}{s} h_0 - 0.2N \tag{5.17a}$$

有地震作用组合

$$V \leq \frac{1}{\gamma_{RE}} \left(\frac{1.05}{\lambda + 1} f_t b h_0 + f_{yv} \frac{A_{sv}}{s} h_0 - 0.2N \right) \tag{5.17b}$$

当公式(5.17a)右端的计算值或公式(5.17b)右端括号内的计算值小于 $f_{yv} \frac{A_{sv}}{s} h_0$ 时,应取等于 $f_{yv} \frac{A_{sv}}{s} h_0$,且 $f_{yv} \frac{A_{sv}}{s} h_0$ 值不应小于 $0.36f_t b h_0$。

(2) 柱的箍筋构造要求

抗震设计时,框架柱箍筋应在下列范围内加密。

① 底层柱的上端和其他各层柱的两端,应取矩形截面柱之长边尺寸(或圆形截面柱之直径)、柱净高之 1/6 和 500 mm 三者之最大值范围;

② 底层柱刚性地面上、下各 500 mm 的范围;

③ 底层柱柱根以上 1/3 柱净高的范围;

④ 剪跨比不大于 2 的柱和因填充墙等形成的柱净高与截面高度之比不大于 4 的柱全高范围;

⑤ 一级及二级框架角柱的全高范围;

⑥ 需要提高变形能力的柱的全高范围。

抗震设计时,柱箍筋在加密区的箍筋间距和直径,应符合下列要求:

① 一般情况下,箍筋的最大间距和最小直径,应按表 5.10 采用。

表 5.10　柱端箍筋加密区的构造要求

抗震等级	箍筋最大间距 /mm	箍筋最小直径 /mm
一级	$6d$ 和 100 的较小值	10
二级	$8d$ 和 100 的较小值	8
三级	$8d$ 和 150(柱根 100) 的较小值	8
四级	$8d$ 和 150(柱根 100) 的较小值	6(柱根 8)

注:d 为柱纵向钢筋直径,mm;柱根指框架柱底部嵌固部位。

② 二级框架柱箍筋直径不小于 10 mm,肢距不大于 200 mm 时,除柱根外最大间距应允许采用 150 mm;三级框架柱的截面尺寸不大于 400 mm 时,箍筋最小直径应允许采用 6 mm;四级

框架柱的剪跨比不大于2或柱中全部纵向钢筋的配筋率大于3%时,箍筋直径不应小于8 mm。

③剪跨比不大于2的柱,箍筋间距不应大于100 mm,一级时尚不应大于6倍的纵向钢筋直径。

柱加密区范围内箍筋的体积配箍率,应符合下列规定。

①柱箍筋加密区箍筋的体积配箍率,应符合下式要求

$$\rho_v \geq \lambda_v f_c / f_{yv} \tag{5.18}$$

式中,ρ_v 为柱箍筋的体积配箍率;λ_v 为柱最小配箍特征值,宜按表 5.11 采用;f_c 为混凝土轴心抗压强度设计值。当柱混凝土强度等级低于 C35 时,应按 C35 计算;f_{yv} 为柱箍筋或拉筋的抗拉强度设计值,超过 360 N/mm² 时,应按 360 N/mm² 计算。

表 5.11　柱端箍筋加密区最小配箍特征值 λ_v

抗震等级	箍筋形式	柱 轴 压 比								
		≤ 0.30	0.40	0.50	0.60	0.70	0.80	0.90	1.00	1.05
一	普通箍、复合箍	0.10	0.11	0.13	0.15	0.17	0.20	0.23	—	—
	螺旋箍、复合或连续复合螺旋箍	0.08	0.09	0.11	0.13	0.15	0.18	0.21	—	—
二	普通箍、复合箍	0.08	0.09	0.11	0.13	0.15	0.17	0.19	0.22	0.24
	螺旋箍、复合或连续复合螺旋箍	0.06	0.07	0.09	0.11	0.13	0.15	0.17	0.20	0.22
三	普通箍、复合箍	0.06	0.07	0.09	0.11	0.13	0.15	0.17	0.20	0.22
	螺旋箍、复合或连续复合螺旋箍	0.05	0.06	0.07	0.09	0.11	0.13	0.15	0.18	0.20

注:普通箍指单个矩形箍筋或单个圆形箍筋;螺旋箍指单个连续螺旋箍筋;复合箍指由矩形、多边形、圆形箍或拉筋组成的箍筋;复合螺旋箍指由螺旋箍与矩形、多边形、圆形箍或拉筋组成的箍筋;连续复合螺旋箍指全部螺旋箍由同一根钢筋加工而成的箍筋。

②对一 ~ 四级框架柱,其箍筋加密区范围内箍筋的体积配箍率尚且分别不应小于0.8%、0.6%、0.4% 和 0.4%。

③剪跨比不大于 2 的柱宜采用复合螺旋箍或井字复合箍,其体积配箍率不应小于 1.2%;设防烈度为 9 度时,不应小于 1.5%。

④计算复合箍筋的体积配箍率时,应扣除重叠部分的箍筋体积;计算复合螺旋箍筋的体积配箍率时,其非螺旋箍筋的体积应乘以换算系数 0.8。

柱的箍筋形式参见图 5.16。

抗震设计时,柱箍筋设置尚应符合下列要求:

①箍筋应为封闭式,其末端应做成135°弯钩且弯钩末端平直段长度不应小于10倍的箍筋直径,且不应小于75 mm。

②箍筋加密区的箍筋肢距,一级不宜大于 200 mm,二、三级不宜大于 250 mm 和 20 倍箍筋直径的较大值,四级不宜大于 300 mm。每隔一根纵向钢筋宜在两个方向有箍筋约束;采用拉筋组合箍时,拉筋宜紧靠纵向钢筋并钩住封闭箍。

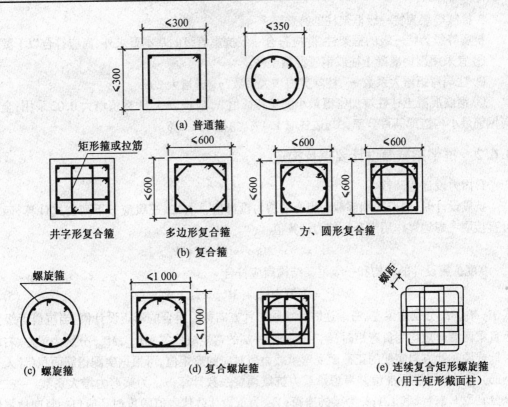

图 5.16　柱箍筋形式示意图

抗震设计时,柱非加密区的箍筋,其体积配箍率不宜小于加密区的一半;其箍筋间距不应大于加密区箍筋间距的 2 倍,且一、二级不应大于 10 倍纵向钢筋直径,三、四级不应大于 15 倍纵向钢筋直径。

非抗震设计时,柱中箍筋应符合以下规定:

① 周边箍筋应为封闭式。

② 箍筋间距不应大于 400 mm,且不应大于构件截面的短边尺寸和最小纵向受力钢筋直径的 15 倍。

③ 箍筋直径不应小于最大纵向钢筋直径的 1/4,且不应小于 6 mm。

④ 当柱中全部纵向受力钢筋的配筋率超过 3% 时,箍筋直径不应小于 8 mm,箍筋间距不应大于最小纵向钢筋直径的 10 倍,且不应大于 200 mm;箍筋末端应做成 135° 弯钩且弯钩末端平直段长度不应小于 10 倍箍筋直径。

⑤ 当柱每边纵筋多于 3 根时,应设置复合箍筋(可采用拉筋)。

⑥ 柱内纵向钢筋采用搭接做法时,搭接长度范围内箍筋直径不应小于搭接钢筋较大直径的 0.25 倍;在纵向受拉钢筋的搭接长度范围内的箍筋间距不应大于搭接钢筋较小直径的 5 倍,且不应大于 100 mm;在纵向受压钢筋的搭接长度范围内的箍筋间距不应大于搭接钢筋较小直径的 10 倍,且不应大于 200 mm。当受压钢筋直径大于 25 mm 时,尚应在搭接接头端面外 100 mm 的范围内各设置两道箍筋。

5.抗震等级为特一级框架柱的特殊要求

抗震等级为特一级的框架柱,除应符合一级抗震等级的基本要求外,尚应符合以下要求:

① 宜采用型钢混凝土柱或钢管混凝土柱。

② 柱端弯矩增大系数 η_c、柱端剪力增大系数 η_{vc} 应增大20%。

③ 钢筋混凝土柱柱端加密区最小配箍特征值 λ_v 应按表5.11数值增大0.02采用;全部纵向钢筋最小构造配筋百分率,中、边柱取1.4%,角柱取1.6%。

5.6.2 框架梁截面设计要点及构造

1.内力设计值调整

抗震设计时,框架梁端部截面组合的剪力设计值,一、二、三级应按下列公式计算,四级时可直接取考虑地震作用组合的剪力计算值。

$$V = \eta_{vb}(M_b^l + M_b^r)/l_n + V_{Gb} \tag{5.19a}$$

9度抗震设计的结构和一级框架结构尚应符合

$$V = 1.1(M_{bua}^l + M_{bua}^r)/l_n + V_{Gb} \tag{5.19b}$$

式中,M_b^l,M_b^r 分别为梁左、右端逆时针或顺时针方向截面组合的弯矩设计值。当抗震等级为一级且梁两端弯矩均为负弯矩时,绝对值较小一端的弯矩应取零;M_{bua}^l,M_{bua}^r 分别为梁左、右端逆时针或顺时针方向实配的正截面受弯承载力所对应的弯矩值,可根据实配钢筋面积(计入受压钢筋)和材料强度标准值并考虑承载力抗震调整系数计算;η_{vb} 为梁剪力增大系数,一、二、三级分别取1.3,1.2和1.1;l_n 为梁的净跨;V_{Gb} 为重力荷载代表值(9度时还应包括竖向地震作用标准值)作用下,按简支梁分析的梁端截面剪力设计值。

2.梁截面尺寸限制条件

无地震作用组合时

$$V \leqslant 0.25\beta_c f_c bh_0 \tag{5.20a}$$

有地震作用组合时

跨高比大于2.5的梁

$$V \leqslant \frac{1}{\gamma_{RE}}(0.2\beta_c f_c bh_0) \tag{5.20b}$$

跨高比不大于2.5的梁

$$V \leqslant \frac{1}{\gamma_{RE}}(0.15\beta_c f_c bh_0) \tag{5.20c}$$

式中,V 为梁计算截面的剪力设计值。

3.受压区高度限值

抗震设计时,计入受压钢筋作用的梁端截面混凝土受压区高度为

一级 $\qquad\qquad\qquad\qquad x \leqslant 0.25h_0$ $\qquad\qquad$ (5.21a)

二、三级 $\qquad\qquad\qquad x \leqslant 0.35h_0$ $\qquad\qquad$ (5.21b)

其他情况,梁端截面混凝土受压区高度限值同普通混凝土受弯构件。

4.纵向钢筋构造要求

纵向钢筋最小、最大配筋率见表5.12。

表 5.12　梁纵向受拉钢筋配筋率 $\rho_{\min}(\%)$ 限值

情况	受拉钢筋最小配筋率		受拉钢筋最大配筋率
	支座(取较大值)	跨中(取较大值)	
一级抗震	0.40 和 $80f_t/f_y$	0.30 和 $65f_t/f_y$	梁端 2.5;
二级抗震	0.30 和 $65f_t/f_y$	0.25 和 $55f_t/f_y$	跨中按防止梁超
三、四级抗震	0.25 和 $55f_t/f_y$	0.20 和 $45f_t/f_y$	筋破坏的要求
非抗震	0.20 和 $45f_t/f_y$		按防止梁超筋破坏的要求

抗震设计时,梁端截面的底面和顶面纵向钢筋截面面积的比值,除按计算确定外,一级不应小于0.5,二、三级不应小于0.3。

纵向钢筋最小贯通用量应符合下列要求:

① 沿梁全长顶面和底面应至少各配置两根纵向配筋,一、二级抗震设计时钢筋直径不应小于 14 mm,且分别不应小于梁两端顶面和底面纵向配筋中较大截面面积的 1/4;三、四级抗震设计和非抗震设计时钢筋直径不应小于 12 mm。

② 一、二级抗震等级的框架梁内贯通中柱的每根纵向钢筋的直径,对矩形截面柱,不宜大于柱在该方向截面尺寸的 1/20;对圆形截面柱,不宜大于纵向钢筋所在位置柱截面弦长的 1/20。

5. 梁的箍筋计算及构造

(1) 梁斜截面承载力计算公式

矩形、T 形及 I 形截面框架梁,其斜截面受剪承载力应按下列公式计算。

无地震作用组合

$$V \leqslant 0.7f_t bh_0 + 1.25f_{yv}\frac{A_{sv}}{s}h_0 \tag{5.22a}$$

有地震作用组合

$$V \leqslant \frac{1}{\gamma_{RE}}\left(0.42f_t bh_0 + 1.25f_{yv}\frac{A_{sv}}{s}h_0\right) \tag{5.22b}$$

对集中荷载作用下(包括有多种荷载,其中集中荷载对节点边缘产生的剪力值占总剪力值的 75% 以上的情况)的框架梁为

无地震作用组合

$$V \leqslant \frac{1.75}{\lambda + 1}f_t bh_0 + f_{yv}\frac{A_{sv}}{s}h_0 \tag{5.22c}$$

有地震作用组合

$$V \leqslant \frac{1}{\gamma_{RE}}\left(\frac{1.05}{\lambda + 1}f_t bh_0 + f_{yv}\frac{A_{sv}}{s}h_0\right) \tag{5.22d}$$

式中,λ 为计算截面的剪跨比,可取 $\lambda = a/h_0$,a 为集中荷载作用点到支座边缘的距离,当 $\lambda > 3$ 时,取 $\lambda = 3$,当 $\lambda < 1.5$ 时,取 $\lambda = 1.5$。

(2) 梁箍筋的构造要求

抗震设计时,框架梁端箍筋应按表 5.13 的要求进行加密。

表 5.13　梁端箍筋加密区的长度、箍筋最大间距和最小直径

抗震等级	加密区长度(取较大值)/mm	箍筋最大间距(取最小值)/mm	箍筋最小直径 /mm
一	$2.0h_b, 500$	$h_b/4, 6d, 100$	10
二	$1.5h_b, 500$	$h_b/4, 8d, 100$	8
三	$1.5h_b, 500$	$h_b/4, 8d, 150$	8
四	$1.5h_b, 500$	$h_b/4, 8d, 150$	6

注：①d 为纵向钢筋直径；h_b 为梁截面高度。

②当梁端纵向钢筋配筋率大于 2% 时，表中箍筋最小直径应增大 2 mm。

抗震设计时，框架梁的箍筋尚应符合下列构造要求。

① 框架梁沿全长箍筋的面积配筋率应符合下列要求：

一级　　　　　　　　　　$\rho_{sv} \geq 0.30f_t/f_{yv}$　　　　　　　　　　　(5.23a)

二级　　　　　　　　　　$\rho_{sv} \geq 0.28f_t/f_{yv}$　　　　　　　　　　　(5.23b)

三、四级　　　　　　　　$\rho_{sv} \geq 0.26f_t/f_{yv}$　　　　　　　　　　　(5.23c)

式中，ρ_{sv} 为框架梁沿梁全长箍筋的面积配筋率。

② 第一个箍筋应设置在距支座边缘 50 mm 处。

③ 在箍筋加密区范围内的箍筋肢距：一级不宜大于 200 mm 和 20 倍箍筋直径的较大值，二、三级不宜大于 250 mm 和 20 倍箍筋直径的较大值，四级不宜大于 300 mm。

④ 箍筋应有 135° 弯钩，弯钩端头直段长度不应小于 10 倍的箍筋直径和 75 mm 的较大值。

⑤ 在纵向钢筋搭接长度范围内的箍筋间距，钢筋受拉时不应大于搭接钢筋较小直径的 5 倍，且不应大于 100 mm；钢筋受压时不应大于搭接钢筋较小直径的 10 倍，且不应大于 200 mm。

⑥ 框架梁非加密区箍筋最大间距不宜大于加密区箍筋间距的 2 倍。

非抗震设计时，框架梁箍筋配筋构造应符合下列规定。

① 应沿梁全长设置箍筋。

② 截面高度大于 800 mm 的梁，其箍筋直径不宜小于 8 mm；其余截面高度的梁不应小于 6 mm。在受力钢筋搭接长度范围内，箍筋直径不应小于搭接钢筋最大直径的 0.25 倍。

③ 箍筋间距不应大于表 5.14 的规定；在纵向受拉钢筋的搭接长度范围内，箍筋间距尚不应大于搭接钢筋较小直径的 5 倍，且不应大于 100 mm；在纵向受压钢筋的搭接长度范围内，箍筋间距尚不应大于搭接钢筋较小直径的 10 倍，且不应大于 200 mm。

表 5.14　非抗震设计梁箍筋最大间距　　　　　　　　　　单位：mm

V ＼ h_b	$V > 0.7f_t bh_0$	$V \leq 0.7f_t bh_0$
$h_b \leq 300$	150	200
$300 < h_b \leq 500$	200	300
$500 < h_b \leq 800$	250	350
$h_b > 800$	300	400

④ 当梁的剪力设计值大于 $0.7f_t bh_0$ 时，其箍筋面积配筋率应符合下式要求

$$\rho_{sv} \geq 0.24f_t/f_{yv}$$　　　　　　　　　　　(5.24)

⑤ 当梁中配有计算需要的纵向受压钢筋时,其箍筋配置尚应符合下列要求:

a.箍筋直径不应小于纵向受压钢筋最大直径的 0.25 倍。

b.箍筋应做成封闭式。

c.箍筋间距不应大于 15d 且不应大于 400 mm;当一层内的受压钢筋多于 5 根且直径大于 18 mm 时,箍筋间距不应大于 10d(d 为纵向受压钢筋的最小直径)。

d.当梁截面宽度大于 400 mm 且一层内的纵向受压钢筋多于 3 根时,或当梁截面宽度不大于 400 mm 但一层内的纵向受压钢筋多于 4 根时,应设置复合箍筋。

6. 抗震等级为特一级框架梁的特殊要求

抗震等级为特一级的框架梁,除应符合一级抗震等级的基本要求外,尚应符合以下要求:

① 梁端剪力增大系数 η_{vb} 应增大 20%;

② 梁端加密区箍筋构造最小配箍率应增大 10%。

5.6.3　框架梁柱节点核心区截面抗震验算及构造

一、二级框架梁柱节点核心区应按下列公式进行受剪承载力计算,三、四级框架节点以及各抗震等级的顶层端节点核心区,可不进行抗震验算。

1.核心区剪力设计值

(1) 设防烈度为 9 度的结构以及一级抗震等级的框架结构核心区剪力设计值为

$$V_j = \frac{1.15 \sum M_{\text{bua}}}{h_{b0} - a'_s}(1 - \frac{h_{b0} - a'_s}{H_c - h_b}) \tag{5.25a}$$

(2) 其他情况核心区剪力设计值为

$$V_j = \frac{\eta_{jb} \sum M_b}{h_{b0} - a'_s}(1 - \frac{h_{b0} - a'_s}{H_c - h_b}) \tag{5.25b}$$

式中, V_j 为梁柱节点核心区组合的剪力设计值; h_{b0} 为梁截面的有效高度,节点两侧梁截面高度不等时可采用平均值; a'_s 为梁受压钢筋合力点至受压边缘的距离; H_c 为柱的计算高度,可采用节点上、下柱反弯点之间的距离; h_b 为梁的截面高度,节点两侧梁截面高度不等时可采用平均值; η_{jb} 为节点剪力增大系数,一级取 1.35,二级取 1.2; $\sum M_b$ 为节点左、右梁端逆时针或顺时针方向组合的弯矩设计值之和,一级节点左、右梁端弯矩均为负值时,绝对值较小的弯矩应取零; $\sum M_{\text{bua}}$ 为节点左、右梁端逆时针或顺时针方向按实配钢筋面积(计入受压钢筋) 和材料强度标准值计算的受弯承载力所对应的弯矩设计值之和。

2.核心区截面有效计算宽度

(1) 当验算方向的梁截面宽度不小于该侧柱截面宽度的 1/2 时,可采用该侧柱截面宽度;当小于柱截面宽度的 1/2 时,可采用下列二者的较小值

$$b_j = b_b + 0.5 h_c \tag{5.26a}$$

$$b_j = b_c \tag{5.26b}$$

式中, b_j 为节点核心区的截面有效计算宽度; b_b 为梁截面宽度; h_c 为验算方向的柱截面高度; b_c 为 验算方向的柱截面宽度。

(2) 当梁、柱的中线不重合且偏心距不大于柱宽的1/4时,可采用第(1)条计算结果和下式计算结果的较小值。

$$b_j = 0.5(b_b + b_c) + 0.25h_c - e \tag{5.27}$$

式中,e 为梁与柱中线偏心距。

3. 核心区截面尺寸限制条件

$$V_j \leqslant \frac{1}{\gamma_{RE}}(0.30\eta_j\beta_c f_c b_j h_j) \tag{5.28}$$

式中,η_j 为正交梁的约束影响系数,楼板为现浇、梁柱中线重合、四侧各梁截面宽度不小于该侧柱截面宽度的1/2且正交方向梁高度不小于框架梁高度的3/4时,可采用1.5,9度时宜采用1.25,其他情况宜采用1.0;h_j 为节点核心区的截面高度,可采用验算方向的柱截面高度 h_c;γ_{RE} 为承载力抗震调整系数,可采用0.85;β_c 为混凝土强度影响系数,取值方法见表5.8;f_c 为混凝土轴心抗压强度设计值。

4. 核心区截面受剪承载力验算

(1) 设防烈度为9度时

$$V_j \leqslant \frac{1}{\gamma_{RE}}(0.9\eta_j f_t b_j h_j + f_{yv}A_{svj}\frac{h_{b0} - \alpha'_s}{s}) \tag{5.29a}$$

(2) 其他情况

$$V_j \leqslant \frac{1}{\gamma_{RE}}(1.1\eta_j f_t b_j h_j + 0.05\eta_j N\frac{b_j}{b_c} + f_{yv}A_{svj}\frac{h_{b0} - \alpha'_s}{s}) \tag{5.29b}$$

式中,N 为对应于组合剪力设计值的上柱组合轴向力设计值,当 N 为轴向压力时,不应大于柱的截面面积和混凝土轴心抗压强度设计值乘积的50%,当 N 为拉力时,应取为零;f_{yv} 为箍筋的抗拉强度设计值;f_t 为混凝土轴心抗拉强度设计值;A_{svj} 为核心区计算宽度范围内验算方向同一截面各肢箍筋的全部截面面积;s 为箍筋间距。

梁宽大于柱宽的扁梁框架及圆柱的梁柱节点抗震验算详见《高规》附录C。

5. 框架节点核心区构造要求

框架节点核心区应设置水平箍筋,且应符合下列规定:

(1) 非抗震设计时,箍筋配置应符合柱中箍筋的有关规定,但箍筋间距不宜大于250 mm。对四边有梁与之相连的节点,可仅沿节点周边设置矩形箍筋。

(2) 抗震设计时,箍筋的最大间距和最小直径宜符合柱箍筋加密区的有关规定。一、二、三级框架节点核心区配箍特征值分别不宜小于0.12,0.10和0.08,且箍筋体积配箍率分别不宜小于0.6%,0.5%和0.4%。柱剪跨比不大于2的框架节点核心区的配箍特征值不宜小于核心区上、下柱端配箍特征值中的较大值。

5.6.4 钢筋的连接和锚固

1. 钢筋的连接

现浇钢筋混凝土框架梁、柱纵向受力钢筋的连接可采用机械连接、绑扎搭接或焊接,且应符合下列规定。

(1) 受拉钢筋直径大于 28 mm、受压钢筋直径大于 32 mm 时,不宜采用绑扎搭接接头。

(2) 框架柱:一、二级抗震等级及三级抗震等级的底层,宜采用机械连接接头,也可采用绑扎搭接或焊接接头;三级抗震等级的其他部位和四级抗震等级,可采用绑扎搭接或焊接接头。

(3) 框架梁:一级宜采用机械连接接头,二、三、四级可采用绑扎搭接或焊接接头。

(4) 位于同一连接区段内的受拉钢筋接头面积百分率不宜超过 50%。

(5) 梁、柱纵向受力钢筋的连接接头宜设置在构件受力较小部位。抗震设计时,宜避开梁端、柱端箍筋加密区范围,当接头位置无法避开梁端、柱端箍筋加密区时,宜采用机械连接接头,且钢筋接头面积百分率不应超过 50%。

此外,框架梁、柱的纵向钢筋不应与箍筋、拉筋及预埋件等焊接。

2. 钢筋的搭接和锚固长度

非抗震设计时,受拉钢筋绑扎搭接的搭接长度,应根据位于同一连接区段内搭接钢筋截面面积的百分率按下式计算,且不应小于 300 mm。

$$l_l = \zeta l_a \tag{5.30}$$

式中,l_l 为受拉钢筋的搭接长度;l_a 为受拉钢筋的锚固长度,应按现行国家标准《混凝土结构设计规范》GB 50010 的有关规定采用;ζ 为受拉钢筋搭接长度修正系数,应按表 5.15 采用。

表 5.15 纵向受拉钢筋搭接长度修正系数 ζ

同一连接区段内搭接钢筋面积百分率 /%	≤ 25	50	100
受拉搭接长度修正系数 ζ	1.2	1.4	1.6

注:同一连接区段内搭接钢筋面积百分率取在同一连接区段内有搭接接头的受力钢筋与全部受力钢筋面积之比。

抗震设计时,纵向受力钢筋的锚固和搭接长度应符合下列要求。

(1) 纵向受拉钢筋的最小锚固长度应按下列各式采用:

一、二级抗震等级

$$l_{aE} = 1.15 l_a \tag{5.31a}$$

三级抗震等级

$$l_{aE} = 1.05 l_a \tag{5.31b}$$

四级抗震等级

$$l_{aE} = 1.00 l_a \tag{5.31c}$$

式中,l_{aE} 为抗震设计时受拉钢筋的锚固长度。

(2) 当采用绑扎搭接接头时,其搭接长度不应小于下式的计算值

$$l_{lE} = \zeta l_{aE} \tag{5.32}$$

式中,l_{lE} 为抗震设计时受拉钢筋的搭接长度。

现浇钢筋混凝土框架梁、柱纵向受力钢筋的连接和锚固构造要求见图 5.17 ~ 5.23。

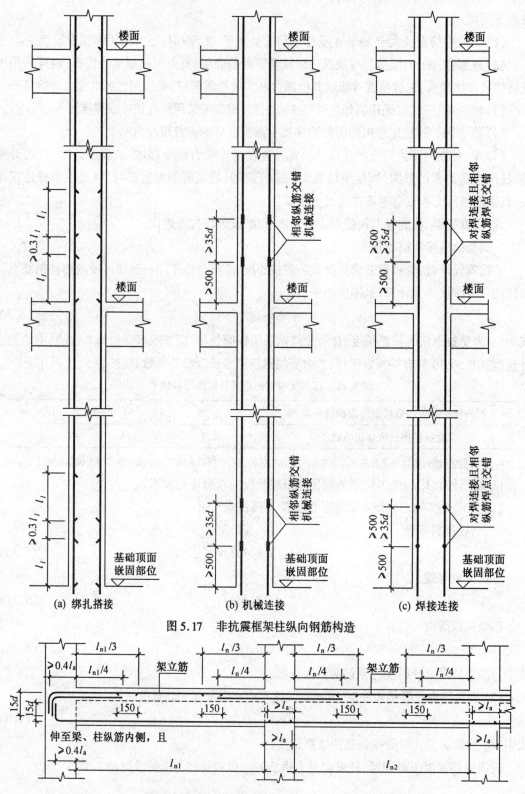

图 5.17　非抗震框架柱纵向钢筋构造

图 5.18　非抗震框架梁纵向钢筋构造(注：l_n 为 l_{n1} 和 l_{n2} 中的较大值)

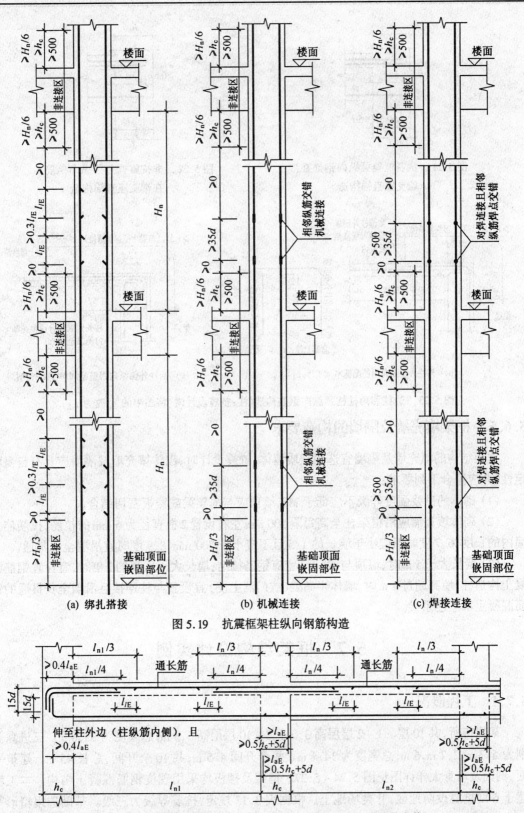

图 5.19　抗震框架柱纵向钢筋构造

图 5.20　抗震框架梁纵向钢筋构造(注:l_n 为 l_{n1} 和 l_{n2} 中的较大值)

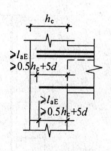

图 5.21　抗震框架梁纵向钢筋在
端支座直锚构造

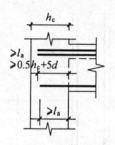

图 5.22　非抗震框架梁纵向钢筋
在端支座直锚构造

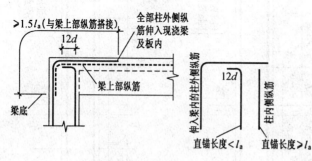

(a)　当柱外侧纵向钢筋配筋率 < 1.2% 时　　　　(b)　当柱外侧纵向钢筋配筋率 > 1.2% 时

图 5.23　边柱和角柱柱顶纵向钢筋构造(注:抗震设计时,将图中的 l_a 改为 l_{aE})

5.6.5　框架填充墙及隔墙的构造要求

框架结构的填充墙及隔墙宜选用轻质墙体。抗震设计时,砌体填充墙及隔墙应具有自身稳定性,并应符合下列要求:

(1) 砌体的砂浆强度等级不应低于 M5,墙顶应与框架梁或楼板密切结合。

(2) 砌体填充墙应沿框架柱全高每隔 500 mm 左右设置 2 根直径为 6 mm 的拉筋,拉筋伸入墙内的长度,6、7 度时不应小于墙长的 1/5 且不应小于 700 mm,8、9 度时宜沿墙全长贯通。

(3) 墙长大于 5 m 时,墙顶与梁(板)宜有钢筋拉结;墙长大于层高的 2 倍时,宜设置钢筋混凝土构造柱;墙高超过 4 m 时,墙体半高处(或门洞上皮)宜设置与柱连接且沿墙全长贯通的钢筋混凝土水平连系梁。

5.7　框架结构设计实例

5.7.1　工程概况

某招待所,共 10 层。1~2 层层高 3.6 m,3~10 层层高 3.3 m,总高度为 33.6 m。三进深分别为 5.7 m,2.7 m,6 m,总宽度为 14.4 m。每个开间 4.5 m,共 10 个开间,总长 45 m。建筑平面、剖面及墙身大样详图见图 5.24~5.27。框架及楼板均采用现浇钢筋混凝土结构。本工程建于 6 度抗震设防地区,Ⅱ 类场地土。根据表 3.13 规定,抗震等级为三级。基础选用箱形基础。计算简图中的柱下固定端取在箱基顶部,箱基的刚度远大于柱子的刚度,足以承受柱子传来的内力。箱基的内力及配筋计算在本例中略去。结构柱网布置见图 5.28。本工程框架材料选用如下：1 ~ 6 层柱为 C30 混凝土，7 ~ 10 层柱为 C20 混凝土，梁均为 C20 混凝土。

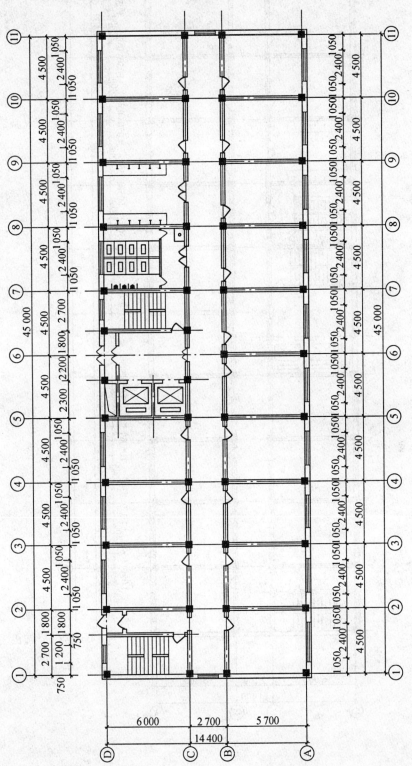

图 5.24 一层平面图

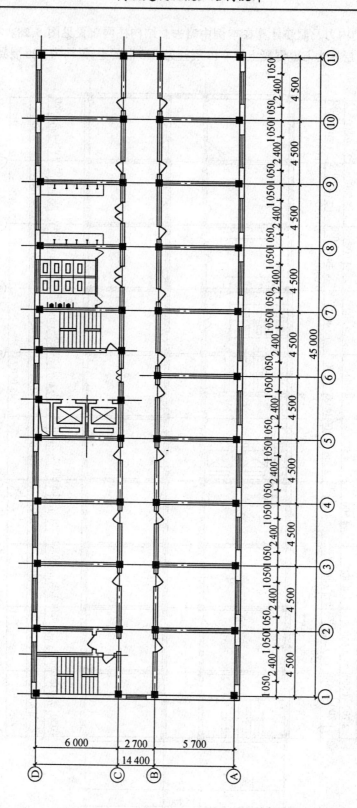

图 5.25 标准层平面图

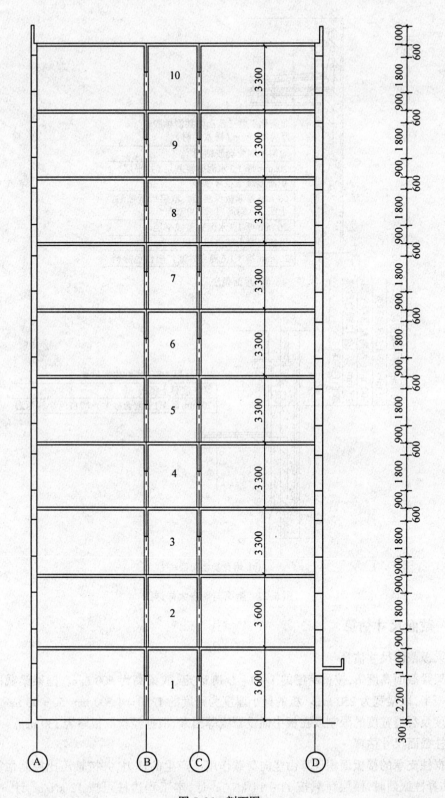

图 5.26 剖面图

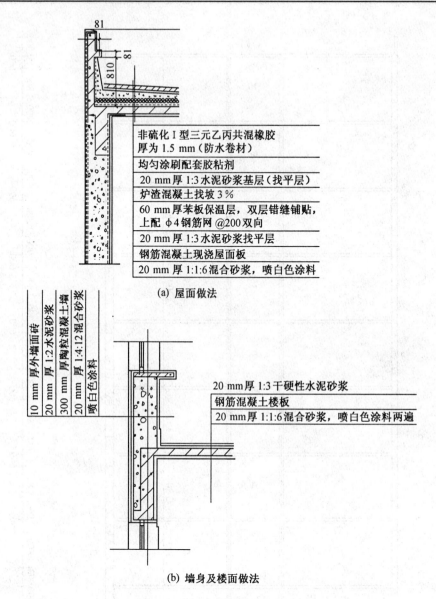

(a) 屋面做法

非硫化Ⅰ型三元乙丙共混橡胶
厚为 1.5 mm（防水卷材）

均匀涂刷配套胶粘剂

20 mm 厚 1:3 水泥砂浆基层（找平层）

炉渣混凝土找坡 3%

60 mm 厚苯板保温层，双层错缝铺贴，
上配 φ4 钢筋网 @200 双向

20 mm 厚 1:3 水泥砂浆找平层

钢筋混凝土现浇屋面板

20 mm 厚 1:1:6 混合砂浆，喷白色涂料

10 mm 厚外墙面砖
20 mm 厚 1:2 水泥砂浆
300 mm 厚陶粒混凝土墙
20 mm 厚 1:4:12 混合砂浆
喷白色涂料

20 mm 厚 1:3 干硬性水泥砂浆

钢筋混凝土楼板

20 mm 厚 1:1:6 混合砂浆，喷白色涂料两遍

(b) 墙身及楼面做法

图 5.27　屋面与墙身大样详图

5.7.2　截面尺寸估算

1.梁板截面尺寸估算

框架梁截面高度 h，按梁跨度的 1/10～1/18 确定，取梁高为 500 mm。框架梁截面宽度取梁高的一半，取梁宽为 250 mm。板的最小厚度为跨度的 1/50 = 4 500 mm/50 = 90 mm。考虑到板的挠度及裂缝宽度的限制及在板中铺设管线等因素，根据经验取板厚为 130 mm。

2.柱截面尺寸估算

根据柱支承的楼板面积计算由竖向荷载作用下产生的轴力，并按轴压比控制估算柱截面面积，估算柱截面时，楼层荷载按 11～14 kN/m² 计，本工程边柱可按 12 kN/m² 计，中柱可按 11 kN/m² 计。

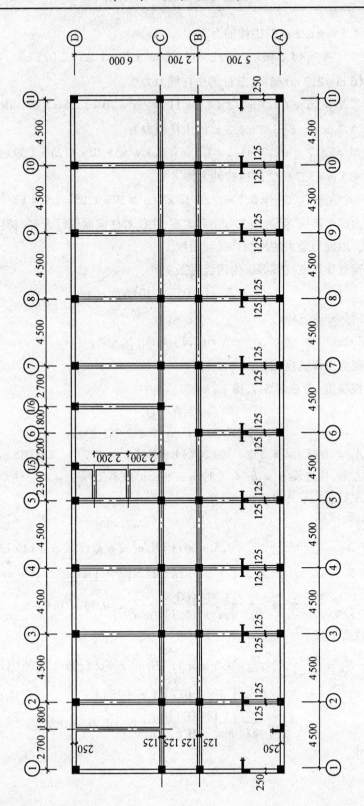

图 5.28　结构布置图

负荷面为 $4.5 \text{ m} \times 6/2 \text{ m}$ 的边柱轴力为

$$N_v = (4.5 \text{ m} \times 6 \text{ m})/2 \times 12 \text{ kN/m}^2 \times 10 \times 1.25 = 2\ 025 \text{ kN}$$

负荷面为 $(6 \text{ m} + 2.7 \text{ m})/2 \times 4.5 \text{ m}$ 的中柱轴力为

$$N_v = (6 \text{ m} + 2.7 \text{ m})/2 \times 4.5 \times 11 \text{ kN/m}^2 \times 10 \times 1.25 = 2\ 692 \text{ kN}$$

负荷面为 $(5.7 \text{ m} + 2.7 \text{ m})/2 \times 4.5 \text{ m}$ 的中柱轴力为

$$N_v = (5.7 \text{ m} + 2.7 \text{ m})/2 \times 4.5 \text{ m} \times 11 \text{ kN/m}^2 \times 10 \times 1.25 = 2\ 599 \text{ kN}$$

负荷面为 $4.5 \text{ m} \times 5.7 \text{ m}/2$ 的边柱轴力为

$$N_v = (4.5 \text{ m} \times 5.7 \text{ m})/2 \times 12 \text{ kN/m}^2 \times 10 \times 1.25 = 1\ 924 \text{ kN}$$

各柱的轴力虽然不同,但为施工方便和美观,往往对柱截面进行合并归类。本工程将柱截面归并为一种。取轴力最大的柱估算截面面积。

当仅有风荷载作用或抗震等级为四级时

$$N = (1.05 \sim 1.10)N_v$$

当抗震等级为一～三级时

$$N = (1.1 \sim 1.20)N_v$$

本工程框架为三级抗震,取 $N = 1.1N_v$。

柱轴压比控制值 μ_N 查表 5.7,得 $\mu_N = 0.9$。其中

$$\mu_N = N/A_c f_c$$

$$N = 2\ 692\ 000 \text{ N} \times 1.1 = 2\ 961\ 200 \text{ N}$$

$$A_c = N/f_c \mu_N = 2\ 961\ 200 \text{ N}/(14.3 \text{ N/mm}^2 \times 0.9) = 230\ 085 \text{ mm}^2$$

设柱为正方形,柱边长 $b = h = \sqrt{A_c} = 479 \text{ mm}$。故本工程 $1 \sim 4$ 层柱截面取为 $0.5 \text{ m} \times 0.5 \text{ m}, 5 \sim 10$ 层柱截面取为 $0.4 \text{ m} \times 0.4 \text{ m}$。

5 层底柱截面核算

$$N_v = \frac{6 \text{ m} + 2.7 \text{ m}}{2} \times 4.5 \text{ m} \times 11 \text{ kN/m}^2 \times 6 \times 1.25 = 1\ 615 \text{ kN}$$

$$N = 1.1 \times 1\ 615 \text{ kN} = 1\ 777 \text{ kN}$$

$$\frac{N}{A_c f_c} = \frac{1\ 777\ 000 \text{ N}}{400^2 \text{ mm}^2 \times 14.3 \text{ N/mm}^2} = 0.78 < 0.9$$

7 层底柱截面核算

$$N_v = \frac{6 \text{ m} + 2.7 \text{ m}}{2} \times 4.5 \text{ m} \times 11 \text{ kN/m}^2 \times 4 \times 1.25 = 1\ 077 \text{ kN}$$

$$N = 1.1 \times 1\ 077 \text{ kN} = 1\ 184 \text{ kN}$$

$$\frac{N}{A_c f_c} = \frac{1\ 184\ 000 \text{ N}}{400^2 \text{ mm}^2 \times 9.6 \text{ N/mm}^2} = 0.77 < 0.9$$

轴压比满足要求。

5.7.3　荷载汇集

1.竖向荷载

(1) 楼面荷载

楼面活荷载按《荷载规范》的规定,招待所房间、厕所、走廊、楼梯间活荷载取 2.0 kN/m²。

混凝土楼板(板厚 130 mm)

$$25 \text{ kN/m}^3 \times 0.13 \text{ m} = 3.25 \text{ kN/m}^2$$

水泥砂浆抹灰(楼板上下各 20 mm 厚)

$$20 \text{ kN/m}^3 \times 0.02 \text{ m} \times 2 = 0.8 \text{ kN/m}^2$$

内隔墙为 200 mm 厚陶粒混凝土砌块(砌块容重 8 kN/m³,两侧各抹 20 mm 厚混合砂浆)

$$8 \text{ kN/m}^3 \times 0.2 \text{ m} + 20 \text{ kN/m}^3 \times 0.02 \text{ m} \times 2 = 2.4 \text{ kN/m}^2$$

外墙为 300 mm 厚陶粒混凝土砌块(墙外侧贴墙面砖,墙里侧抹 20 mm 厚混合砂浆)

$$0.5 \text{ kN/m}^2 + 8 \text{ kN/m}^3 \times 0.3 \text{ m} + 20 \text{ kN/m}^3 \times 0.02 \text{ m} \times 2 = 3.7 \text{ kN/m}^2$$

(2) 屋面荷载

防水卷材	0.1 kN/m²
20 mm 厚砂浆找平层	$20 \text{ kN/m}^3 \times 0.02 \text{ m} = 0.4 \text{ kN/m}^2$
炉渣混凝土找坡3%	$14 \text{ kN/m}^3 \times 0.15 \text{ m} = 2.1 \text{ kN/m}^2$
苯板 60 mm 厚	0.1 kN/m²
20 mm 厚砂浆找平层	$20 \text{ kN/m}^3 \times 0.02 \text{ m} = 0.4 \text{ kN/m}^2$
130 mm 厚钢筋混凝土板	$25 \text{ kN/m}^3 \times 0.13 \text{ m} = 3.25 \text{ kN/m}^2$
20 mm 厚混合砂浆	$20 \text{ kN/m}^3 \times 0.02 \text{ m} = 0.4 \text{ kN/m}^2$

合计 6.75 kN/m²

不上人屋面活荷　　　　　　　　　　　　　　　　　　　　　0.5 kN/m²

基本雪压　　　　　　　　　　　　　　　　　　　　　　　　0.45 kN/m²

(注:混合砂浆容重 17 kN/m²,为便于计算,本工程混合砂浆容重按 20 kN/m² 计算)

2.水平风荷载

查《荷载规范》中全国基本风压分布图中的数值为 0.55 kN/m²。

垂直于建筑物表面上的风荷载标准值 ω_k 按下式计算

$$\omega_k = \beta_z \mu_s \mu_z \omega_0$$

式中,μ_s 为风荷载体型系数,由第 3.2 节可知,矩形平面建筑风荷载体型系数 $\mu_s = 1.3$;μ_z 为风压高度变化系数。本工程建在市中心,地面粗糙度类别为 C 类,查表 3.2 中的 μ_z 值,5 m 以上按内差法计算,5 m 以下按 5 m 高处取值;β_z 为风振系数,$\beta_z = 1 + \dfrac{\xi \nu \varphi_z}{\mu_z}$,$\nu$ 为脉动影响系数,当高层建筑的总高度为 33.6 m,地面粗糙类别为 C 类时,$\nu = 0.465$,ξ 为脉动增大系数,与基本风压 ω_0、结构基本自振周期 T 及地面粗糙度有关。框架结构基本自振周期取 $T = 0.05n = 0.05 \times 10 = 0.5 \text{ s}$。

$$\omega_0 T^2 = 0.55 \text{ kN/m}^2 \times (0.5 \text{ s})^2 = 0.137\ 5 \text{ kN} \cdot \text{s}^2 \cdot \text{m}^{-2}$$

查表 3.5, 脉动增大系数 $\xi = 1.20$, φ_z 近似按表 3.4 采用。

各层风荷载标准值计算结果见表 5.16。

表 5.16　各层风荷标准值

距地面高度 H_i	β_z	μ_z	μ_s	ω_0	$\omega_k = \beta_z \mu_z \mu_s \omega_0$
34.6	1.531	1.06	1.3	0.55	1.16
33.6	1.536	1.05	1.3	0.55	1.153
30.3	1.485	1	1.3	0.55	1.062
27	1.441	0.95	1.3	0.55	0.979
23.7	1.421	0.9	1.3	0.55	0.914
20.4	1.308	0.85	1.3	0.55	0.795
17.1	1.279	0.78	1.3	0.55	0.713
13.8	1.214	0.74	1.3	0.55	0.642
10.5	1.139	0.74	1.3	0.55	0.603
7.2	1.071	0.74	1.3	0.55	0.566
3.6	1.018	0.74	1.3	0.55	0.539

5.7.4　风荷载作用下框架内力计算

由平面图可以看出,除边框架外,中间各榀框架受风荷载作用面积相同,故应选取边框架和中框架分别进行计算。下面仅以中框架为例进行计算,边框架计算从略。

1.计算在风荷载作用下各楼层节点上集中力及各层剪力

计算风荷载作用下各楼层节点上集中力时,假定风荷载在层间为均匀分布,并假定上下相邻各半层层高范围内的风荷载按集中力作用本层楼面上。

10 层顶处风荷载作用下楼层节点集中力为

$$F_{10} = (\omega_{10+1} \times h_{10+1} + \omega_{10} \times h_{10}/2) \times B =$$
$$(1.16 \text{ kN/m}^2 \times 1 \text{ m} + 1.153 \text{ kN/m}^2 \times 3.3 \text{ m}/2) \times 4.5 \text{ m} =$$
$$13.78 \text{ kN}$$

9 层顶处风荷载作用下楼层节点集中力为

$$F_9 = (\omega_{10} \times h_{10}/2 + \omega_9 \times h_9/2) \times B =$$
$$(1.153 \text{ kN/m}^2 \times 3.3 \text{ m}/2 + 1.062 \text{ kN/m}^2 \times 3.3 \text{ m}/2) \times 4.5 \text{ m} =$$
$$16.446 \text{ kN}$$

其余各层风荷载引起的节点集中力及各层剪力计算结果见表 5.17。

表 5.17　风荷载作用下水平集中力及层剪力

层号	层高 /m	风荷标准值 ω_i	各层集中力 F_i/kN	各层剪力 $V_i = \sum F_i$/kN
女儿墙	1	1.16		
10	3.3	1.153	13.78	13.78
9	3.3	1.062	16.45	30.23
8	3.3	0.979	15.15	45.38
7	3.3	0.914	14.06	59.43
6	3.3	0.795	12.69	72.13
5	3.3	0.713	11.20	83.33
4	3.3	0.642	10.06	93.39
3	3.3	0.603	9.24	102.63
2	3.6	0.566	9.06	111.70
1	3.6	0.539	8.95	120.65

2.计算各梁柱的线刚度 i_b 和 i_c

计算梁的线刚度时,考虑到现浇楼板的作用,一边有楼板的梁截面惯性矩取 $I = 1.5I_0$,两边有楼板的梁截面惯性矩取 $I = 2.0I_0$。I_0 为按矩形截面计算的梁截面惯性矩。

线刚度计算公式 $i = \dfrac{EI}{l}$。各梁柱线刚度计算结果见表 5.18。

表 5.18　各杆件惯性矩及线刚度表

	$b \times h$ /mm	l /mm	E_c /(N·mm^{-2})	$I_0 = \dfrac{bh^3}{12}$ /mm^4	$I = 2I_0$	$i = \dfrac{EI}{l}$ /(N·mm)
梁	250 × 500	5 700	2.55 × 10^4	2.6 × 10^9	5.2 × 10^9	2.33 × 10^{10}
	250 × 500	2 700	2.55 × 10^4	2.6 × 10^9	5.2 × 10^9	4.92 × 10^{10}
	250 × 500	6 000	2.55 × 10^4	2.6 × 10^9	5.2 × 10^9	2.21 × 10^{10}
柱	500 × 500	3 600	3.00 × 10^4	5.21 × 10^9		4.34 × 10^{10}
	500 × 500	3 300	3.00 × 10^4	5.21 × 10^9		4.73 × 10^{10}
	400 × 400	3 300	3.00 × 10^4	2.13 × 10^9		1.94 × 10^{10}
	400 × 400	3 300	2.55 × 10^4	2.13 × 10^9		1.65 × 10^{10}

3.计算各柱抗侧移刚度 D

D 值为使柱上下端产生单位相对位移所需施加的水平力,计算公式为

$$D = a_c \frac{12i_c}{h^2}$$

各柱抗侧移刚度 D 见表 5.19。

4.各柱剪力计算

设第 i 层第 j 根柱的 D 值为 D_{ij},该层柱总数为 m,该柱的剪力为

$$V_{ij} = \frac{D_{ij}}{\sum\limits_{j=1}^{m} D_{ij}} V_i$$

各柱剪力计算结果见表 5.20。

表 5.19　水平荷载作用下柱抗侧移刚度 D 计算表

层/h_i	柱列轴号	$i_c \times 10^5$/(kN·m)	$\sum i_b \times 10^5$	$\bar{K} = \sum i_b/2i_c$ 底层 $\bar{K} = \dfrac{\sum i_b}{i_c}$	$a_c = \dfrac{\bar{K}}{2+\bar{K}}$ 底层 $a_c = \dfrac{0.5+\bar{K}}{2+\bar{K}}$	$D_i = a_c\dfrac{12i_c}{h_i^2}$	$\sum D_i$
10/3.3	A	0.165	0.466	1.412	0.414	0.075	0.397
	B	0.165	1.45	4.394	0.687	0.125	0.397
	C	0.165	1.426	4.321	0.684	0.124	0.397
	D	0.165	0.442	1.339	0.401	0.073	0.397
9/3.3	A	0.165	0.466	1.412	0.414	0.075	0.397
	B	0.165	1.45	4.394	0.687	0.125	0.397
	C	0.165	1.426	4.321	0.684	0.124	0.397
	D	0.165	0.442	1.339	0.401	0.073	0.397
8/3.3	A	0.165	0.466	1.412	0.414	0.075	0.397
	B	0.165	1.45	4.394	0.687	0.125	0.397
	C	0.165	1.426	4.321	0.684	0.124	0.397
	D	0.165	0.442	1.339	0.401	0.073	0.397
7/3.3	A	0.165	0.466	1.412	0.414	0.075	0.397
	B	0.165	1.45	4.394	0.687	0.125	0.397
	C	0.165	1.426	4.321	0.684	0.124	0.397
	D	0.165	0.442	1.339	0.401	0.073	0.397
6/3.3	A	0.194	0.466	1.201	0.375	0.080	0.435
	B	0.194	1.45	3.737	0.651	0.139	0.435
	C	0.194	1.426	3.675	0.648	0.138	0.435
	D	0.194	0.442	1.139	0.363	0.078	0.435
5/3.3	A	0.194	0.466	1.201	0.375	0.080	0.435
	B	0.194	1.45	3.737	0.651	0.139	0.435
	C	0.194	1.426	3.675	0.648	0.138	0.435
	D	0.194	0.442	1.139	0.363	0.078	0.435
4/3.3	A	0.473	0.466	0.493	0.198	0.103	0.652
	B	0.473	1.45	1.533	0.434	0.226	0.652
	C	0.473	1.426	1.507	0.430	0.224	0.652
	D	0.473	0.442	0.467	0.189	0.099	0.652
3/3.3	A	0.473	0.466	0.493	0.198	0.103	0.652
	B	0.473	1.45	1.533	0.434	0.226	0.652
	C	0.473	1.426	1.507	0.430	0.224	0.652
	D	0.473	0.442	0.467	0.189	0.099	0.652
2/3.6	A	0.434	0.466	0.537	0.212	0.085	0.531
	B	0.434	1.45	1.671	0.455	0.183	0.531
	C	0.434	1.426	1.643	0.451	0.181	0.531
	D	0.434	0.442	0.509	0.203	0.082	0.531
1/3.6	A	0.434	0.233	0.537	0.409	0.164	0.800
	B	0.434	0.725	1.671	0.591	0.238	0.800
	C	0.434	0.713	1.643	0.588	0.236	0.800
	D	0.434	0.221	0.509	0.402	0.162	0.800

5.确定柱的反弯点高度比 y

$$y = y_0 + y_1 + y_2 + y_3$$

式中，y_0 为标准反弯点高度系数，根据结构总层数 m 及该柱所在层 n 及 $\bar{K}$ 值由表 5.2 查得；y_1 为上下层梁线刚度比对 y_0 的修正值；y_2，y_3 为上下层层高变化对 y_0 的修正值。

反弯点距柱下端距离为 yh。

例如，计算 10 层柱反弯点高度系数 y：由 $m = 10$，$n = 10$，$\bar{K} = 1.412$，查表 5.2 得 $y_0 = 0.370\,6$；上、下层梁相对刚度无变化，$y_1 = 0$；最上层柱 $y_2 = 0$；下层层高与本层层高之比 $a_3 = h_9/h_{10} = 1$，查表 5.5 得 $y_3 = 0$，Ⓐ 轴顶层柱反弯点高度系数为

$$y = y_0 + y_1 + y_2 + y_3 = 0.370\,6 + 0 + 0 + 0 = 0.370\,6$$

其余各柱反弯点高度计算系数见表 5.20。

6.计算柱端弯矩

根据各柱分配到的剪力及反弯点位置 yh 计算第 i 层第 j 根柱端弯矩。

上端弯矩为 $\qquad\qquad M_{ij}^{t} = V_{ij}h(1 - y)$

下端弯矩为 $\qquad\qquad M_{ij}^{b} = V_{ij}yh$

计算结果见表 5.20。

7.计算梁端弯矩

由柱端弯矩，并根据节点平衡计算梁端弯矩。

边跨外边缘处的梁端弯矩为 $\quad M_{bi} = M_{ij}^{t} + M_{i+1,j}^{b}$

中间支座处的梁端弯矩为 $\quad M_{bi}^{l} = (M_{ij}^{t} + M_{i+1,j}^{b})\dfrac{i_b^{l}}{i_b^{l} + i_b^{r}}$

$$M_{bi}^{r} = (M_{ij}^{t} + M_{i+1,j}^{b})\dfrac{i_b^{r}}{i_b^{l} + i_b^{r}}$$

框架在风荷载作用下的弯矩见图 5.29。

8.计算梁支座剪力及柱轴力

根据力平衡原理，由梁端弯矩和作用在梁上的竖向荷载可求出梁支座剪力；柱轴力可由计算截面之上的梁端剪力之和求得。框架在风荷载作用下梁剪力及柱轴力见图 5.30。

表 5.20 风荷载作用下柱反弯点高度比及柱端弯矩

层/h_i	柱列轴号	$D_i \times 10^5$	$\sum D_i \times 10^5$	V_i	V_{ij}	$\bar{K}$	α_1	α_2	α_3	y_0	y_1	y_2	y_3	y	M_{ij}^t	M_{ij}^b
10/3.3	A	0.075	0.397	13.78	2.61	1.412	1	0	1	0.371	0	0	0	0.371	5.42	3.19
	B	0.125			4.33	4.394	1	0	1	0.450	0	0	0	0.450	7.86	6.43
	C	0.124			4.31	4.321	1	0	1	0.450	0	0	0	0.450	7.82	6.40
	D	0.073			2.53	1.339	1	0	1	0.367	0	0	0	0.367	5.28	3.06
9/3.3	A	0.075	0.397	30.23	5.72	1.412	1	1	1	0.421	0	0	0	0.421	10.94	7.94
	B	0.125			9.50	4.394	1	1	1	0.500	0	0	0	0.500	15.68	15.68
	C	0.124			9.45	4.321	1	1	1	0.500	0	0	0	0.500	15.60	15.60
	D	0.073			5.55	1.339	1	1	1	0.417	0	0	0	0.417	10.67	7.63
8/3.3	A	0.075	0.397	45.38	8.59	1.412	1	1	1	0.450	0	0	0	0.450	15.60	12.76
	B	0.125			14.27	4.394	1	1	1	0.500	0	0	0	0.500	23.54	23.54
	C	0.124			14.19	4.321	1	1	1	0.500	0	0	0	0.500	23.42	23.42
	D	0.073			8.33	1.339	1	1	1	0.450	0	0	0	0.450	15.11	12.37
7/3.3	A	0.075	0.397	59.43	11.25	1.412	1	1	1	0.471	0	0	0	0.471	19.66	17.48
	B	0.125			18.68	4.394	1	1	1	0.500	0	0	0	0.500	30.83	30.83
	C	0.124			18.59	4.321	1	1	1	0.500	0	0	0	0.500	30.67	30.67
	D	0.073			10.91	1.339	1	1	1	0.467	0	0	0	0.467	19.18	16.80
6/3.3	A	0.080	0.435	72.13	13.29	1.201	1	1	1	0.460	0	0	0	0.460	23.67	20.17
	B	0.139			23.06	3.737	1	1	1	0.500	0	0	0	0.500	38.06	38.06
	C	0.138			22.93	3.675	1	1	1	0.500	0	0	0	0.500	37.84	37.84
	D	0.078			12.85	1.139	1	1	1	0.457	0	0	0	0.457	23.03	19.38
5/3.3	A	0.080	0.435	83.33	15.35	1.201	1	1	1	0.500	0	0	0	0.500	25.32	25.32
	B	0.139			26.65	3.737	1	1	1	0.500	0	0	0	0.500	43.97	33.97
	C	0.138			26.49	3.675	1	1	1	0.500	0	0	0	0.500	43.71	43.71
	D	0.078			14.84	1.139	1	1	1	0.500	0	0	0	0.500	24.49	24.49
4/3.3	A	0.103	0.652	93.39	14.76	0.493	1	1	1	0.450	0	0	0	0.450	26.78	21.91
	B	0.226			32.40	1.533	1	1	1	0.500	0	0	0	0.500	53.46	53.46
	C	0.224			32.09	1.507	1	1	1	0.500	0	0	0	0.500	52.95	52.95
	D	0.099			14.14	0.467	1	1	1	0.450	0	0	0	0.450	25.67	21.00
3/3.3	A	0.103	0.652	102.63	16.22	0.493	1	1	1.09	0.450	0	0	0	0.450	29.43	24.08
	B	0.226			35.60	1.533	1	1	1.09	0.500	0	0	0	0.500	58.75	58.75
	C	0.224			35.27	1.507	1	1	1.09	0.500	0	0	0	0.500	58.19	58.19
	D	0.099			15.54	0.467	1	1	1.09	0.450	0	0	0	0.450	28.21	23.08
2/3.6	A	0.085	0.531	111.7	17.90	0.537	1	0.92	1	0.532	0	0	0	0.532	30.19	34.25
	B	0.183			38.49	1.671	1	0.92	1	0.500	0	0	0	0.500	69.29	69.29
	C	0.181			38.14	1.643	1	0.92	1	0.500	0	0	0	0.500	68.66	68.66
	D	0.082			17.16	0.509	1	0.92	1	0.546	0	0	0	0.546	28.08	33.71
1/3.6	A	0.164	0.800	120.65	24.77	0.537	1	1	0	0.732	0	0	0	0.732	23.95	65.24
	B	0.238			35.84	1.671	1	1	0	0.616	0	0	0	0.616	49.55	79.48
	C	0.236			35.65	1.643	1	1	1	0.618	0	0	0	0.618	49.06	79.30
	D	0.162			24.38	0.509	1	1	0	0.746	0	0	0	0.746	22.34	65.43

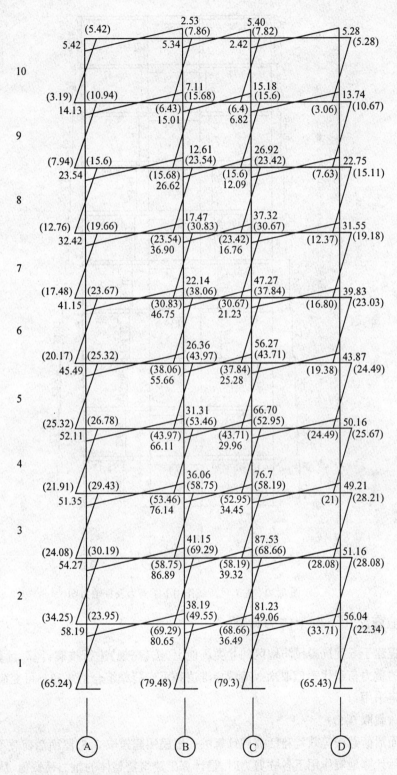

图 5.29　左来风荷载作用下弯矩图(图中括号内为柱端弯矩)

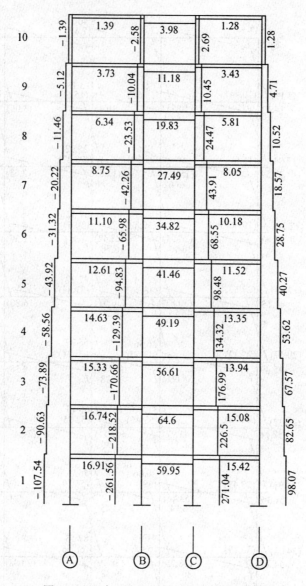

图 5.30　左来风荷载作用下梁剪力及柱轴力图

5.7.5　地震作用下框架内力计算

本工程建于 6 度抗震设防地区的 Ⅱ 类场地上,按《高规》进行抗震计算,计算地震作用时,建筑结构的重力荷载代表值取永久荷载标准值和可变荷载组合值之和。可变荷载组合值系数按下列规定采用:

①雪荷载取 0.5。

②楼面活荷载按等效均布活荷载计算的一般民用建筑取 0.5,屋面活荷载不计入。

在实际计算地震作用下各柱剪力时,是计算出建筑物整体的重力荷载值,从而计算出建筑物各层的总剪力,各层的总剪力再按刚度分配给每一根柱子。本例中为简便计算,仅取③轴一榀框架负荷面上的重力荷载代表值,计算出剪力后,在该榀框架上进行剪力分配。这样算得的剪力值大于按建筑物整体计算所得的结果。

1.重力荷载代表值计算

梁自重 $\qquad$ $0.25 \text{ m} \times 0.5 \text{ m} \times 25 \text{ kN/m}^3 = 3.125 \text{ kN/m}$

各层楼板自重及抹灰 $\qquad$ $3.25 \text{ kN/m}^2 + 0.8 \text{ kN/m}^2 = 4.05 \text{ kN/m}^2$

200 mm 厚陶粒块内隔墙(2.8 m 高) $\qquad$ $2.4 \text{ kN/m}^2 \times 2.8 \text{ m} = 6.72 \text{ kN/m}$

200 mm 厚陶粒块内隔墙(3.1 m 高) $\qquad$ $2.4 \text{ kN/m}^2 \times 3.1 \text{ m} = 7.44 \text{ kN/m}$

300 mm 厚陶粒块外维护墙(2.8 m 高,开洞率 30%)

$$3.7 \text{ kN/m}^2 \times (1 - 30\%) \times 2.8 \text{ m} = 7.252 \text{ kN/m}$$

300 mm 厚陶粒块外维护墙(3.1 m 高,开洞率 30%)

$$3.7 \text{ kN/m}^2 \times (1 - 30\%) \times 3.1 \text{ m} = 8.029 \text{ kN/m}$$

1 ~ 2 层每根柱子自重 $\qquad$ $(0.5 \text{ m})^2 \times 25 \text{ kN/m}^3 \times 3.6 \text{ m} = 22.5 \text{ kN}$

3 ~ 4 层每根柱子自重 $\qquad$ $(0.5 \text{ m})^2 \times 25 \text{ kN/m}^3 \times 3.3 \text{ m} = 20.625 \text{ kN}$

6 ~ 10 层每根柱子自重 $\qquad$ $(0.4 \text{ m})^2 \times 25 \text{ kN/m}^3 \times 3.3 \text{ m} = 13.2 \text{ kN}$

屋面板自重及保温防水 $\qquad$ 6.75 kN/m^2

负荷面宽取为 4.5 m,各层内隔横墙长 5.7 m + 6 m = 11.7 m,内隔纵墙长 4.5 m × 2 = 9 m,外维护纵墙长 4.5 m × 2 = 9 m,各层取上、下各半层的柱子自重计入本层。

各层楼面活荷载作用 $\qquad$ $2.0 \text{ kN/m}^2 \times 0.5 \times 4.5 \text{ m} \times 14.4 \text{ m} = 64.8 \text{ kN}$

屋面雪荷载作用 $\qquad$ $0.45 \text{ kN/m}^2 \times 0.5 \times 4.5 \text{ m} \times 14.4 \text{ m} = 14.58 \text{ kN}$

女儿墙(为 1 m 高,0.12 m 厚混凝土,两面抹灰各厚 0.02 m)

$$25 \text{ kN/m}^3 \times 1 \text{ m} \times 0.12 \text{ m} + 20 \text{ kN/m}^3 \times 0.02 \text{ m} \times 2 \times 1 \text{ m} = 3.8 \text{ kN/m}$$

楼面板作用 $\qquad$ $4.05 \text{ kN/m}^2 \times 4.5 \text{ m} \times 14.4 \text{ m} = 262.44 \text{ kN}$

楼面梁作用 $\qquad$ $3.125 \text{ kN/m} \times (14.4 \text{ m} + 4.5 \text{ m} \times 4) = 101.25 \text{ kN}$

3 ~ 10 层隔墙作用

$$6.72 \text{ kN/m} \times (3.7 \text{ m} + 6 \text{ m} + 4.5 \text{ m} \times 2) + 7.252 \text{ kN/m} \times 4.5 \text{ m} \times 2 = 204.372 \text{ kN}$$

2 层隔墙作用

$$7.44 \text{ kN/m} \times (5.7 \text{ m} + 6 \text{ m} + 4.5 \text{ m} \times 2) + 8.029 \text{ kN/m} \times 4.5 \text{ m} \times 2 = 226.269 \text{ kN}$$

2.各楼层处重力荷载代表值计算结果

$$G_{10} = 6.75 \text{ kN/m}^2 \times 4.5 \text{ m} \times 14.4 \text{ m} + 3.8 \text{ kN/m} \times 4.5 \text{ m} \times 2 + 3.125 \text{ kN/m} \times$$

$$(14.4 \text{ m} + 4.5 \text{ m} \times 4) + 13.2 \text{ kN/m} \times 4 \text{ m}/2 + 14.58 \text{ kN} = 613.83 \text{ kN}$$

$$G_{5\sim9} = 262.44 \text{ kN} + 101.25 \text{ kN} + 204.372 \text{ kN} + 13.2 \text{ kN} \times 4 + 64.8 \text{ kN} = 685.662 \text{ kN}$$

$$G_4 = 262.44 \text{ kN} + 101.25 \text{ kN} + 204.372 \text{ kN} + (13.2 \text{ kN} + 20.625 \text{ kN}) \times 4/2 + 64.8 \text{ kN} = 700.512 \text{ kN}$$

$$G_3 = 262.44 \text{ kN} + 101.25 \text{ kN} + 204.372 \text{ kN} + 20.625 \text{ kN} \times 4 + 64.8 \text{ kN} = 715.362 \text{ kN}$$

$$G_2 = 262.44 \text{ kN} + 101.25 \text{ kN} + 204.372 \text{ kN} + (22.5 \text{ kN} + 20.625 \text{ kN}) \times 4/2 + 64.8 \text{ kN} = 719.112 \text{ kN}$$

$$G_1 = 262.44 \text{ kN} + 101.25 \text{ kN} + 226.269 \text{ kN} + 22.5 \text{ kN} \times 4 + 64.8 \text{ kN} = 744.759 \text{ kN}$$

3.结构自振周期计算

根据各楼层重力荷载代表值 G_i 与层间刚度 D,可算出结构顶点假想位移为 $u_T = 0.143\ 38$ m。并代入式(3.9),(取 $\psi_T = 0.7$) 结构自振周期为

$$T_1 = 1.7\psi_T \sqrt{u_T} = 1.7 \times 0.7 \times \sqrt{0.143\ 38\ \text{m}} = 0.45\ \text{s}$$

地震影响系数 $$\alpha = (\frac{T_g}{T})^r \eta_2 \alpha_{\max}$$

式中,$\alpha_{\max}$ 为水平地震影响系数的最大值,6度区多遇地震取 0.04;T_g 为特征周期值,设计地震分组为第一组,Ⅱ 类场地土为 0.35;T 为结构自振周期,取 0.45;r 为衰减指数,η_2 为阻尼调整系数,当阻尼比 $\zeta = 0.05$ 时,取 $r = 0.9$,$\eta_2 = 1$。则

$$\alpha = (\frac{T_g}{T})^r \eta_2 \alpha_{\max} = (\frac{0.35\ \text{s}}{0.45\ \text{s}})^{0.9} \times 1 \times 0.04 = 0.031\ 9$$

4.水平地震作用计算

用底部剪力法计算结构水平地震作用

$$G_E = \sum G_i = 6\ 921.885\ \text{kN}$$

$$G_{eq} = 0.85 G_E = 0.85 \times 6\ 921.885\ \text{kN} = 5\ 883.6\ \text{kN}$$

$$F_{EK} = \alpha G_{eq} = 0.031\ 9 \times 5\ 883.6\ \text{kN} = 187.687\ \text{kN}$$

本工程中 $T_1 = 0.45$ s $< 1.4 T_g = 1.4 \times 0.35$ s $= 0.49$ s,可不考虑顶部附加。框架地震作用见表 5.21。

表 5.21　框架地震作用

层	H_i	G_i	$G_i H_i$	F_i	$\sum F_i = V_i$
10	33.6	613.83	20 624.69	30.50	30.50
9	30.3	685.66	20 775.56	30.72	61.23
8	27.0	685.66	18 512.87	27.38	88.60
7	23.7	685.66	16 250.19	24.03	112.64
6	20.4	685.66	13 987.50	20.69	133.32
5	17.1	685.66	11 724.82	17.34	150.66
4	13.8	700.51	9 667.07	14.30	164.96
3	10.5	715.36	7 511.30	11.11	176.06
2	7.2	719.11	5 177.61	7.66	183.72
1	3.6	744.76	2 681.13	3.97	187.69
$\sum$		6 922	126 912.74		

地震作用下结构内力见表 5.22 及图 5.31,5.32。

表 5.22　地震作用下柱反弯点高度比及柱端弯矩

层/h_i	柱列轴号	$D_i \times 10^5$	$\sum D \times 10^5$	V_i	V_{ij}	$\bar{K}$	α_1	α_2	α_3	y_0	y_1	y_2	y_3	y	M^t_{ij}	M^b_{ij}
10/3.3	A	0.075	0.397	30.5	5.77	1.412	1	0	1	0.371	0	0	0	0.371	11.99	7.06
	B	0.125			9.59	4.394	1	0	1	0.450	0	0	0	0.450	17.40	14.24
	C	0.124			9.54	4.321	1	0	1	0.450	0	0	0	0.450	17.31	14.17
	D	0.073			5.60	1.339	1	0	1	0.367	0	0	0	0.367	11.69	6.78
9/3.3	A	0.075	0.397	61.23	11.59	1.412	1	0	1	0.421	0	0	0	0.421	22.17	16.09
	B	0.125			19.25	4.394	1	0	1	0.500	0	0	0	0.500	31.76	31.76
	C	0.124			19.15	4.321	1	0	1	0.500	0	0	0	0.500	31.60	31.60
	D	0.073			11.24	1.339	1	0	1	0.417	0	0	0	0.417	21.62	15.46
8/3.3	A	0.075	0.397	88.6	16.78	1.412	1	0	1	0.450	0	0	0	0.450	30.45	24.91
	B	0.125			27.86	4.394	1	0	1	0.500	0	0	0	0.500	45.96	45.96
	C	0.124			27.71	4.321	1	0	1	0.500	0	0	0	0.500	45.72	45.72
	D	0.073			16.26	1.339	1	0	1	0.450	0	0	0	0.450	29.51	24.14
7/3.3	A	0.075	0.397	112.6	21.33	1.412	1	0	1	0.471	0	0	0	0.471	37.26	33.12
	B	0.125			35.41	4.394	1	0	1	0.500	0	0	0	0.500	58.43	58.43
	C	0.124			35.23	4.321	1	0	1	0.500	0	0	0	0.500	58.13	58.13
	D	0.073			20.67	1.339	1	0	1	0.467	0	0	0	0.467	36.36	31.85
6/3.3	A	0.080	0.435	133.3	24.56	1.201	1	0	1	0.460	0	0	0	0.460	43.75	37.28
	B	0.139			42.63	3.737	1	0	1	0.500	0	0	0	0.500	70.34	70.34
	C	0.138			42.38	3.675	1	0	1	0.500	0	0	0	0.500	69.93	69.93
	D	0.078			23.75	1.139	1	0	1	0.457	0	0	0	0.457	42.56	35.81
5/3.3	A	0.080	0.435	150.7	27.75	1.201	1	0	1	0.500	0	0	0	0.500	45.79	45.79
	B	0.139			48.18	3.737	1	0	1	0.500	0	0	0	0.500	79.49	79.49
	C	0.138			47.90	3.675	1	0	1	0.500	0	0	0	0.500	79.03	79.03
	D	0.078			26.84	1.139	1	0	1	0.500	0	0	0	0.500	44.28	44.28
4/3.3	A	0.103	0.652	165	26.07	0.493	1	0	1	0.450	0	0	0	0.450	47.31	38.71
	B	0.226			57.23	1.533	1	0	1	0.500	0	0	0	0.500	94.43	94.43
	C	0.224			56.69	1.507	1	0	1	0.500	0	0	0	0.500	93.53	93.53
	D	0.099			24.98	0.467	1	0	1	0.450	0	0	0	0.450	45.34	37.09
3/3.3	A	0.103	0.652	176.1	27.82	0.493	1	0	1.09	0.450	0	0	0	0.450	50.49	41.31
	B	0.226			61.08	1.533	1	0	1.09	0.500	0	0	0	0.500	100.78	100.78
	C	0.224			60.50	1.507	1	0	1.09	0.500	0	0	0	0.500	99.83	99.83
	D	0.099			26.66	0.467	1	0	1.00	0.450	0	0	0	0.450	48.39	39.59
2/3.6	A	0.085	0.531	183.7	29.44	0.537	1	0.92	1	0.532	0	0	0	0.532	49.65	56.33
	B	0.183			63.31	1.671	1	0.92	1	0.500	0	0	0	0.500	113.96	113.96
	C	0.181			62.74	1.643	1	0.92	1	0.500	0	0	0	0.500	112.93	112.93
	D	0.082			28.23	0.509	1	0.92	1	0.546	0	0	0	0.546	46.19	55.44
1/3.6	A	0.164	0.800	187.7	38.54	0.537	1	0	1	0.732	0	0	0	0.732	37.25	101.49
	B	0.238			55.76	1.671	1	0	1	0.616	0	0	0	0.616	77.08	123.65
	C	0.236			55.47	1.643	1	0	1	0.618	0	0	0	0.618	76.32	123.36
	D	0.162			37.93	0.509	1	0	1	0.746	0	0	0	0.746	34.75	101.78

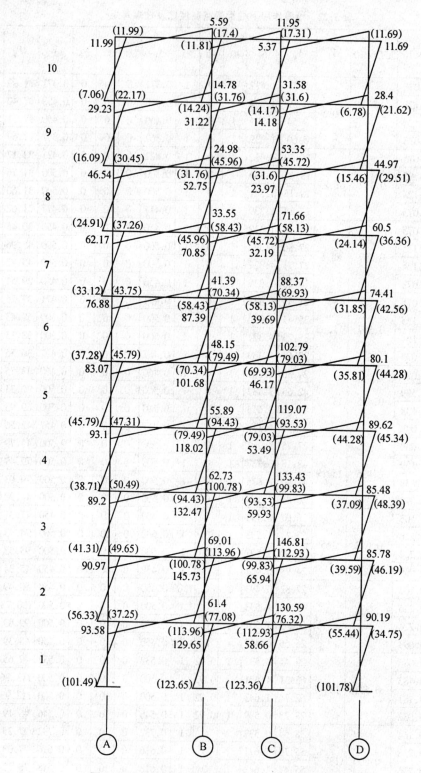

图5.31　地震作用下弯矩图(图中括号内为柱端弯矩)

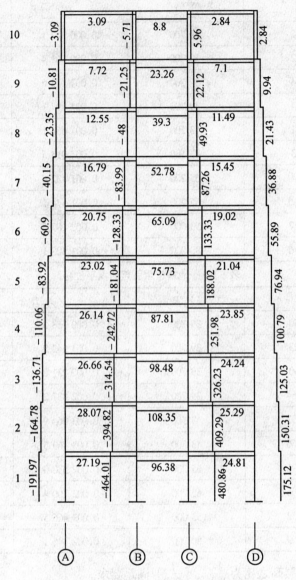

图 5.32　地震作用下梁剪力及柱轴力图

5.7.6　侧移、重力二阶效应及结构稳定

1.梁柱弯曲产生的侧移

因为 $H < 50\ \mathrm{m}$，$H/B < 4$，所以只考虑梁柱弯曲变形产生的侧移。第 i 层结构的层间变形为 Δu_i，由公式(5.10)可得风荷载与地震引起的水平位移见表 5.23，5.24。

表 5.23　风荷载引起的水平位移

层	V_i	$\sum D$	$\Delta u_i = V_i/\sum D$	$\theta = \Delta u_i/h_i$
10	13.8	39 700	0.000 347 1	1/9 506
9	30.2	39 700	0.000 761 4	1/4 334
8	45.4	39 700	0.001 143 0	1/2 887
7	59.4	39 700	0.001 497 1	1/2 204
6	72.1	43 500	0.001 658 1	1/1 990
5	83.3	43 500	0.001 915 5	1/1 722
4	93.4	65 200	0.001 432 4	1/2 303
3	102.6	65 200	0.001 574 1	1/2 096
2	111.7	53 000	0.002 107 5	1/1 708
1	120.6	80 000	0.001 508 1	1/2 387

表 5.24　地震作用引起的水平位移

层	V_i	$\sum D$	$\Delta u_i = V_i/\sum D$	$\theta = \Delta u_i/h_i$
10	30.50	39 700	0.000 768 3	1/4 295
9	61.23	39 700	0.001 542 2	1/2 139
8	88.60	39 700	0.002 231 8	1/1 478
7	112.64	39 700	0.002 837 2	1/1 163
6	133.32	43 500	0.003 064 9	1/1 076
5	150.66	43 500	0.003 463 5	1/952
4	164.96	65 200	0.002 530 0	1/1 304
3	176.06	65 200	0.002 700 4	1/1 222
2	183.72	53 000	0.003 466 5	1/1 038
1	187.69	80 000	0.002 346 1	1/1 534

层间最大位移与层高之比为 $\dfrac{1}{952} < \left[\dfrac{1}{550}\right]$，满足要求。

2. 重力二阶效应及结构稳定

根据《高规》规定,在水平力作用下,当高层建筑满足下列规定时,可不考虑重力二阶效应的不利影响。

$$D_i \geqslant 20\sum_{j=i}^{n} G_j/h_i \quad (i = 1,2,\cdots n)$$

高层建筑结构的稳定应符合下列规定

$$D_i \geqslant 10\sum_{j=i}^{n} G_j/h_i \quad (i = 1,2,\cdots n)$$

经计算,本工程满足规范规定,可不考虑重力二阶效应的不利影响,稳定也符合规定。

5.7.7　在竖向荷载作用下结构的内力计算

由平面图可以看出,本工程结构及荷载分布比较均匀,可以选取典型平面框架进行计算,横向框架可以仅选取 ①、③、⑤、⑥ 轴框架,纵向框架需选取 Ⓐ、Ⓑ、Ⓒ、Ⓓ 轴框架进行计算,这里仅给出 ③ 轴框架的内力计算,纵向框架的计算方法与横向框架的计算方法相同,这里不再给出。

多层多跨框架在竖向荷载作用下的内力近似按分层法计算。除底层外,上层各柱线刚度均乘以 0.9 进行修正,这些柱的传递系数取 1/3,底层柱的传递系数取 1/2。弯矩分配系数计算公式为 $\alpha_j = \dfrac{i_j}{\sum i_j}$。③ 轴框架各节点弯矩分配系数计算结果见表 5.25。

表 5.25　各杆件节点弯矩分配系数

层数	Ⓐ轴			Ⓑ轴				Ⓒ轴				Ⓓ轴		
	下柱	上柱	梁	下柱	上柱	梁左	梁右	下柱	上柱	梁左	梁右	下柱	上柱	梁
10	0.389	0.000	0.611	0.170	0.000	0.267	0.563	0.172	0.000	0.571	0.257	0.401	0.000	0.599
9	0.280	0.280	0.440	0.145	0.145	0.228	0.481	0.147	0.147	0.487	0.219	0.286	0.286	0.427
8	0.280	0.280	0.440	0.145	0.145	0.228	0.481	0.147	0.147	0.487	0.219	0.286	0.286	0.427
7	0.280	0.280	0.440	0.145	0.145	0.228	0.481	0.147	0.147	0.487	0.219	0.286	0.286	0.427
6	0.314	0.267	0.419	0.167	0.142	0.222	0.469	0.168	0.143	0.475	0.214	0.321	0.273	0.407
5	0.300	0.300	0.400	0.163	0.163	0.217	0.458	0.164	0.164	0.463	0.208	0.306	0.306	0.388
4	0.511	0.209	0.279	0.321	0.132	0.176	0.371	0.324	0.133	0.374	0.168	0.518	0.212	0.269
3	0.393	0.393	0.215	0.270	0.270	0.148	0.312	0.272	0.272	0.314	0.141	0.397	0.397	0.206
2	0.372	0.406	0.222	0.253	0.276	0.151	0.319	0.255	0.279	0.321	0.145	0.376	0.410	0.213
1	0.410	0.369	0.220	0.280	0.252	0.150	0.317	0.282	0.254	0.320	0.144	0.415	0.373	0.212

1.各层框架梁上荷载计算

屋面梁边跨均布永久荷载标准值

板传来　　　　　　　　　　　　　　　　$6.75 \ \text{kN/m}^2 \times 4.5 \ \text{m} = 30.375 \ \text{kN/m}$

梁自重　　　　　　　　　　　　　　　$25 \ \text{kN/m}^3 \times 0.25 \ \text{m} \times 0.5 \ \text{m} = 3.125 \ \text{kN/m}$

合计　　　　　　　　　　　　　　　　　　　　　　　　　　　　$33.5 \ \text{kN/m}$

屋面梁边跨均布可变荷载标准值,取不上人屋面活荷载与雪荷载二者中较大的值,即

$$0.5 \ \text{kN/m}^2 \times 4.5 \ \text{m} = 2.25 \ \text{kN/m}$$

屋面梁中间跨均布永久荷载标准值

梁自重　　　　$25 \ \text{kN/m}^3 \times 0.25 \ \text{m} \times 0.5 \ \text{m} = 3.125 \ \text{kN/m}$

屋面梁中间跨三角形永久荷载标准值

板传来　　　　　　　　　$6.75 \text{ kN/m}^2 \times 2.7 \text{ m} = 18.225 \text{ kN/m}$

屋面梁中间跨三角形可变荷载标准值,取不上人屋面活荷载与雪荷载二者中较大的值,即

$$0.5 \text{ kN/m}^2 \times 2.7 \text{ m} = 1.35 \text{ kN/m}$$

2~9 层顶框架梁上荷载

楼面梁边跨均布永久荷载标准值

板传来　　　　　　　　　　$(3.25 \text{ kN/m}^2 + 0.8 \text{ kN/m}^2) \times 4.5 \text{ m} = 18.225 \text{ kN/m}$

梁自重　　　　　　　　　　$25 \text{ kN/m}^3 \times 0.25 \text{ m} \times 0.5 \text{ m} = 3.125 \text{ kN/m}$

200 mm 厚陶粒混凝土隔墙(2.8 m 高)　　　　　$2.4 \text{ kN/m}^2 \times 2.8 \text{ m} = 6.72 \text{ kN/m}$

$$\text{合计}\qquad 28.07 \text{ kN/m}$$

楼面梁边跨均布可变荷载标准值

$$2.0 \text{ kN/m}^2 \times 4.5 \text{ m} = 9.0 \text{ kN/m}$$

楼面梁中间跨均布永久荷载标准值

梁自重　　　　　　$25 \text{ kN/m}^3 \times 0.25 \text{ m} \times 0.5 \text{ m} = 3.125 \text{ kN/m}$

楼面梁中间跨三角形永久荷载标准值

板传来　　　　　$(3.25 \text{ kN/m}^2 + 0.8 \text{ kN/m}^2) \times 2.7 \text{ m} = 10.935 \text{ kN/m}$

楼面梁中间跨三角形可变荷载标准值

$$2.0 \text{ kN/m}^2 \times 2.7 \text{ m} = 5.4 \text{ kN/m}$$

1 层顶框架梁上荷载

200 mm 厚陶粒混凝土隔墙(3.1 m 高)

$$2.4 \text{ kN/m}^2 \times 3.1 = 7.44 \text{ kN/m}$$

其他荷载同 2~9 层顶框架梁上荷载

边跨梁均布永久荷载标准值

$$18.225 \text{ kN/m} + 3.125 \text{ kN/m} + 7.44 \text{ kN/m} = 28.79 \text{ kN/m}$$

边跨梁均布可变荷载标准值为 9.0 kN/m

中间跨与 2~9 层相同。

竖向荷载作用下框架计算简图见图 5.33,5.34。

2.竖向荷载作用下框架梁固端弯矩计算

(1)永久荷载作用下

AB 跨

10 层顶　　　　　　$M = 33.5 \text{ kN/m} \times (5.7 \text{ m})^2/12 = 90.7 \text{ kN·m}$

2~9 层顶　　　　　　$M = 28.07 \text{ kN/m} \times (5.7 \text{ m})^2/12 = 76 \text{ kN·m}$

1 层顶　　　　　　$M = 28.79 \text{ kN/m} \times (5.7 \text{ m})^2/12 = 77.95 \text{ kN·m}$

BC 跨

10 层顶　　$M = 3.125 \text{ kN/m} \times (2.7 \text{ m})^2/12 + 18.225 \text{ kN/m} \times (2.7 \text{ m})^2 \times 5/96 = 8.82 \text{ kN·m}$

1~9 层顶　　$M = 3.125 \text{ kN/m} \times (2.7 \text{ m})^2/12 + 10.935 \text{ kN/m} \times (2.7 \text{ m})^2 \times 5/96 = 6.05 \text{ kN·m}$

CD 跨

10 层顶　　　　　　$M = 33.5 \text{ kN/m} \times (6 \text{ m})^2/12 = 100.5 \text{ kN·m}$

2~9 层顶　　　　　　$M = 28.07 \text{ kN/m} \times (6 \text{ m})^2/12 = 84.21 \text{ kN·m}$

1 层顶　　　　　　$M = 28.79 \text{ kN/m} \times (6 \text{ m})^2/12 = 86.37 \text{ kN·m}$

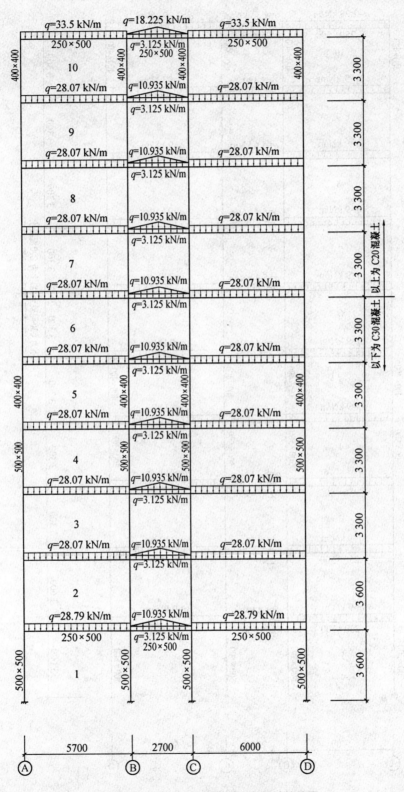

图 5.33　竖向永久荷载作用下框架计算简图

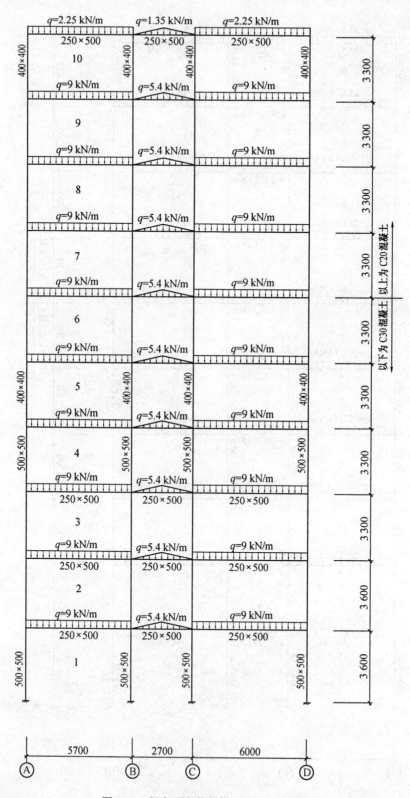

图 5.34　竖向可变荷载作用下框架计算简图

(2)可变荷载作用下

AB 跨

10 层顶 $\qquad M = 2.25 \ \text{kN/m} \times (5.7 \ \text{m})^2 / 12 = 6.09 \ \text{kN·m}$

1 ~ 9 层顶 $\qquad M = 9.0 \ \text{kN/m} \times (5.7 \ \text{m})^2 / 12 = 24.37 \ \text{kN·m}$

BC 跨

10 层顶 $\qquad M = 1.35 \ \text{kN/m} \times (2.7 \ \text{m})^2 \times 5/96 = 0.513 \ \text{kN·m}$

1 ~ 9 层顶 $\qquad M = 5.4 \ \text{kN/m} \times (2.7 \ \text{m})^2 \times 5/96 = 2.05 \ \text{kN·m}$

CD 跨

10 层顶 $\qquad M = 2.25 \ \text{kN/m} \times (6 \ \text{m})^2 / 12 = 6.75 \ \text{kN·m}$

1 ~ 9 层顶 $\qquad M = 9.0 \ \text{kN/m} \times (6 \ \text{m})^2 / 12 = 27 \ \text{kN·m}$

内力分层计算见图 5.35 ~ 5.50(注:图中固端弯矩方向,按照对节点逆时针旋转为正确定)。竖向荷载作用下的框架弯矩图、柱轴力图及梁剪力图见图 5.51 ~ 5.54。

5.7.8 内力组合与配筋计算

1.梁内力组合

通过以上计算,已求得③轴框架在各工况的内力,现在以 2 层顶Ⓐ ~ Ⓑ轴之间梁为例,计算内力组合,各截面梁内力见表 5.26。

表 5.26 2 层顶Ⓐ ~ Ⓑ轴之间梁内力

荷载 截面		永久荷载①	可变荷载②	风荷载③	地震作用④
左支座	$M/(\text{kN·m})$	− 63.75	− 20.43	± 54.27	± 90.97
	V/kN	78.77	25.25	16.74	28.07
跨中	$M/(\text{kN·m})$	46.93	14.99	—	—
右支座	$M/(\text{kN·m})$	70.72	22.71	± 41.15	± 69.01
	V/kN	81.23	26.05	16.74	28.07

各截面内力组合有以下 4 项:

组合一:① × 1.2 + ② × 1.4 + ③ × 1.4 × 0.6

组合二:① × 1.2 + ② × 1.4 × 0.7 + ③ × 1.4

组合三:① × 1.35 + ② × 1.4 × 0.7

组合四:[(① + 0.5 × ②) × 1.2 + ④ × 1.3] × 0.75

注:组合四的系数 0.75 为承载力抗震调整系数。

抗震设计时,框架梁端部截面组合的剪力设计值,应按公式(5.19a)计算,其中按简支梁分析的梁端截面剪力设计值为

$$V_{\text{Gb}} = (28.07 \ \text{kN/m} + 9 \ \text{kN/m} \times 0.5) \times 5.2 \ \text{m}/2 \times 1.2 = 101.62 \ \text{kN}$$

逆时针弯矩设计值为

$$M^1 = [(63.75 \ \text{kN·m} + 20.43 \ \text{kN·m} \times 0.5) \times 1.2 + 90.97 \ \text{kN·m} \times 1.3] \times 0.75 = 155.26 \ \text{kN·m}$$

$$M^{\text{r}} = [(-70.72 \ \text{kN·m} - 22.71 \ \text{kN·m} \times 0.5) \times 1.2 + 69.01 \ \text{kN·m} \times 1.3] \times 0.75 = -6.58 \ \text{kN·m}$$

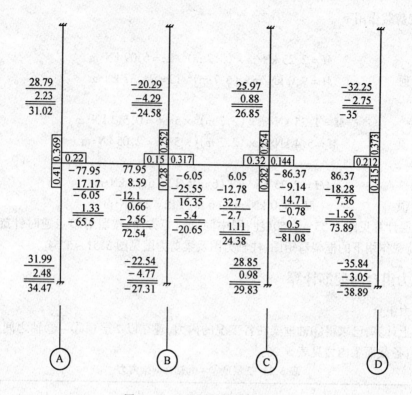

图 5.35　1 层顶永久荷载内力计算

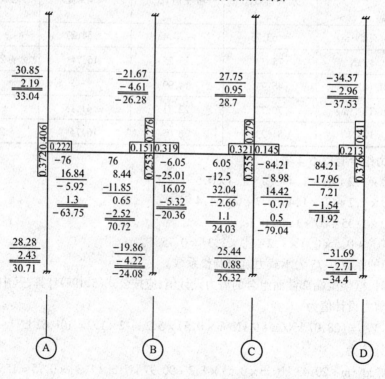

图 5.36　2 层顶永久荷载内力计算

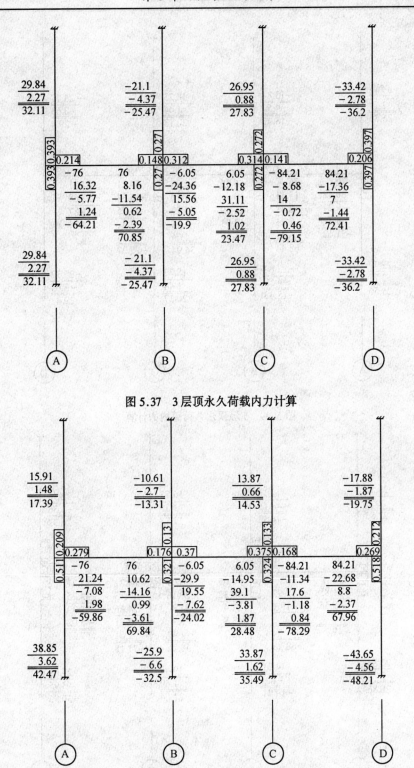

图 5.37　3 层顶永久荷载内力计算

图 5.38　4 层顶永久荷载内力计算

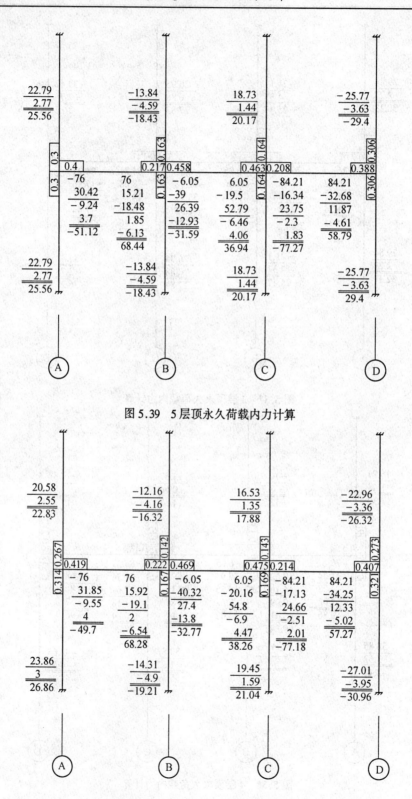

图 5.39　5 层顶永久荷载内力计算

图 5.40　6 层顶永久荷载内力计算

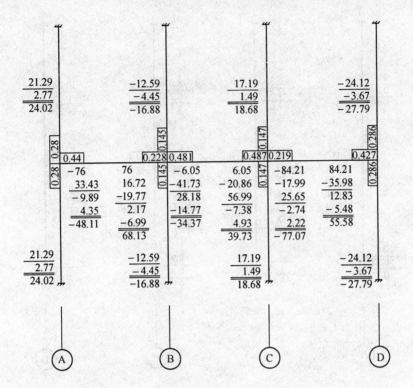

图 5.41　7~9 层顶永久荷载内力计算

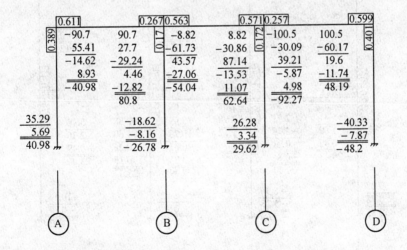

图 5.42　10 层顶永久荷载内力计算

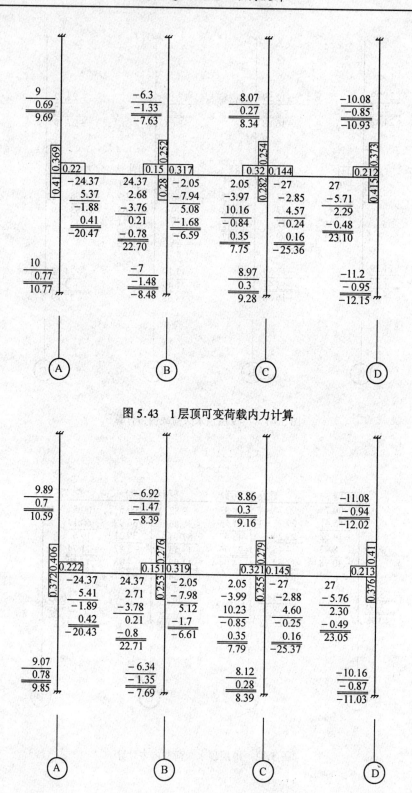

图 5.43　1 层顶可变荷载内力计算

图 5.44　2 层顶可变荷载内力计算

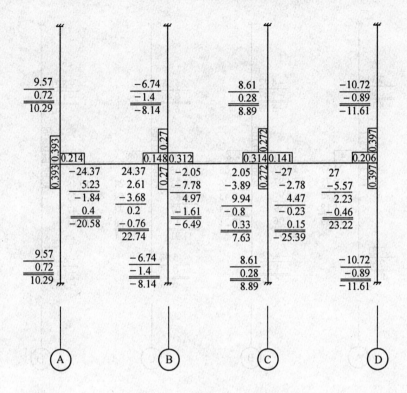

图 5.45　3 层顶可变荷载内力计算

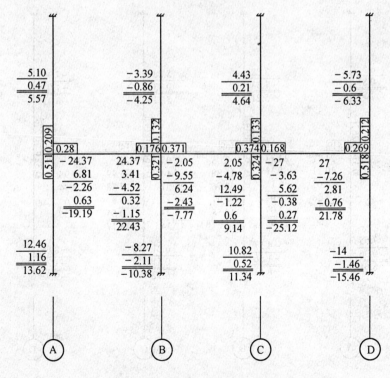

图 5.46　4 层顶可变荷载内力计算

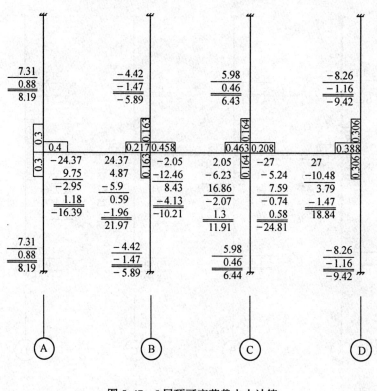

图 5.47　5 层顶可变荷载内力计算

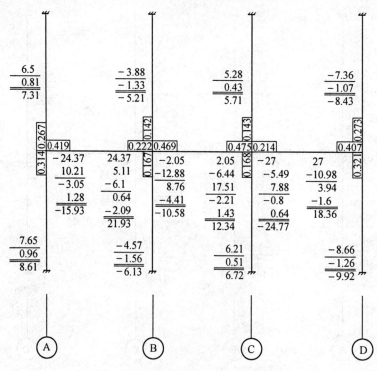

图 5.48　6 层顶可变荷载内力计算

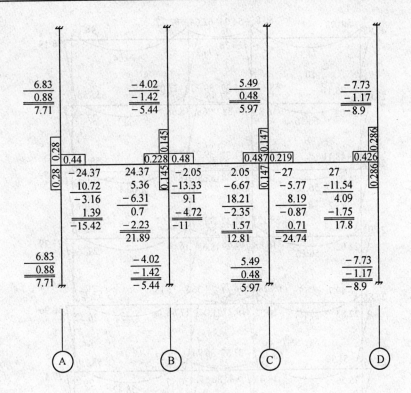

图 5.49　7~9 层顶可变荷载内力计算

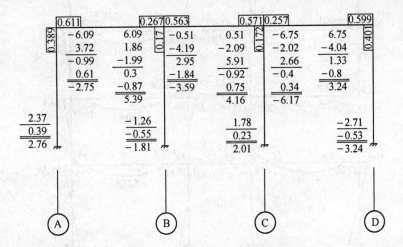

图 5.50　10 层顶可变荷载内力计算

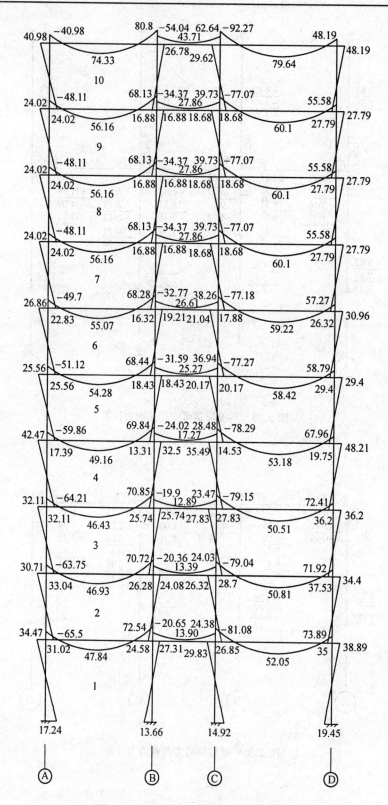

图 5.51　竖向永久荷载作用下弯矩图

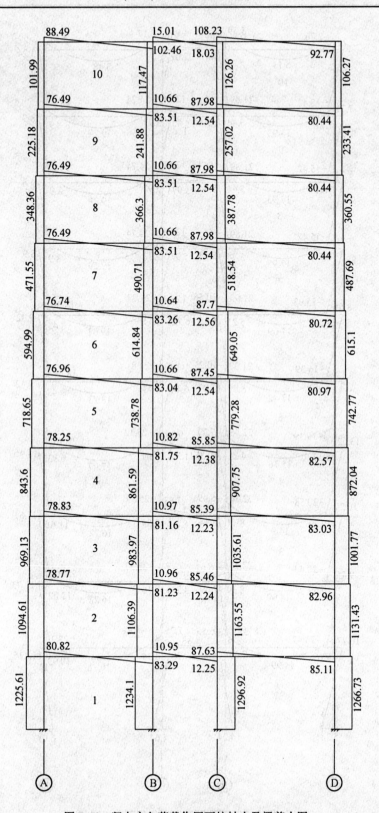

图 5.52　竖向永久荷载作用下柱轴力及梁剪力图

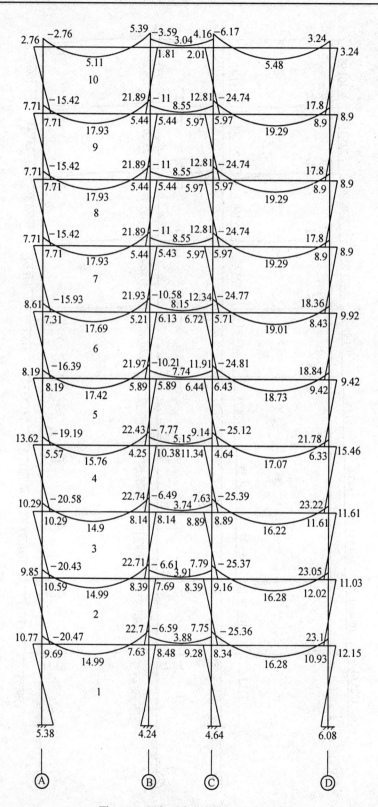

图5.53 竖向可变荷载作用下弯矩图

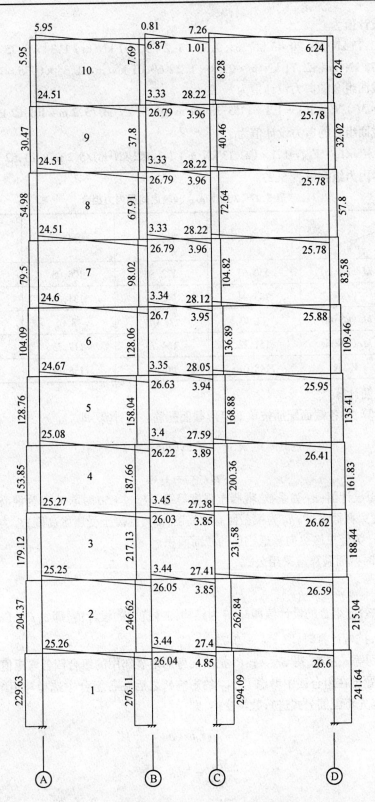

图 5.54　竖向可变荷载作用下柱轴力及梁剪力图

顺时针弯矩设计值为

$M^1 = [(-63.75 \text{ kN·m} - 20.43 \text{ kN·m} \times 0.5) \times 1.2 + 90.97 \text{ kN·m} \times 1.3] \times 0.75 = 22.13 \text{ kN·m}$

$M^r = [(70.72 \text{ kN·m} + 22.71 \text{ kN·m} \times 0.5) \times 1.2 + 69.01 \text{ kN·m} \times 1.3] \times 0.75 = 141.152 \text{ kN·m}$

框架梁左端截面组合的剪力设计值为

$V = \eta_{vb}(M^1 + M^r)/l_n + V_{Gb} = 1.1 \times (155.26 \text{ kN·m} - 6.58 \text{ kN·m})/5.2 \text{ m} + 101.62 \text{ kN} = 133.07 \text{ kN}$

框架梁右端截面组合的剪力设计值为

$V = \eta_{vb}(M^1 + M^r)/l_n + V_{Gb} = 1.1 \times (22.13 \text{ kN·m} + 141.152 \text{ kN·m})/5.2 \text{ m} + 101.62 \text{ kN} = 136.16 \text{ kN}$

各截面梁内力组合见表 5.27。

表 5.27　2 层顶Ⓐ~Ⓑ轴之间梁内力组合

截面	荷载	组合一	组合二	组合三	组合四
左支座	$M/(\text{kN·m})$	150.69	172.50	106.08	155.26
	V/kN	143.94	142.71	131.08	133.07
跨中	$M/(\text{kN·m})$	77.30	71.01	78.05	48.98
右支座	$M/(\text{kN·m})$	151.22	164.73	117.73	141.15
	V/kN	148.01	146.44	135.19	136.16

2. 梁的配筋计算

为简化计算,梁各截面配筋按单筋矩形截面配筋公式计算,即

$$M \leqslant \alpha_1 f_c bx\left(h_0 - \frac{x}{2}\right)$$

$$x_1 f_c bx = f_y A_s$$

式中,M 为弯矩设计值;α_1 为系数,混凝土强度等级不超过 C50 时取 1;f_c 为混凝土轴心抗压强度设计值;b 为梁截面宽度;h_0 为梁截面有效高度;x 为混凝土受压区高度;f_y 为普通钢筋抗拉强度设计值;A_s 为受拉区纵向普通钢筋的截面面积。

考虑抗震时截面验算应采用公式

$$S \leqslant R/r_{RE}$$

式中,S 为荷载效应组合的设计值即 M;R 为结构构件抗力的设计值,即 $\alpha_1 f_c bx\left(h_0 - \frac{x}{2}\right)$;$r_{RE}$ 为抗震调整系数,抗弯计算时,取 $r_{RE} = 0.75$。

将 r_{RE} 移到等式左端,得 $Sr_{RE} \leqslant R$。把前面考虑地震作用的组合四各弯矩值乘以抗震调整系数(注:本例题已在组合四中考虑了 γ_{RE} 的影响),之后在各组合中选择弯矩绝对值最大者,进行配筋计算。先将配筋公式进行数学变换,即

$$M = \alpha_1 f_c bx\left(h_0 - \frac{x}{2}\right)$$

$$\frac{M}{\alpha_1 f_c b} = xh_0 - \frac{x^2}{2}$$

$$\frac{2M}{\alpha_1 f_c b} = 2xh_0 - x^2$$

$$x^2 - 2xh_0 + \frac{2M}{\alpha_1 f_c b} = 0$$

$$x = \frac{2h_0 - \sqrt{4h_0^2 - 8M/(\alpha_1 f_c b)}}{2}$$

$$x = h_0 - \sqrt{h_0^2 - 2M/(\alpha_1 f_c b)}$$

$$A_s = \frac{\alpha_1 f_c bx}{f_y}$$

在本工程中,梁左端支座弯矩取组合二中 172.50 kN·m、跨中弯矩取组合三中 78.05 kN·m、梁右端支座弯矩取组合二中 164.73 kN·m 为控制内力进行配筋计算。

(1) 跨中配筋计算

$$x = h_0 - \sqrt{h_0^2 - 2M/(\alpha_1 f_c b)} = 465 \text{ mm} -$$

$$\sqrt{465^2 \text{ mm}^2 - 2 \times 78.05 \text{ kN·m} \times 10^6/(1 \times 9.6 \text{ N/mm}^2 \times 250 \text{ mm})} = 76.18 \text{ mm}$$

$\zeta_b h_0 = 0.55 \times 465 \text{ mm} = 255.75 \text{ mm} > x > 2a_s' = 70 \text{ mm}$,满足要求。

$$A_s = \frac{\alpha_1 f_c bx}{f_y} = \frac{9.6 \text{ N/mm}^2 \times 250 \text{ mm} \times 76.18 \text{ mm}}{300 \text{ N/mm}^2} = 609.4 \text{ mm}^2$$

$$45f_t/f_y = 45 \times 1.1 \text{ N/mm}^2/(300 \text{ N/mm}^2) = 0.165$$

纵向受力钢筋的最小配筋率应为 0.2%。

最小配筋量为 $250 \text{ mm} \times 500 \text{ mm} \times 0.2\% = 250 \text{ mm}^2 < 609.4 \text{ mm}^2$,配筋选用 3 Φ 18,其余截面计算从略。

(2) 斜截面承载力计算

截面控制内力为组合 $\qquad V_{右} = 148.01 \text{ kN}$

截面校核

$0.25\beta_c f_c bh_0 = 0.25 \times 1 \times 9.6 \text{ N/mm}^2 \times 250 \text{ mm} \times 465 \text{ mm} = 279 \text{ kN} > V = 148.01 \text{ kN}$

截面满足要求。

斜截面受剪承载力为

$$V = 0.7f_t bh_0 + 1.25f_{yv}\frac{A_{sv}}{s}h_0$$

$$\frac{A_{sv}}{s} = (V - 0.7f_t bh_0)/(1.25f_{yv}h_0) =$$

$$\frac{148\ 010 \text{ N} - 0.7 \times 1.1 \text{ N/mm}^2 \times 250 \text{ mm} \times 465 \text{ mm}}{1.25 \times 210 \text{ N/mm}^2 \times 465 \text{ mm}} = 0.48 \text{ mm}$$

取双肢 ϕ8@200

$$\frac{A_{sv}}{s} = \frac{101}{200} = 0.51 > 0.48$$

箍筋的配筋率 $\rho_{sv} = A_{sv}/(bs)$ 不应小于 $0.24f_t/f_{yv}$

$$0.24f_t/f_{yv} = 0.24 \times \frac{1.1 \text{ N/mm}^2}{210 \text{ N/mm}^2} = 0.001\ 257$$

$$A_{sv}/(bs) = 101 \text{ mm}^2/(250 \text{ mm} \times 200 \text{ mm}) = 0.002\ 02 > 0.001\ 257$$

3. 柱内力组合

现在以 2 层Ⓐ轴柱为例,计算内力组合,各截面柱内力见表 5.28。

表 5.28　二层顶Ⓐ轴柱内力

截面 \ 荷载		永久荷载①	可变荷载②	风荷载③	地震作用④
柱上端	$M/(\text{kN·m})$	30.71	9.85	± 30.19	± 49.65
	N/kN	− 1 094.61	− 204.37	± 90.63	± 164.78
柱下端	$M/(\text{kN·m})$	− 31.02	9.69	± 34.25	± 56.33
	N/kN	− 1 225.61	− 229.63	± 107.54	± 191.97

设计柱时,活荷载应折减,取折减系数为 0.65。

各截面内力组合有以下七项:

组合一:①×1.2 + ②×1.4×0.65 + ③×1.4×0.6

组合二:①×1.2 + ②×1.4×0.65 − ③×1.4×0.6

组合三:①×1.2 + ②×1.4×0.7×0.65 + ③×1.4

组合四:①×1.2 + ②×1.4×0.7×0.65 − ③×1.4

组合五:①×1.35 + ②×1.4×0.7×0.65

组合六:[(① + 0.5×②)×1.2 + ④×1.3]×0.8

组合七:[(① + 0.5×②)×1.2 − ④×1.3]×0.8

注:组合六、七的系数 0.8 为承载力抗震调整系数。

各截面柱内力组合见表 5.29。

表 5.29　2 层Ⓐ轴柱内力组合

截面 \ 组合项		组合一	组合二	组合三	组合四	组合五	组合六	组合七
柱上端	$M/(\text{kN·m})$	71.18	20.46	85.39	0.86	47.73	85.85	− 17.43
	N/kN	− 1 422.77	− 1 575.03	− 1 316.22	− 1 570.00	− 1 607.22	− 977.06	− 1 319.80
柱下端	$M/(\text{kN·m})$	74.81	17.27	91.35	− 4.55	− 48.05	93.01	− 24.15
	N/kN	− 1 589.36	− 1 770.03	− 1 466.45	− 1 767.56	− 1 800.85	− 1 087.16	− 1 486.46

该柱共有十四组合结果。分别取最大弯矩与最大轴力进行计算。柱为 C30 混凝土,纵向钢筋为 HRB335,柱高 3.6 m。

4.柱配筋计算

$h = 500$ mm, $b = 500$ mm,$f_c = 14.3$ N/mm^2,$f_y = 300$ N/mm^2,$f'_y = 300$ N/mm^2,相对界限受压区高度 $\xi_b = 0.550$,纵筋的混凝土保护层厚度为 30 mm,全部纵筋最小配筋率 $\rho_{\min} = 0.70\%$。

柱计算长度　　　　　$l_0 = 1.25 × 3\ 600$ mm $= 4\ 500$ mm

最大弯矩　　　　　　$M = 93.01$ kN · m$(N = 1\ 087.16$ kN$)$

轴压比　$\mu_c = N/(f_c A) = \dfrac{1\ 087.16 × 10^3\ \text{N}}{14.3\ \text{N/mm}^2 × 500\ \text{mm} × 500\ \text{mm}} = 0.3 < 0.9$

附加偏心距　$e_a = \max\{20\ \text{mm}, h/30\} = \max\{20\ \text{mm}, 17\ \text{mm}\} = 20$ mm

轴向压力对截面重心的偏心距

$$e_0 = M/N = \dfrac{93.01\ \text{kN · m}}{1\ 087.16\ \text{kN}} × 10^3 = 85.5\ \text{mm}$$

初始偏心距　　　　　$e_i = e_0 + e_a = 85.5 \text{ mm} + 20 \text{ mm} = 105.5 \text{ mm}$

偏心距增大系数 η

$\zeta_1 = 0.5 f_c A / N = 0.5 \times 14.3 \text{ N/mm}^2 \times 250\,000 \text{ mm}^2 / (1\,087\,160 \text{ N}) = 1.64 > 1$，取 $\zeta_1 = 1$

$\zeta_2 = 1.15 - 0.01 l_0 / h = 1.15 - 0.01 \times 4\,500 \text{ mm} / (500 \text{ mm}) = 1.06, l_0/h < 15$，取 $\zeta_2 = 1$

$$\eta = 1 + \frac{(\frac{l_0}{h})^2 \zeta_1 \zeta_2}{1\,400 \frac{e_i}{h_0}} = 1 + \frac{(\frac{4\,500 \text{ mm}}{500 \text{ mm}})^2 \times 1 \times 1}{1\,400 \times \frac{105.5 \text{ mm}}{460 \text{ mm}}} = 1.25$$

轴向压力作用点至纵向受拉钢筋的合力点的距离

$$e = \eta e_i + \frac{h}{2} - a = 1.25 \times 105.5 \text{ mm} + 500 \text{ mm}/2 - 40 \text{ mm} = 342 \text{ mm}$$

混凝土受压区高度由下式求得

$$N \leqslant \alpha_1 f_c b x + f_y' A_s' - \sigma_s A_s$$

采用对称配筋，令 $f_y' A_s' = \sigma_s A_s$，代入上式

$$x = N/(\alpha_1 f_c b) = 1\,087\,160 \text{ N}/(1 \times 14.3 \text{ N/mm}^2 \times 500 \text{ mm}) = 152 \text{ mm}$$

$x < \xi_b h_0 = 253 \text{ mm}$，属大偏心受压构件。

$$Ne \leqslant \alpha_1 f_c b x (h_0 - \frac{x}{2}) + f_y' A_s' (h_0 - a_s')$$

$$A_s' = [Ne - \alpha_1 f_c b x (h_0 - \frac{x}{2})]/[f_y'(h_0 - a_s')] =$$

$$\frac{1\,087\,160 \text{ N} \times 342 \text{ mm} - 1 \times 14.3 \text{ N/mm}^2 \times 500 \text{ mm} \times 152 \text{ mm} \times (460 \text{ mm} - \frac{152 \text{ mm}}{2})}{300 \text{ N/mm}^2 \times (460 \text{ mm} - 40 \text{ mm})} < 0$$

按最小配筋率确定 A_s 及 A_s'。

最大轴力 $N = 1\,800.85 \text{ kN}, M = 48.05 \text{ kN·m}$，配筋计算结果仍按最小配筋率确定，轴压比验算满足要求，具体计算从略。

根据表 5.9 的规定，框架柱纵向钢筋最小配筋百分率对角柱全部纵筋不少于 0.9%，对于中柱、边柱全部纵筋不少于 0.7%；另外，单边纵向受压钢筋配筋率不应小于 0.2%，即

$$A_s = A_s' = 460 \text{ mm} \times 500 \text{ mm} \times 0.2\% = 460 \text{ mm}^2$$

柱每边实配 4 Φ 16，$A_s = 804 \text{ mm}^2$，柱周边共配 12 Φ 16，全部纵筋配筋率为

$$\frac{2\,413 \text{ mm}^2}{500 \text{ mm} \times 500 \text{ mm}} = 0.97\% > 0.7\%$$

柱箍筋采用 4 肢 ϕ10@200，柱端部箍筋加密区采用 4 肢 ϕ10@100，加密边长度取 500 mm，箍筋最小体积配箍百分率按式(5.18)验算(式中 λ_v 由表 5.11 查得为 0.09)结果满足要求，具体验算从略。

5.7.9　三维空间分析程序 SATEW

为与手算结果进行对比，本工程采用 SATWE 进行计算。

1.主要初始条件

分析时采用的主要初始条件：考虑地震作用，周期折减系数取 0.8；框架抗震等级为三级；梁刚度增大系数取 2.0；梁扭转刚度折减系数取 0.4；梁跨中弯矩增大系数取 1.1(未考虑活荷不利布置)，梁端弯矩调幅系数取 0.8，按模拟施工计算。

2.SATWE 计算结果

层间最大位移与层高之比为 $\frac{1}{1\,125} < \left[\frac{1}{550}\right]$，满足要求。二层梁、柱配筋图见图 5.55。其余计算结果略。

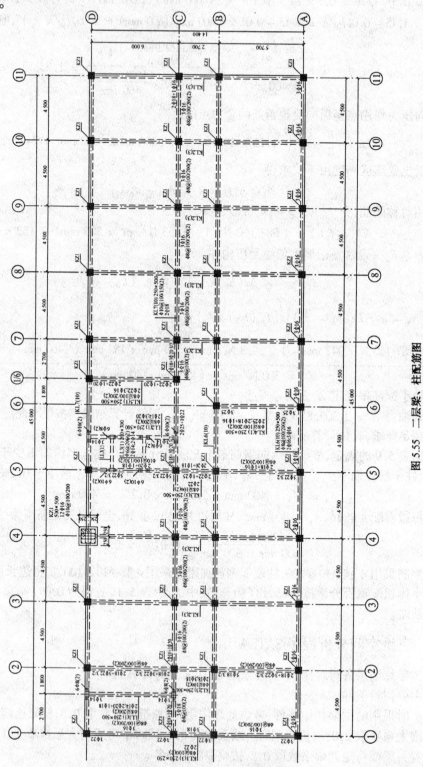

图 5.55　二层梁、柱配筋图

第6章 剪力墙结构设计

6.1 剪力墙的结构布置及有关规定

6.1.1 结构布置

1.平面布置

在剪力墙结构中,剪力墙宜沿主轴方向或其他方向双向布置,并宜使两个方向刚度接近,形成空间结构。由于剪力墙结构的抗侧移刚度及承载力均较大,对于一般高层建筑结构,为充分利用剪力墙的刚度及承载力,减轻结构重量、增大室内空间,剪力墙不必布置过密,可将适当部位的室内分隔墙采用楼面梁及轻质填充墙来扩大剪力墙间距(如图6.1所示)或采用短肢剪力墙结构。所谓短肢剪力墙是指墙肢截面高度与厚度之比为 5～8 的剪力墙,一般剪力墙是指墙肢截面高度与厚度之比大于8的剪力墙。

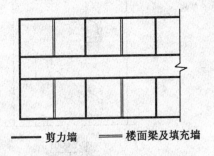

—— 剪力墙　═══ 楼面梁及填充墙

图6.1 楼面梁及填充墙取代剪力墙示意图

当剪力墙墙肢与其平面外方向的楼面梁连接时,应控制剪力墙平面外的弯矩。剪力墙的特点是平面内刚度及承载力大,而平面外刚度及承载力都相对很小,一般情况下并不考虑墙的平面外的刚度及承载力。当梁高较大(大于2倍墙厚)时,梁端弯矩对墙平面外的安全不利,因此,应当采取以下措施中的一个措施,减小梁端部弯矩对墙的不利影响:

(1) 沿梁轴线方向设置与梁相连的剪力墙,抵抗该墙肢平面外弯矩;

(2) 当不能设置与梁轴线方向相连的剪力墙时,宜在墙与梁相交处设置扶壁柱,扶壁柱宜按计算确定截面及配筋;

(3) 当不能设置扶壁柱时,应在墙与梁相交处设置暗柱,并宜按计算确定配筋;

(4) 必要时,剪力墙内可设置型钢。

另外,对截面较小的楼面梁可设计为铰接或半刚接,减小墙肢平面外弯矩。铰接端或半刚接端可通过弯矩调幅或梁变截面来实现,此时应相应加大梁跨中弯矩。

2.竖向布置

剪力墙宜自下而上连续布置,避免刚度突变。剪力墙结构应具有延性,细高的剪力墙易于设计成弯曲破坏的延性剪力墙,从而可避免脆性的剪切破坏。因此,对于较长的剪力墙,宜开设洞口将其分成长度较为均匀的若干墙段,墙段之间宜采用弱连梁(其跨高比宜大于6)连接,可近似认为分成了独立墙段,每个独立墙段的总高度与其截面高度之比不应小于2。此外,墙段长度较小时,受弯产生的裂缝宽度较小,墙体的配筋能够较充分发挥作用。为此墙段的长度

（即墙肢截面高度）不宜大于 8 m。

6.1.2 剪力墙上开洞的有关规定

剪力墙的门窗洞口宜上下对齐、成列布置，形成明确的墙肢和连梁。尽量避免设置使墙肢刚度相差悬殊的洞口。抗震设计时，一、二、三级抗震等级剪力墙的底部加强部位不宜采用错洞墙，如无法避免错洞墙，宜控制错洞墙洞口间的水平距离不小于 2 m，并在洞口周边采取有效构造措施，如图 6.2(a)、(b)所示；一、二、三级抗震等级的剪力墙均不宜采用叠合错洞墙，当无法避免叠合错洞布置时，应按有限元方法仔细分析计算，并在洞口周边采取加强措施，如图 6.2(c)所示，或采用其他轻质材料填充将叠合洞口转化为规则洞口，如图 6.2(d)所示，其中阴影部分表示轻质填充墙体。

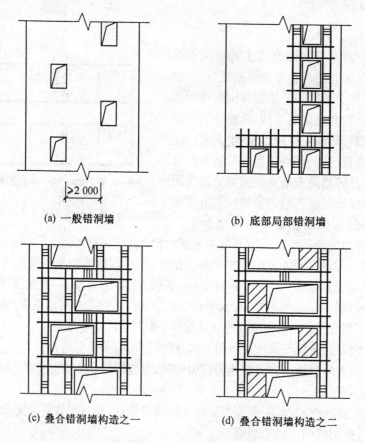

(a) 一般错洞墙   (b) 底部局部错洞墙

(c) 叠合错洞墙构造之一   (d) 叠合错洞墙构造之二

图 6.2 剪力墙洞口不对齐时的构造措施示意

6.1.3 剪力墙结构底部加强部位

剪力墙结构的塑性铰一般在底部，抗震设计时，为保证出现塑性铰后剪力墙具有足够的延性，应对剪力墙底部进行加强。一般剪力墙结构底部加强部位的高度可取墙肢总高度的 1/8 和底部两层高度中的较大值，当剪力墙高度超过 150 m 时，其底部加强部位的高度可取墙肢总高度的 1/10。

6.1.4　短肢剪力墙结构的有关规定

由于短肢剪力墙结构在地震区应用经验不多,为安全起见,高层建筑结构不应采用全部为短肢剪力墙的剪力墙结构。短肢剪力墙较多时,应布置筒体(或一般剪力墙),形成短肢剪力墙与筒体(或一般剪力墙)共同抵抗水平力的剪力墙结构,并应符合下列规定:

(1) 其最大适用高度应比表 2.1 中剪力墙结构的规定值适当降低,且 7 度和 8 度抗震设计时分别不应大于 100 m 和 60 m;

(2) 抗震设计时,筒体和一般剪力墙承受的第一振型底部地震倾覆力矩不宜小于结构总底部地震倾覆力矩的 50%;

(3) 抗震设计时,短肢剪力墙的抗震等级应比表 3.13 规定的剪力墙的抗震等级提高一级采用;

(4) 抗震设计时,各层短肢剪力墙在重力荷载代表值作用下产生的轴力设计值的轴压比,抗震等级为一、二、三级时分别不宜大于 0.5、0.6 和 0.7,对于无翼缘或端柱的一字形短肢剪力墙,其轴压比限值相应降低 0.1;

(5) 抗震设计时,除底部加强部位应按公式(6.29)调整剪力设计值外,其他各层短肢剪力墙的剪力设计值,一、二级抗震等级应分别乘以增大系数 1.4 和 1.2;

(6) 抗震设计时,短肢剪力墙截面的全部纵向钢筋的配筋率,底部加强部位不宜小于 1.2%,其他部位不宜小于 1.0%;

(7) 短肢剪力墙截面厚度不应小于 200 mm;

(8) 7 度和 8 度抗震设计时,短肢剪力墙宜设置翼缘。一字形短肢剪力墙平面外不宜布置与之单侧相交的楼面梁。

6.2　剪力墙的最小厚度及混凝土强度等级

6.2.1　剪力墙的最小厚度

为保证剪力墙平面的刚度及稳定性能,要求如下:

(1) 按一、二级抗震等级设计的剪力墙的截面厚度,底部加强部位不应小于层高(注:层高,一般指楼层高。但应与剪力墙翼墙之间的距离比较,二者取小值)的 1/16,且不应小于 200 mm;其他部位不应小于层高的 1/20,且不应小于 160 mm。当为无端柱或翼墙的一字形剪力墙时,其底部加强部位截面厚度尚不应小于层高的 1/12;其他部位尚不应小于层高的 1/15,且不应小于 180 mm。

(2) 按三、四级抗震等级设计的剪力墙的截面厚度,底部加强部位不应小于层高的 1/20,且不应小于 160 mm;其他部位不应小于层高的 1/25,且不应小于 160 mm。

(3) 非抗震设计的剪力墙,其截面厚度不应小于层高的 1/25,且不应小于 160 mm。

(4) 剪力墙井筒中,分隔电梯井或管道井的墙肢截面厚度可适当减小,但不宜小于 160 mm。

当剪力墙截面厚度不满足上述要求时,应按《高规》附录 D 计算墙体稳定性。

6.2.2　混凝土强度等级

剪力墙结构混凝土强度等级不应低于 C20;带有筒体和短肢剪力墙的剪力墙结构的混凝土强度等级不应低于 C25。

6.3　剪力墙结构的内力及侧移计算

6.3.1　竖向荷载作用下的内力计算要点

在竖向荷载作用下,剪力墙各墙肢主要产生轴向压力,任意一片剪力墙上轴向压力 N_v 可按楼面传到该片剪力墙上的荷载以及墙体自重计算,或按总竖向荷载引起的墙面上的平均压应力($\dfrac{总竖向荷载}{剪力墙总截面面积}$)乘以所要计算的剪力墙截面面积求得(注:抗震设计时,楼面荷载应按重力荷载代表值的规定采用)。

6.3.2　水平荷载作用下的内力及侧移计算

1.基本假定

(1) 各片剪力墙在自身平面内的刚度很大,而在其平面外的刚度相对较小,可忽略不计;

(2) 楼板在自身平面内的刚度无限大。

根据假定(1)可将空间体系的剪力墙结构简化为平面体系,见图 6.3。但纵墙的一部分可以作为横墙的有效翼缘,横墙的一部分也可以作为纵墙的有效翼缘。每一侧有效翼缘的宽度可取翼缘厚度的 6 倍、墙间距的一半和总高度的 1/20 中的最小值,且不大于至洞口边缘的距离。

根据假定(2)(这里仅考虑平动,不考虑扭转的影响)可将整个房屋承受的水平荷载按各片剪力墙的等效刚度分配给各片剪力墙,然后进行单片剪力墙的内力及侧移计算。所谓等效刚度,就是按剪力墙顶点侧移相等的原则,考虑弯曲变形和剪切变形后,折算成一个竖向悬臂受弯构件的抗弯刚度。

2.单片剪力墙的受力特点及剪力墙分类

剪力墙在水平荷载作用下,内力分布情况和变形状态与其所开的洞口大小和数量有直接关系。在近似计算中分为四类:整体墙、整体小开口墙、联肢墙和壁式框架,见图 6.4(a)～(e)。

(1) 整体墙

包括没有洞口的实体墙或小洞口整截面墙,如图 6.4(a)、(b)所示,其受力状态如同竖向

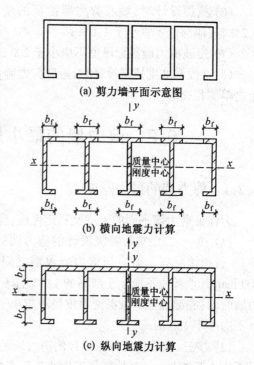

(a) 剪力墙平面示意图

(b) 横向地震力计算

(c) 纵向地震力计算

图 6.3　剪力墙简化计算模型

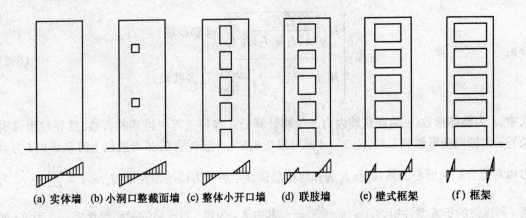

(a) 实体墙　(b) 小洞口整截面墙　(c) 整体小开口墙　(d) 联肢墙　(e) 壁式框架　(f) 框架

图 6.4　洞口大小对剪力墙工作特点的影响

悬臂梁,当剪力墙高宽比较大时,受弯变形后截面仍保持平面,法向应力是线性分布的。

(2) 整体小开口墙

即洞口稍大的墙,如图 6.4(c)所示,截面上法向应力分布偏离直线分布,相当于整体弯曲引起的直线分布应力和局部弯曲应力的叠加。墙肢的局部弯矩不超过总弯矩的 15%,且墙肢大部分楼层没有反弯点。

(3) 联肢墙

即洞口再大些的情况。连梁的刚度比墙肢刚度小得多,如图 6.4(d)所示。这时连梁中部有反弯点,各墙肢单独作用较显著,可看成是若干单肢剪力墙由连梁连结起来后形成的剪力墙。

(4) 壁式框架

当洞口大而宽时,墙肢宽度较小,墙肢与连梁刚度相差不太远时,形成壁式框架。这时,从墙肢的法向应力分布来看,明显出现局部弯矩,如图 6.4(e)所示,在许多楼层内墙肢有反弯点。如果洞口再加大些,就演化成普通框架,如图 6.4(f)所示。

在剪力墙结构中,一般外纵墙属于壁式框架,山墙属小开口墙,内横墙和内纵墙属联肢墙或小开口墙。

3.剪力墙类型判别

(1) 整体墙判别条件

$$\text{洞口(立面)面积}\leqslant 16\%\text{墙面(立面)面积,且净距}\begin{bmatrix}\text{洞口间(包括}\\\text{上下洞口间)}\\\text{孔洞至墙边}\end{bmatrix}>\text{孔洞长边}$$

(2)整体小开口墙判别条件

当剪力墙由成列洞口划分为若干墙肢,各列墙肢和连梁的刚度比较均匀,并满足公式(6.1)的条件时,可按整体小开口墙计算。

$$\alpha \geqslant 10 \tag{6.1a}$$

$$\frac{I_n}{I} \leqslant \zeta \tag{6.1b}$$

其中
$$\alpha = \begin{cases} H\sqrt{\dfrac{12 I_b a^2}{h(I_1 + I_2) l_b^3}\dfrac{I}{I_n}} & \text{(双肢墙)} \\[4mm] H\sqrt{\dfrac{12}{\tau h \sum\limits_{j=1}^{m+1} I_j} \sum\limits_{j=1}^{m} \dfrac{I_{bj} a_j^2}{l_{bj}^3}} & \text{(多肢墙)} \end{cases} \tag{6.2}$$

式中,α 为整体参数(α 为联肢墙内力及位移计算公式推导过程中得到的参数,推导过程见附录);τ 为轴向变形影响系数,当 3 ~ 4 肢时取 0.8,5 ~ 7 肢时取 0.85,8 肢以上时取 0.9;I 为剪力墙对组合截面形心的惯性矩;I_n 为扣除墙肢惯性矩后剪力墙的惯性矩,$I_n = I - \sum\limits_{j=1}^{m+1} I_j$;$I_{bj}$ 为第 j 列连梁的折算惯性矩,$I_{bj} = \dfrac{I_{bj0}}{1 + \dfrac{30\mu I_{bj0}}{A_{bj} l_{bj}^2}}$,其中 I_{bj0} 为第 j 列连梁的截面惯性矩,A_{bj} 为第 j 列连梁截面面积,μ 为截面形状系数,矩形截面 $\mu = 1.2$;I_1,I_2 分别为墙肢 1、2 的截面惯性矩;m 为洞口列数;h 为层高;H 为剪力墙总高度;a_j,a 为第 j 列洞口两侧墙肢截面形心距离;l_{bj} 为第 j 列连梁计算跨度,取洞口宽度加梁高的一半;I_j 第 j 墙肢的截面惯性矩;ζ 为系数,由 α 及层数按表 6.1 取用。

表 6.1 系数 ζ 的数值

α \ 层数 n	8	10	12	16	20	≥ 30
10	0.886	0.948	0.975	1.000	1.000	1.000
12	0.866	0.924	0.950	0.994	1.000	1.000
14	0.853	0.908	0.943	0.978	1.000	1.000
16	0.844	0.896	0.923	0.964	0.988	1.000
18	0.836	0.888	0.914	0.952	0.978	1.000
20	0.831	0.880	0.906	0.945	0.970	1.000
22	0.827	0.875	0.901	0.940	0.965	1.000
24	0.824	0.871	0.897	0.936	0.960	0.989
26	0.822	0.867	0.894	0.932	0.955	0.986
28	0.820	0.864	0.890	0.929	0.952	0.982
≥ 30	0.818	0.861	0.887	0.926	0.950	0.979

(3) 联肢墙判别条件

$$\alpha < 10$$

(注:当 $\alpha < 1$ 时,可不考虑连梁的约束作用,各墙肢分别按单肢剪力墙计算)

(4) 壁式框架判别条件

$$\frac{I_n}{I} > \zeta$$

4.剪力墙的等效刚度

（1）单肢实体墙、小洞口整截面墙和整体小开口墙的等效刚度。根据材料力学方法，且忽略洞口的影响，认为平截面假定仍然适用，则等效刚度为

$$E_c I_{eq} = \begin{cases} E_c I_w / (1 + \dfrac{4\mu E_c I_w}{GA_w H^2}) & \text{（均布荷载）} \\[3mm] E_c I_w / (1 + \dfrac{3.67\mu E_c I_w}{GA_w H^2}) & \text{（倒三角形分布荷载）} \\[3mm] E_c I_w / (1 + \dfrac{3\mu E_c I_w}{GA_w H^2}) & \text{（顶点集中荷载）} \end{cases}$$

进一步简化，并取 $G = 0.4E_c$，可得到统一的等效刚度计算公式为

$$E_c I_{eq} = \frac{E_c I_w}{1 + \dfrac{9\mu I_w}{A_w H^2}} \tag{6.3}$$

式中，E_c 为混凝土的弹性模量；I_w 为剪力墙的惯性矩，小洞口整截面墙取组合截面惯性矩，整体小开口墙取组合截面惯性矩的 80%；A_w 为无洞口剪力墙的截面积，小洞口整截面墙取折算截面面积 $A_w = (1 - 1.25\sqrt{\dfrac{A_{0p}}{A_f}})A$，整体小开口墙取墙肢截面面积之和，即 $A_w = \sum\limits_{i=1}^{m} A_i$，其中 A 为墙截面毛面积（水平截面），A_{0p} 为剪力墙洞口总面积（立面），A_f 为剪力墙总墙面面积（立面），A_i 为第 i 墙肢截面面积；H 为剪力墙总高度；μ 为截面形状系数，矩形截面 $\mu = 1.2$，I 形截面 $\mu = \dfrac{A}{A_{w0b}}$，其中 A_{w0b} 是腹板毛截面面积，T 形截面形状系数按表 6.2 取值。

表 6.2　T 形截面形状系数

h_w / b_w ＼ b_f / b_w	2	4	6	8	10	12
2	1.383	1.496	1.521	1.511	1.483	1.445
4	1.441	1.876	2.287	2.682	3.061	3.424
6	1.362	1.697	2.033	2.367	2.698	3.026
8	1.313	1.572	1.838	2.106	2.374	2.641
10	1.283	1.489	1.707	1.927	2.148	2.370
12	1.264	1.432	1.614	1.800	1.988	2.178
15	1.245	1.374	1.519	1.669	1.820	1.973
20	1.288	1.317	1.422	1.534	1.648	1.763
30	1.214	1.264	1.328	1.399	1.473	1.549
40	1.208	1.240	1.234	1.334	1.387	1.442

注：b_f 为翼缘宽度；h_w 为截面高度；b_w 为墙厚度。

（2）*联肢墙、壁式框架可采用倒三角形分布荷载或均布荷载按本章方法计算其顶点位

---

* 联肢墙的等效刚度还可按本章公式（6.20）计算，壁式框架的等效刚度还可按本章公式（6.28）计算。

移,然后按下式之一折算其等效刚度:

采用均布荷载时 $\qquad E_c I_{eq} = \dfrac{qH^4}{8u_1}$ （6.4a）

采用倒三角形分布荷载时 $\qquad E_c I_{eq} = \dfrac{11q_{max}H^4}{120u_2}$ （6.4b）

式中,q,q_{max} 分别为计算顶点位移 u_1,u_2 时所用的均布荷载值和倒三角形分布荷载的最大值; u_1,u_2 分别为由均布荷载或倒三角形分布荷载产生的结构顶点位移。

5.各类剪力墙在水平荷载作用下内力及侧移计算公式

首先根据等效刚度的比值将整个房屋的水平力分配到各片剪力墙上,然后按下述方法对不同类型的剪力墙进行内力及侧移计算。

（1）整体墙计算

① 整体墙包括实体墙和小洞口整截面墙,截面上的法向应力仍然保持直线分布,因此整体墙内力可按竖向悬臂受弯构件计算各截面的弯矩及剪力。

② 整体墙顶点侧移可按下式计算

$$
u = \begin{cases}
\dfrac{qH^4}{8EI}\left(1 + \dfrac{4\mu EI}{GAH^2}\right) & \text{（均布荷载）} \\[3mm]
\dfrac{11q_{max}H^4}{120EI}\left(1 + \dfrac{3.67\mu EI}{GAH^2}\right) & \text{（倒三角形分布荷载）} \\[3mm]
\dfrac{PH^3}{3EI}\left(1 + \dfrac{3\mu EI}{GAH^2}\right) & \text{（顶点集中荷载）}
\end{cases}
\qquad (6.5)
$$

式中,G 为混凝土剪变模量,按混凝土弹性模量 E 的 0.4 倍采用。

③ 整体墙层间相对侧移($\dfrac{\Delta u}{h}$)计算公式(以均布荷载作用下的整体墙为例说明公式建立的步骤)。如图 6.5 所示,在均布荷载 q 作用下竖向悬臂梁任一 λ 高度处的弯矩 $M_q(\lambda)$ 为

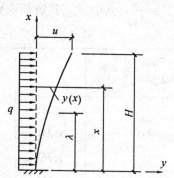

$$M_q(\lambda) = \dfrac{q}{2}(H - \lambda)^2$$

该梁在任一 x 高度处的侧移曲线方程 $y(x)$ 为

图 6.5　竖向悬臂梁侧移计算简图

$$
y(x) = \int_0^x \dfrac{M_q(\lambda)M_1(\lambda)}{EI_{eq}}\,d\lambda =
$$

$$
\int_0^x \dfrac{q}{2EI_{eq}}(H - \lambda)^2(x - \lambda)\,d\lambda =
$$

$$
\dfrac{qH^4}{24EI_{eq}}\left[6\left(\dfrac{x}{H}\right)^2 - 4\left(\dfrac{x}{H}\right)^3 + \left(\dfrac{x}{H}\right)^4\right] \qquad (6.6)
$$

式中,$M_1(\lambda)$ 为单位水平力作用在 x 高度处,梁内 $0 \sim x$ 段任一高度 λ 处的弯矩。

$$M_1(\lambda) = x - \lambda$$

令 $\xi = \dfrac{x}{H}$,则公式（6.6）可变为

$$y(\xi) = \frac{qH^4}{24EI_{eq}}(6\xi^2 - 4\xi^3 + \xi^4) \tag{6.7}$$

分别对公式(6.7)连续微分二次,有

$$\frac{dy}{dx} = \frac{qH^3}{6EI_{eq}}(3\xi - 3\xi^2 + \xi^3) \tag{6.8}$$

$$\frac{d^2y}{dx^2} = \frac{qH^2}{2EI_{eq}}(1 - 2\xi + \xi^2) \tag{6.9}$$

由公式(6.9)可知,当 $\xi = 1$ 时, $\frac{d^2y}{dx^2} = 0$,此时 $\frac{dy}{dx}$ 达到最大值,所以

$$\left(\frac{\Delta u}{h}\right)_{max} = \left(\frac{dy}{dx}\right)_{max} = \frac{qH^3}{6EI_{eq}}[3\xi - 3\xi^2 + \xi^3]_{\xi=1}$$

则

$$\left(\frac{\Delta u}{h}\right)_{max} = \frac{V_0 H^2}{6EI_{eq}} \quad (\text{均布荷载}) \tag{6.10a}$$

同理可得(推导过程从略)

$$\left(\frac{\Delta u}{h}\right)_{max} = \frac{V_0 H^2}{4EI_{eq}} \quad (\text{倒三角形分布荷载}) \tag{6.10b}$$

$$\left(\frac{\Delta u}{h}\right)_{max} = \frac{V_0 H^2}{2EI_{eq}} \quad (\text{顶点集中力}) \tag{6.10c}$$

式中, V_0 为底部总剪力; EI_{eq} 为剪力墙的等效刚度,按公式(6.3)计算。

(2) 整体小开口墙计算

① 内力(以一列洞口为例建立计算公式)。整体小开口墙,在水平荷载作用下按悬臂构件计算的 x 高度处的总弯矩 $M(x)$、总剪力 $V(x)$ 及 1 – 1 截面上的正应力分布,见图 6.6。此时的特点是正应力不再保持直线分布,存在局部弯曲应力的影响。因此,整体小开口墙不能直接利用总弯矩、总剪力作为内力进行截面设计,而应分别求出各墙肢的 M_j、V_j 及连梁的内力,然后分别对各墙肢及连梁进行截面设计。

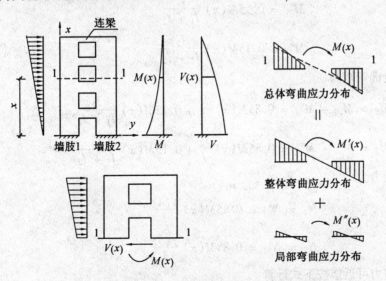

图 6.6　整体小开口墙的受力特点

根据光弹性试验和钢筋混凝土模型试验,发现总弯矩可分成两部分:

产生整体弯曲的弯矩

$$M' = 0.85M(x)$$

产生局部弯曲的弯矩

$$M'' = 0.15M(x)$$

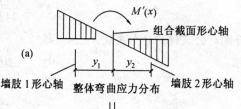

如图6.7所示,整体弯矩 M' 引起的墙肢应力分布相当于各墙肢上分别有一组弯矩和轴力共同作用的结果,其中各墙肢轴力分别为

$$N'_1 = \sigma_{1中}A_1 = \frac{M'}{I}y_1A_1$$

$$N'_2 = \sigma_{2中}A_2 = \frac{M'}{I}y_2A_2$$

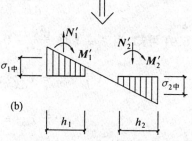

图6.7　整体弯矩与墙肢内力的关系

M' 引起的各墙肢弯矩可由图 6.7(a)、(b) 中墙肢边缘应力相等的条件导出,即

$$\frac{M'}{I}\left(y_1 + \frac{h_1}{2}\right) = \frac{M'_1}{I_1}\frac{h_1}{2} + \frac{N'_1}{A_1} = \frac{M'_1}{I_1}\frac{h}{2} + \frac{M'}{I}y_1$$

由此可得

$$M'_1 = M'\frac{I_1}{I} = 0.85M(x)\frac{I_1}{I}$$

同理可得

$$M'_2 = 0.85M(x)\frac{I_2}{I}$$

局部弯矩 M'' 在各墙肢中引起的弯矩可近似按各墙肢的惯性矩进行分配,即

$$M''_1 = 0.15M(x)\frac{I_1}{I_1 + I_2}$$

$$M''_2 = 0.15M(x)\frac{I_2}{I_1 + I_2}$$

各墙肢受到的全部弯矩为

$$M_1 = M'_1 + M''_1 = 0.85M(x)\frac{I_1}{I} + 0.15M(x)\frac{I_1}{I_1 + I_2}$$

$$M_2 = M'_2 + M''_2 = 0.85M(x)\frac{I_2}{I} + 0.15M(x)\frac{I_2}{I_1 + I_2}$$

各墙肢受到的轴力为

$$N_1 = N'_1 = 0.85M(x)\frac{y_1A_1}{I}$$

$$N_2 = N'_2 = 0.85M(x)\frac{y_2A_2}{I}$$

各墙肢受到的剪力可近似按下式计算

$$V_1 = \frac{V(x)}{2}\left(\frac{A_1}{A_1 + A_2} + \frac{I_1}{I_1 + I_2}\right)$$

$$V_2 = \frac{V(x)}{2}\left(\frac{A_2}{A_1 + A_2} + \frac{I_2}{I_1 + I_2}\right)$$

对于多列洞口的整体小开口墙各墙肢的内力可按公式(6.11)计算。

$$\left.\begin{array}{ll} \text{墙肢弯矩} & M_j = 0.85M(x)\dfrac{I_j}{I} + 0.15M(x)\dfrac{I_j}{\sum I_j} \\[3mm] \text{墙肢轴力} & N_j = \pm\, 0.85M(x)\dfrac{A_j y_j}{I} \\[3mm] \text{墙肢剪力} & V_j = \dfrac{V(x)}{2}\left(\dfrac{A_j}{\sum A_j} + \dfrac{I_j}{\sum I_j}\right) \end{array}\right\} \tag{6.11}$$

式中，$M(x)$，$V(x)$ 为按竖向悬臂受弯构件计算的 x 高度处的弯矩和剪力；I_j，A_j 分别为第 j 墙肢的截面惯性矩和截面面积；y_j 为第 j 墙肢的截面形心至组合截面形心的距离；I 为组合截面惯性矩。

连梁的剪力可由上、下墙肢的轴力差计算。

对于多数墙肢基本均匀，又符合整体小开口墙条件的剪力墙，当有个别细小墙肢时，仍可按整体小开口墙计算内力，但小墙肢端部宜按下式计算附加局部弯曲的影响

$$M_j = M_{j0} + \Delta M_j \tag{6.12a}$$

$$\Delta M_j = V_j\frac{h_0}{2} \tag{6.12b}$$

式中，M_{j0} 为按整体小开口墙计算的墙肢弯矩；ΔM_j 为由于小墙肢局部弯曲增加的弯矩；V_j 为第 j 墙肢剪力；h_0 为洞口高度。

② 整体小开口墙的顶点位移按下式计算

$$u = \begin{cases} 1.2 \times \dfrac{qH^4}{8EI}\left(1 + \dfrac{4\mu EI}{GAH^2}\right) & \text{(均布荷载)} \\[3mm] 1.2 \times \dfrac{11q_{max}H^4}{120EI}\left(1 + \dfrac{3.67\mu EI}{GAH^2}\right) & \text{(倒三角形分布荷载)} \\[3mm] 1.2 \times \dfrac{PH^3}{3EI}\left(1 + \dfrac{3\mu EI}{GAH^2}\right) & \text{(顶点集中荷载)} \end{cases} \tag{6.13}$$

式中，A 为截面总面积，$A = \sum\limits_{j=1}^{m+1} A_j$。

整体小开口墙的层间相对侧移最大值按公式(6.10)计算。

(3) 联肢墙计算(推导过程见附录)

① 联肢墙的几何特征及基本参数

a. 连梁考虑剪切变形的折算惯性矩

$$I_{bj} = \frac{I_{bj0}}{1 + \dfrac{30\mu I_{bj0}}{A_{bj}l_{bj}^2}} \tag{6.14}$$

式中，I_{bj0} 为第 j 列连梁的截面惯性矩；A_{bj} 为第 j 列连梁的截面面积；l_{bj} 为第 j 列连梁计算跨度，取洞口宽度加梁高的一半，且 l_{bj} 不应大于两侧墙肢截面形心间的距离 a_j，如图 6.8 所示；μ 为截面形状系数。

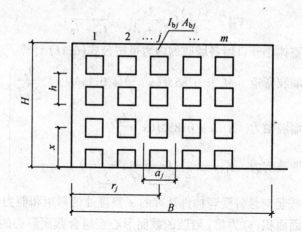

图 6.8　联肢剪力墙

b. 连梁的刚度特征

$$D_j = \frac{2a_j^2 I_{bj}}{l_{bj}^3} \tag{6.15a}$$

$$D'_j = \frac{2a_j I_{bj}}{l_{bj}^2} \tag{6.15b}$$

c. 轴向变形影响参数 τ

双肢墙的轴向变形影响参数 τ 为

$$\tau = as_1/(I_1 + I_2 + as_1) \tag{6.16a}$$

$$s_1 = aA_1A_2/(A_1 + A_2) \tag{6.16b}$$

式中，A_1, A_2, I_1, I_2 分别为墙肢 1、2 的截面面积和惯性矩；a 为墙肢截面形心距离；多肢墙的参数 τ:3 ~ 4 肢时取 0.8,5 ~ 7 肢时取 0.85,8 肢以上时取 0.9。

d. 剪切参数

$$\gamma^2 = \frac{2.5\mu \sum_{j=1}^{m+1} I_j \sum_{j=1}^{m} D'_j}{H^2 \sum_{j=1}^{m+1} A_j \sum_{j=1}^{m} D_j} \tag{6.17a}$$

当墙肢及连梁比较均匀时，可近似取 γ^2 的算式为

$$\gamma^2 = \frac{2.5\mu \sum_{j=1}^{m+1} I_j \sum_{j=1}^{m} l_{bj}}{H^2 \sum_{j=1}^{m+1} A_j \sum_{j=1}^{m} a_j} \tag{6.17b}$$

$$\gamma_1^2 = \frac{2.5\mu \sum_{j=1}^{m+1} I_j}{H^2 \sum_{j=1}^{m+1} A_j} \tag{6.18}$$

$$\beta = \alpha^2 \gamma^2 \tag{6.19}$$

整体参数 α 按公式(6.2)计算。

对于墙肢少、层数多，$H/B \geqslant 4$ 时，可不考虑剪切变形的影响，取 $\gamma_1^2 = \gamma^2 = \beta = 0$。

② 等效刚度 $E_c I_{eq}$ 计算公式为

$$
E_c I_{eq} = \begin{cases}
\sum E_c I_j / [(1 - \tau) + (1 - \beta)\tau\psi_a + 3.64\gamma_1^2] & \text{（倒三角形分布荷载）} \\
\sum E_c I_j / [(1 - \tau) + (1 - \beta)\tau\psi_a + 4\gamma_1^2] & \text{（均布荷载）} \\
\sum E_c I_j / [(1 - \tau) + (1 - \beta)\tau\psi_a + 3\gamma_1^2] & \text{（顶点集中荷载）}
\end{cases} \tag{6.20}
$$

式中，ψ_a 可由表 6.3 查出。

表 6.3　ψ_a 值

α	倒三角形荷载	均布荷载	顶点集中荷载	α	倒三角形荷载	均布荷载	顶点集中荷载
1.0	0.720	0.722	0.715	6.0	0.077	0.08	0.069
1.5	0.537	0.540	0.528	6.5	0.067	0.070	0.060
2.0	0.399	0.403	0.388	7.0	0.059	0.061	0.052
2.5	0.302	0.306	0.290	7.5	0.052	0.054	0.046
3.0	0.234	0.238	0.222	8.0	0.046	0.048	0.041
3.5	0.186	0.190	0.175	8.5	0.042	0.043	0.036
4.0	0.151	0.155	0.140	9.0	0.037	0.039	0.032
4.5	0.125	0.128	0.115	9.5	0.034	0.035	0.029
5.0	0.105	0.108	0.096	10.0	0.031	0.032	0.027
5.5	0.089	0.092	0.081				

③ 联肢墙的内力

a. 连梁的剪力和弯矩

i 层第 j 根连梁剪力、弯矩计算公式为

$$
V_{bij} = \frac{\eta_j}{a_j} \tau h V_0 [(1 - \beta)\phi_1 + \beta\phi_2] \tag{6.21a}
$$

$$
M_{bij} = \frac{1}{2} V_{bij} l_n \tag{6.21b}
$$

式中，a_j 为第 j 列洞口两侧墙肢截面形心间距离；ϕ_1，ϕ_2 为参数，根据 α，$\xi(= \frac{x}{H})$ 由表 6.4 ~ 表 6.7 查取；V_0 为该片联肢墙承受的底部总剪力；l_n 连梁净跨（即洞口宽度）；η_j 为第 j 列连梁约束弯矩分配系数，对于多肢墙

$$
\eta_j = \frac{D_j \varphi_j}{\sum D_j \varphi_j}
$$

其中

$$
\varphi_j = \frac{1}{1 + \alpha/4} \left[1 + 1.5\alpha \frac{\gamma_i}{B} \left(1 - \frac{\gamma_i}{B}\right)\right]
$$

式中，γ_j 为第 j 列连梁中点距墙边的距离；B 为总宽，如图 6.8 所示。

对于双肢墙 $\eta = 1$。

b. 墙肢轴力、弯矩及剪力计算公式

i 层第 1 墙肢轴力　　　　$N_{i1} = \sum\limits_{k=i}^{n} V_{bk1}$

i 层第 j 墙肢轴力　　　　$N_{ij} = \sum\limits_{k=i}^{n} (V_{bkj} - V_{bk,j-1})$　　　　　(6.22)

i 层第 $m+1$ 墙肢轴力　$N_{i,m+1} = \sum\limits_{k=i}^{n} V_{bkm}$

i 层第 j 墙肢弯矩　　　　$M_{ij} = \dfrac{I_j}{\sum\limits_{j=1}^{m+1} I_j}\left(M_{pi} - \sum\limits_{k=i}^{n} M_{0k}\right)$　　　　(6.23a)

i 层第 j 墙肢剪力　　　　$V_{ij} = \dfrac{I'_j}{\sum\limits_{j=1}^{m+1} I'_j} V_{pi}$　　　　　(6.23b)

式中，I'_j 为墙肢 j 的折算惯性矩，$I'_j = \dfrac{I_j}{1 + \dfrac{30\mu I_j}{A_j h^2}}$；$M_{pi}$，$V_{pi}$ 为该片联肢墙第 i 层由外荷载产生的弯矩和剪力；M_{0k} 为第 k 层（$k \geqslant i$）的总约束弯矩，$M_{0k} = \tau h V_0[(1-\beta)\phi_1 + \beta\phi_2]$；$V_0$ 为该片联肢墙承受的底部总剪力。

表 6.4　三角形荷载下的 ϕ_1 值

α \ ξ	1.0	1.5	2.0	2.5	3.0	3.5	4.0	4.5	5.0	5.5	6.0	6.5	7.0	7.5	8.0	8.5	9.0	9.5	10.0
0.00	0.000	0.000	0.000	0.000	0.000	0.000	0.000	0.000	0.000	0.000	0.000	0.000	0.000	0.000	0.000	0.000	0.000	0.000	0.000
0.05	0.025	0.047	0.069	0.092	0.115	0.137	0.159	0.181	0.202	0.222	0.242	0.262	0.280	0.299	0.316	0.334	0.351	0.367	0.383
0.10	0.048	0.089	0.130	0.171	0.210	0.248	0.285	0.321	0.354	0.386	0.417	0.446	0.473	0.499	0.523	0.546	0.568	0.588	0.609
0.15	0.069	0.126	0.182	0.236	0.288	0.337	0.383	0.426	0.467	0.504	0.539	0.571	0.601	0.629	0.654	0.678	0.700	0.720	0.738
0.20	0.087	0.158	0.226	0.290	0.350	0.406	0.457	0.504	0.547	0.587	0.622	0.654	0.683	0.709	0.733	0.754	0.774	0.791	0.807
0.25	0.103	0.185	0.263	0.334	0.399	0.458	0.511	0.559	0.602	0.640	0.674	0.704	0.731	0.755	0.775	0.794	0.810	0.824	0.837
0.30	0.118	0.209	0.293	0.368	0.435	0.495	0.548	0.594	0.636	0.671	0.703	0.730	0.753	0.774	0.791	0.807	0.820	0.831	0.841
0.35	0.130	0.228	0.317	0.394	0.461	0.519	0.570	0.614	0.652	0.685	0.712	0.736	0.756	0.774	0.788	0.801	0.811	0.820	0.828
0.40	0.140	0.244	0.335	0.412	0.477	0.533	0.580	0.620	0.654	0.683	0.707	0.728	0.745	0.759	0.771	0.781	0.789	0.796	0.802
0.45	0.149	0.256	0.348	0.423	0.485	0.537	0.579	0.615	0.645	0.670	0.690	0.707	0.721	0.733	0.742	0.750	0.757	0.762	0.767
0.50	0.156	0.266	0.357	0.429	0.487	0.533	0.570	0.601	0.626	0.647	0.663	0.677	0.688	0.697	0.705	0.711	0.716	0.721	0.724
0.55	0.161	0.272	0.362	0.430	0.482	0.522	0.554	0.579	0.599	0.616	0.629	0.639	0.648	0.655	0.661	0.665	0.669	0.672	0.675
0.60	0.165	0.276	0.363	0.426	0.472	0.506	0.532	0.552	0.567	0.579	0.588	0.596	0.601	0.606	0.610	0.614	0.616	0.619	0.621
0.65	0.168	0.279	0.362	0.419	0.459	0.486	0.506	0.519	0.530	0.537	0.543	0.547	0.550	0.553	0.555	0.557	0.559	0.560	0.561
0.70	0.170	0.279	0.358	0.410	0.443	0.463	0.476	0.484	0.489	0.492	0.494	0.496	0.497	0.497	0.497	0.497	0.498	0.498	0.498
0.75	0.171	0.278	0.353	0.399	0.425	0.439	0.446	0.448	0.448	0.447	0.445	0.443	0.440	0.439	0.437	0.436	0.434	0.433	0.433
0.80	0.172	0.277	0.347	0.388	0.408	0.415	0.416	0.412	0.407	0.402	0.396	0.390	0.385	0.381	0.377	0.373	0.371	0.368	0.366
0.85	0.172	0.275	0.341	0.377	0.391	0.393	0.388	0.380	0.370	0.360	0.350	0.341	0.333	0.326	0.320	0.314	0.309	0.305	0.301
0.90	0.171	0.273	0.336	0.367	0.377	0.374	0.365	0.352	0.338	0.324	0.311	0.299	0.288	0.278	0.270	0.262	0.255	0.248	0.243
0.95	0.171	0.271	0.332	0.360	0.367	0.361	0.348	0.332	0.316	0.299	0.283	0.269	0.256	0.243	0.233	0.223	0.214	0.205	0.198
1.00	0.171	0.270	0.331	0.358	0.363	0.356	0.342	0.325	0.307	0.289	0.273	0.257	0.243	0.230	0.218	0.207	0.197	0.188	0.179

表 6.5 均布荷载下的 ϕ_1 值

ξ＼α	1.0	1.5	2.0	2.5	3.0	3.5	4.0	4.5	5.0	5.5	6.0	6.5	7.0	7.5	8.0	8.5	9.0	9.5	10.0
0.00	0.000	0.000	0.000	0.000	0.000	0.000	0.000	0.000	0.000	0.000	0.000	0.000	0.000	0.000	0.000	0.000	0.000	0.000	0.000
0.05	0.019	0.036	0.054	0.074	0.093	0.113	0.133	0.152	0.171	0.190	0.209	0.227	0.245	0.262	0.279	0.296	0.312	0.328	0.343
0.10	0.036	0.067	0.100	0.134	0.167	0.200	0.233	0.264	0.294	0.323	0.351	0.378	0.403	0.427	0.450	0.472	0.493	0.513	0.532
0.15	0.050	0.094	0.138	0.182	0.225	0.266	0.306	0.344	0.379	0.413	0.444	0.473	0.500	0.525	0.548	0.570	0.590	0.609	0.626
0.20	0.063	0.116	0.169	0.220	0.269	0.315	0.358	0.398	0.435	0.469	0.500	0.528	0.553	0.577	0.598	0.617	0.634	0.650	0.664
0.25	0.074	0.135	0.194	0.249	0.300	0.348	0.392	0.431	0.467	0.499	0.528	0.554	0.576	0.597	0.614	0.630	0.644	0.657	0.667
0.30	0.083	0.150	0.212	0.270	0.322	0.369	0.411	0.449	0.482	0.511	0.537	0.559	0.578	0.595	0.609	0.622	0.632	0.642	0.650
0.35	0.091	0.162	0.226	0.284	0.335	0.380	0.419	0.453	0.483	0.508	0.530	0.549	0.565	0.578	0.589	0.599	0.607	0.614	0.619
0.40	0.097	0.171	0.236	0.293	0.341	0.382	0.418	0.448	0.474	0.495	0.513	0.528	0.541	0.551	0.560	0.567	0.573	0.577	0.581
0.45	0.103	0.178	0.242	0.296	0.341	0.378	0.409	0.435	0.456	0.474	0.488	0.500	0.510	0.517	0.524	0.529	0.533	0.536	0.539
0.50	0.106	0.182	0.246	0.296	0.336	0.369	0.395	0.416	0.433	0.447	0.458	0.467	0.474	0.479	0.483	0.487	0.490	0.492	0.493
0.55	0.109	0.185	0.246	0.293	0.328	0.355	0.376	0.393	0.406	0.416	0.424	0.430	0.434	0.438	0.441	0.443	0.444	0.445	0.446
0.60	0.111	0.186	0.245	0.287	0.317	0.339	0.355	0.367	0.376	0.382	0.387	0.390	0.393	0.395	0.396	0.397	0.398	0.398	0.399
0.65	0.113	0.187	0.242	0.279	0.304	0.321	0.332	0.339	0.344	0.347	0.349	0.350	0.351	0.351	0.351	0.351	0.351	0.351	0.351
0.70	0.114	0.186	0.237	0.270	0.290	0.302	0.308	0.311	0.312	0.312	0.312	0.310	0.309	0.308	0.307	0.306	0.305	0.304	0.303
0.75	0.114	0.185	0.233	0.261	0.276	0.283	0.285	0.284	0.281	0.278	0.275	0.272	0.269	0.266	0.264	0.262	0.260	0.258	0.257
0.80	0.114	0.183	0.228	0.252	0.263	0.265	0.263	0.258	0.252	0.246	0.241	0.235	0.231	0.227	0.223	0.220	0.217	0.215	0.213
0.85	0.114	0.181	0.223	0.244	0.251	0.249	0.243	0.235	0.226	0.218	0.210	0.203	0.196	0.191	0.186	0.181	0.178	0.174	0.171
0.90	0.113	0.179	0.210	0.237	0.241	0.236	0.227	0.217	0.206	0.195	0.185	0.176	0.168	0.161	0.155	0.149	0.144	0.140	0.136
0.95	0.113	0.178	0.217	0.233	0.234	0.228	0.217	0.204	0.191	0.179	0.168	0.157	0.148	0.140	0.133	0.126	0.120	0.115	0.110
1.00	0.113	0.178	0.216	0.231	0.232	0.224	0.213	0.199	0.186	0.173	0.161	0.150	0.141	0.132	0.124	0.117	0.110	0.105	0.099

表 6.6 顶点集中荷载下的 ϕ_1 值

ξ＼α	1.0	1.5	2.0	2.5	3.0	3.5	4.0	4.5	5.0	5.5	6.0	6.5	7.0	7.5	8.0	8.5	9.0	9.5	10.0
0.00	0.000	0.000	0.000	0.000	0.000	0.000	0.000	0.000	0.000	0.000	0.000	0.000	0.000	0.000	0.000	0.000	0.000	0.000	0.000
0.05	0.036	0.065	0.091	0.115	0.138	0.160	0.181	0.201	0.221	0.240	0.259	0.277	0.295	0.312	0.329	0.346	0.362	0.378	0.393
0.10	0.071	0.125	0.174	0.217	0.257	0.294	0.329	0.362	0.393	0.423	0.451	0.478	0.503	0.527	0.550	0.572	0.593	0.613	0.632
0.15	0.103	0.179	0.248	0.307	0.360	0.407	0.450	0.490	0.527	0.561	0.593	0.622	0.650	0.675	0.698	0.720	0.740	0.759	0.776
0.20	0.133	0.230	0.314	0.386	0.448	0.502	0.550	0.593	0.632	0.667	0.698	0.727	0.753	0.776	0.798	0.817	0.834	0.850	0.864
0.25	0.161	0.276	0.374	0.455	0.523	0.581	0.631	0.675	0.713	0.747	0.776	0.803	0.826	0.846	0.864	0.880	0.894	0.907	0.917
0.30	0.186	0.318	0.428	0.516	0.588	0.647	0.697	0.740	0.776	0.807	0.843	0.857	0.877	0.894	0.909	0.921	0.932	0.942	0.950
0.35	0.210	0.356	0.476	0.569	0.643	0.703	0.752	0.792	0.826	0.854	0.877	0.897	0.913	0.927	0.939	0.948	0.957	0.964	0.969
0.40	0.231	0.390	0.518	0.616	0.691	0.760	0.796	0.843	0.864	0.889	0.909	0.925	0.939	0.950	0.959	0.966	0.972	0.977	0.981
0.45	0.251	0.421	0.556	0.656	0.731	0.788	0.832	0.867	0.893	0.915	0.932	0.946	0.957	0.965	0.972	0.978	0.982	0.986	0.988
0.50	0.269	0.449	0.589	0.692	0.766	0.821	0.862	0.893	0.917	0.935	0.950	0.961	0.969	0.976	0.981	0.985	0.988	0.991	0.993
0.55	0.285	0.474	0.619	0.722	0.795	0.848	0.886	0.914	0.935	0.951	0.962	0.971	0.978	0.983	0.987	0.990	0.992	0.994	0.995
0.60	0.299	0.496	0.644	0.748	0.820	0.870	0.905	0.931	0.949	0.962	0.972	0.979	0.984	0.988	0.991	0.993	0.995	0.996	0.997
0.65	0.311	0.515	0.666	0.770	0.840	0.888	0.921	0.944	0.960	0.971	0.979	0.985	0.989	0.992	0.994	0.996	0.997	0.997	0.998
0.70	0.322	0.531	0.684	0.788	0.857	0.903	0.933	0.954	0.968	0.977	0.984	0.989	0.992	0.994	0.996	0.997	0.998	0.998	0.999
0.75	0.331	0.544	0.700	0.804	0.871	0.915	0.943	0.962	0.974	0.982	0.988	0.992	0.994	0.996	0.997	0.998	0.998	0.999	0.999
0.80	0.338	0.555	0.721	0.816	0.882	0.924	0.951	0.968	0.979	0.986	0.991	0.994	0.996	0.997	0.998	0.998	0.999	0.999	0.999
0.85	0.344	0.564	0.722	0.825	0.890	0.931	0.956	0.972	0.982	0.988	0.992	0.995	0.997	0.998	0.998	0.999	0.999	0.999	0.999
0.90	0.348	0.570	0.728	0.831	0.896	0.935	0.960	0.975	0.984	0.990	0.994	0.996	0.997	0.998	0.999	0.999	0.999	0.999	0.999
0.95	0.351	0.573	0.732	0.853	0.899	0.938	0.962	0.977	0.986	0.991	0.994	0.996	0.998	0.998	0.999	0.999	0.999	0.999	0.999
1.00	0.351	0.574	0.734	0.836	0.900	0.939	0.963	0.977	0.986	0.991	0.985	0.996	0.998	0.998	0.999	0.999	0.999	0.999	0.999

表 6.7 系数 $\phi_2(\xi)$ 的数值

ξ	三角形荷载	均布荷载	顶点集中荷载	ξ	三角形荷载	均布荷载	顶点集中荷载
0.00	1.000	1.000		0.55	0.679	0.499	
0.05	0.997	0.949		0.60	0.639	0.399	
0.10	0.989	0.899		0.65	0.577	0.349	
0.15	0.977	0.849		0.70	0.508	0.299	
0.20	0.958	0.799		0.75	0.437	0.249	
0.25	0.937	0.749		0.80	0.359	0.199	
0.30	0.909	0.699		0.85	0.277	0.149	
0.35	0.877	0.649		0.90	0.189	0.099	
0.40	0.839	0.599		0.95	0.097	0.049	
0.45	0.797	0.549		1.00	0.000	0.000	
0.50	0.749	0.499	1.000				

④ 联肢墙的顶点位移

$$u = \begin{cases} \dfrac{11}{60} \times \dfrac{V_0 H^3}{E_c I_{eq}} & \text{（倒三角形分布荷载）} \\[2mm] \dfrac{1}{8} \times \dfrac{V_0 H^3}{E_c I_{eq}} & \text{（均布荷载）} \\[2mm] \dfrac{1}{3} \times \dfrac{V_0 H^3}{E_c I_{eq}} & \text{（顶点集中荷载）} \end{cases} \qquad (6.24)$$

(4) 壁式框架计算

壁式框架梁柱轴线由剪力墙连梁和墙肢的形心轴线决定，在梁柱相交的节点区中，因梁柱的弯曲刚度为无限大而形成刚域，如图 6.9 所示，刚域的长度可按下式计算

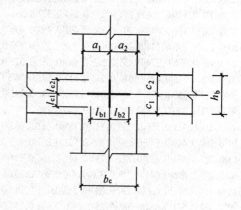

图 6.9 刚域

$$\left. \begin{aligned} l_{b1} &= a_1 - 0.25 h_b \\ l_{b2} &= a_2 - 0.25 h_b \\ l_{c1} &= c_1 - 0.25 b_c \\ l_{c2} &= c_2 - 0.25 b_c \end{aligned} \right\} \qquad (6.25)$$

当计算的刚域长度小于零时，可不考虑刚域的影响。

① 带刚域杆件的等效线刚度

普通框架中某杆当其两端各转动一转角 $\theta_1 = \theta_2 = 1$ 时，杆端弯矩为
$$m_{12} = 4i\theta_1 + 2i\theta_2 = 6i, \quad m_{21} = 6i$$
式中，i 为杆件的线刚度。

两端的弯矩之和为
$$m = m_{12} + m_{21} = 12i$$

对于带刚域且考虑剪切变形的杆件,如图 6.10(a) 所示,当杆端转动 $\theta_1 = \theta_2 = 1$ 时,杆件的变形见图 6.10(b),其杆端弯矩 m_{12} 和 m_{21} 不同于普通等截面杆。今将其杆的变形作如下分解,如图 6.10(c) 所示,首先在点 $1'$ 和 $2'$ 处加设一铰,再将杆两端 1、2 各转动一转角 $\theta_1 = \theta_2 = 1$,此时杆件 $1'2'$ 仍为直杆(图中虚线),并绕铰转动一角度 φ,根据几何关系,有

$$\varphi = \frac{al + bl}{l_0}$$

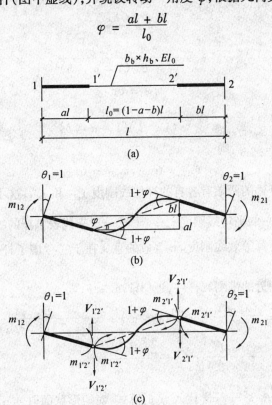

图 6.10　带刚域杆件的变形与内力

然后,再在铰两侧截面各加上一对弯矩 $m_{1'2'}$,$m_{2'1'}$ 使杆 $1'2'$ 两端各转动一转角 $1 + \varphi$,此时杆件的变形与原杆件(图 6.10(b))完全相同,消除了铰的作用,即将 $1'$、$2'$ 两截面的内力暴露出来,同时暴露出的还有一对剪力 $V_{1'2'}$,$V_{2'1'}$。其中

$$m_{1'2'} = m_{2'1'} = 6i'_0(1 + \varphi)$$

$$i'_0 = \frac{EI_0}{l_0(1 + \beta_v)}$$

$$1 + \varphi = 1 + \frac{al + bl}{l_0} = 1 + \frac{al + bl}{l - al - bl} = \frac{1}{1 - a - b}$$

式中,i'_0 为杆件 $1'2'$ 考虑剪切变形影响的折算线刚度;β_v 考虑杆件剪切变形影响系数,$\beta_v = \dfrac{12\mu EI_0}{GAl_0^2}$;$A$,$I_0$ 分别为杆件 $1'2'$ 的截面面积和惯性矩。

于是可得

$$m_{1'2'} = m_{2'1'} = \frac{6EI_0}{(1 + \beta_v)(1 - a - b)^2 l}$$

$$V_{1'2'} = V_{2'1'} = \frac{m_{1'2'} + m_{2'1'}}{l_0} = \frac{12EI_0}{(1 + \beta_v)(1 - a - b)^3 l^2}$$

由平衡条件可得

$$m_{12} = m_{1'2'} + V_{1'2'}al = \frac{1 + a - b}{(1 + \beta_v)(1 - a - b)^3} \frac{6EI_0}{l} = 6ci_0$$

其中

$$i_0 = \frac{6EI_0}{l}$$

$$c = \frac{1 + a - b}{(1 + \beta_v)(1 - a - b)^3}$$

同理可得

$$m_{12} = 6c'i_0$$

$$c' = \frac{1 - a + b}{(1 + \beta_v)(1 - a - b)^3}$$

令 $i_{e12} = ci_0, i_{e21} = c'i_0$,则

$$m_{12} = 6i_{e12}, m_{e21} = 6i_{e21}$$

由此可见带刚域杆件的两端有各自的杆件线刚度 i_{e12} 和 i_{e21},这不方便于工程设计,为简化工程设计,取一个统一的平均线刚度 $i_e = \dfrac{i_{e12} + i_{e21}}{2}$ 来代表该杆的线刚度,故 i_e 称为带刚域杆件考虑剪切变形的折算等效线刚度。其等效的意义在于它考虑了杆件刚域和剪切变形的影响。

对两端刚域长度相近的带刚域杆件,近似取 $a = b$,则

$$i_e = \frac{i_{e12} + i_{e21}}{2} = \frac{i_0}{2}(c + c') = \frac{i_0}{(1 + \beta_v)(1 - 2a)^3} =$$

$$\frac{i_0 l^3}{(1 + \beta_v) l_0^3} = \frac{EI_0 l^2}{(1 + \beta_v) l_0^3}$$

令 $\eta_v = \dfrac{1}{1 + \beta_v}$,将 $\beta_v = \dfrac{12\mu EI_0}{GAl_0^2}$ 代入 η_v 的算式,对矩形截面取 $\mu = 1.2$,并注意 $G = 0.4E$,整理可得 $\eta_v = \dfrac{1}{1 + 3(\frac{h_b}{l_0})^2}$,此时,有

$$i_e = EI_0 \eta_v \frac{l^2}{l_0^3} \tag{6.26}$$

式中,EI_0 为杆件中段截面刚度;η_v 为考虑剪切变形的刚度折减系数,由 $\eta_v = \dfrac{1}{1 + 3(\frac{h_b}{l_0})^2}$ 计算或按表 6.8 取用;l 为杆件总长度;l_0 为杆件中段的长度;h_b 杆件中段截面高度。

表 6.8 η_v 值

h_b/l_0	0.0	0.1	0.2	0.3	0.4	0.5	0.6	0.7	0.8	0.9	1.0
η_v	1.00	0.97	0.89	0.79	0.68	0.57	0.48	0.41	0.34	0.29	0.25

② 壁式框架的内力及侧移计算

壁式框架带刚域杆件变为具有等效线刚度的杆件后,内力及侧移可采用 D 值法进行简化计算。简化计算的方法如下:

a.带刚域框架柱的 D 值计算(图 6.11)公式为

$$D = \alpha_c \frac{12 i_{ec}}{h^2}$$

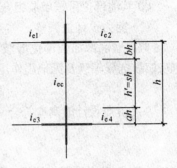

节点转动影响系数 α_c 仍然按第 5 章表 5.1 计算,只是以 $i_{e1}, i_{e2}, i_{e3}, i_{e4}, i_{ec}$(注:$i_{e1} \sim i_{e4}$ 为带刚域梁的折算线刚度,i_{ec} 为带刚域柱的折算线刚度,均按公式(6.26)计算)代替相应的 $i_1, i_2, i_3, i_4, i_{c0}$。

b.带刚域框架柱的反弯点高度比 y 计算公式为

$$y = a + s y_0 + y_1 + y_2 + y_3 \qquad (6.27)$$

图 6.11　带刚度框架柱

式中,s 为柱中段长度与层高的比,$s = h'/h$;y_0 为标准反弯点高度比,由 $\bar{K} = \dfrac{i_{e1} + i_{e2} + i_{e3} + i_{e4}}{2 i_c} s^2$ 及壁式框架的总层数 m,柱所在层 n 从第 5 章表 5.2 或表 5.3 查得;y_1 为柱上、下端梁刚度变化修正值,根据柱上下端梁的等效线刚度比 $I = \dfrac{i_{e1} + i_{e2}}{i_{e3} + i_{e4}}$ 及 $\bar{K}$ 由第 5 章表 5.4 查得;y_2, y_3 分别为柱所在层的上层层高和下层层高变化对反弯点高度比的修正值,由第 5 章表 5.5 查得。

壁式框架的 D 值及反弯点高度比 y 求出后,各杆件的内力计算方法与普通框架一样,不再赘述。

③ 壁式框架的等效刚度

在利用剪力墙等效刚度分配总水平力到各片剪力墙上的计算阶段,为简化计算,建议将壁式框架按公式(6.28)近似计算其等效刚度 $E_c I_{eq}$,并将其计入剪力墙的总等效刚度 $\sum E_c I_{eq}$ 中。公式(6.28)中给出的幅值范围,系根据墙面高宽比、墙面开孔大小而定,墙面高度比小、开孔较大者取小值,反之取大值。

$$E_c I_{eq} = (0.35 \sim 0.7) E_c I_w \qquad (6.28)$$

式中,I_w 为壁式框架整体水平截面的组合截面惯性矩。

6.4　截面设计要点及构造要求

剪力墙墙肢、连梁内力按本书第 4 章中的有关规定进行组合,并按本节有关要求进行调整。根据组合及调整后的内力设计值,剪力墙墙肢应分别进行平面内偏心受压或偏心受拉、斜截面抗剪、平面外(竖向荷载作用下的)轴心受压承载力计算,在集中荷载作用下,还应进行局部受压承载力计算;连梁应分别进行正截面抗弯及斜截面抗剪承载力计算,并应满足相应的构造要求。有关承载力计算公式见钢筋混凝土基本构件计算方法,但其中关于剪力墙墙肢、连梁抗震设计承载力计算公式与非抗震设计计算公式有变化的情况将在下面给出,并同时给出与其对应的非抗震设计公式加以对比。

6.4.1　剪力墙墙肢截面设计要点及构造

1.内力设计值调整

(1)弯矩设计值调整

一级抗震等级的剪力墙各截面弯矩设计值,应符合下列规定:

① 底部加强部位及其上一层应按墙底截面组合弯矩计算值采用;

② 其他部位可按墙肢组合弯矩计算值的 1.2 倍采用。

(2) 剪力设计值调整

剪力墙底部加强部位墙肢截面的剪力设计值,一、二、三级抗震等级时应按式(6.29a) 调整,四级抗震等级及无地震作用组合时可不调整。

$$V = \eta_{vw} V_w \tag{6.29a}$$

9 度抗震设计时尚应符合

$$V = 1.1 \frac{M_{wua}}{M_w} V_w \tag{6.29b}$$

式中,V_w 为考虑地震作用组合的剪力墙墙肢底部加强部位截面的剪力计算值;M_{wua} 为考虑承载力抗震调整系数 γ_{RE} 后的剪力墙墙肢正截面抗弯承载力,应按实际配筋面积、材料强度标准值和轴向力设计值确定,有翼墙时应考虑墙两侧各一倍翼墙厚度范围内的纵向钢筋;M_w 为考虑地震作用组合的剪力墙墙肢截面的弯矩设计值;η_{vw} 为剪力增大系数,一级为 1.6,二级为1.4,三级为 1.2。

(3) 墙肢出现偏心受拉时的调整

墙肢出现大偏心受拉时,墙肢易出现裂缝,使其刚度降低,内力将在墙肢中重分配,因此,抗震设计的双肢剪力墙中,当任一墙肢出现大偏心受拉时,另一墙肢的弯矩设计值及剪力设计值应乘以增大系数 1.25。

如果双肢剪力墙中一个墙肢出现小偏心受拉,该墙肢可能会出现水平通缝而失去抗剪能力,则由荷载产生的剪力将全部转移到另一个墙肢而导致其抗剪承载力不足,因此,抗震设计的双肢剪力墙中,墙肢不宜出现小偏心受拉。

2. 剪力墙墙肢截面尺寸限制条件

无地震作用组合
$$V \leqslant 0.25 \beta_c f_c b_w h_{w0} \tag{6.30a}$$

有地震作用组合

剪跨比 λ 大于 2.5 时
$$V \leqslant \frac{1}{\gamma_{RE}} (0.20 \beta_c f_c b_w h_{w0}) \tag{6.30b}$$

剪跨比 λ 不大于 2.5 时
$$V \leqslant \frac{1}{\gamma_{RE}} (0.15 \beta_c f_c b_w h_{w0}) \tag{6.30c}$$

式中,V 为剪力墙截面剪力设计值,应采用按公式(6.29) 调整后的设计值;h_{w0} 为剪力墙截面有效高度;β_c 为混凝土强度影响系数,取值方法见表 5.8;λ 为计算截面处的剪跨比,即 $M^c/(V^c h_{w0})$,其中 M^c、V^c 应分别取与 V 同一组合的、未经过内力设计值调整的弯矩和剪力计算值。

3. 墙肢的轴压比限值

抗震设计时,一、二级抗震等级的剪力墙底部加强部位,其重力荷载代表值作用下墙肢的轴压比不宜超过表 6.9 的限值。

表 6.9　剪力墙轴压比限值

轴压比	一级(9 度)	一级(7、8 度)	二级
$\dfrac{N}{f_c A}$	0.4	0.5	0.6

注:N 为重力荷载代表值作用下剪力墙墙肢的轴向压力设计值;

　　A 为剪力墙墙肢截面面积;

　　f_c 为混凝土轴心抗压强度设计值。

4.剪力墙墙肢承载力计算公式

(1) 正截面承载力计算公式

矩形、T 形、I 形偏心受压剪力墙的正截面承载力可按现行国家标准《混凝土结构设计规范》GB 50010 的有关规定计算,也可按下列公式计算。

无地震作用组合

$$N \leqslant A'_s f'_y - A_s \sigma_s - N_{sw} + N_c \tag{6.31a}$$

$$N\left(e_0 + h_{w0} - \frac{h_w}{2}\right) \leqslant A'_s f'_y (h_{w0} - a'_s) - M_{sw} + M_c \tag{6.31b}$$

当 $x > h'_f$ 时

$$N_c = \alpha_1 f_c b_w x + \alpha_1 f_c (b'_f - b_w) h'_f \tag{6.31c}$$

$$M_c = \alpha_1 f_c b_w x \left(h_{w0} - \frac{x}{2}\right) + \alpha_1 f_c (b'_f - b_w) h'_f \left(h_{w0} - \frac{h'_f}{2}\right) \tag{6.31d}$$

当 $x \leqslant h'_f$ 时

$$N_c = \alpha_1 f_c b'_f x \tag{6.31e}$$

$$M_c = \alpha_1 f_c b'_f x \left(h_{w0} - \frac{x}{2}\right) \tag{6.31f}$$

当 $x \leqslant \xi_b h_{w0}$ 时

$$\sigma_s = f_y \tag{6.31g}$$

$$N_{sw} = (h_{w0} - 1.5x) b_w f_{yw} \rho_w \tag{6.31h}$$

$$M_{sw} = \frac{1}{2}(h_{w0} - 1.5x)^2 b_w f_{yw} \rho_w \tag{6.31i}$$

当 $x > \xi_b h_{w0}$ 时

$$\sigma_s = \frac{f_y}{\xi_b - 0.8}\left(\frac{x}{h_{w0}} - \beta_1\right) \tag{6.31j}$$

$$N_{sw} = 0 \tag{6.31k}$$

$$M_{sw} = 0 \tag{6.31l}$$

$$\xi_b = \frac{\beta_1}{1 + \dfrac{f_y}{E_s \varepsilon_{cu}}} \tag{6.31m}$$

式中, a'_s 为剪力墙受压区端部钢筋合力点到受压区边缘的距离; b'_f 为 T 形或 I 形截面受压区翼缘宽度; e_0 为偏心距, $e_0 = M/N$; f_y, f'_y 分别为剪力墙端部受拉、受压钢筋强度设计值; f_{yw} 为剪力墙墙体竖向分布钢筋强度设计值; f_c 为混凝土轴心抗压强度设计值; h'_f 为 T 形或 I 形截面受压区翼缘的高度; h_{w0} 为剪力墙截面有效高度, $h_{w0} = h_w - a'_s$; ρ_w 为剪力墙竖向分布钢筋配筋率; ξ_b 为界限相对受压区高度; α_1 为受压区混凝土矩形应力图的应力与混凝土轴心抗压强度设计值的比值,当混凝土强度等级不超过 C50 时取 1.0,当混凝土强度等级为 C80 时取 0.94,当混凝土强度等级在 C50 和 C80 之间时,可按线性内插取值; β_1 为随混凝土强度等级的提高而逐渐降低的系数,当混凝土强度等级不超过 C50 时取 0.8,当混凝土强度等级为 C80 时取 0.74,当混凝土强度等级在 C50 和 C80 之间时,可按线性内插取值; ε_{cu} 为混凝土极限压应变,应按现行国家标准《混凝土结构设计规范》GB 50010 的有关规定采用。

有地震作用组合时,公式(6.31a)、(6.31b) 右端均应除以承载力抗震调整系数 γ_{RE},γ_{RE} 取 0.85。

矩形截面偏心受拉剪力墙的正截面承载力可按下列近似公式计算:

无地震作用组合

$$N \leqslant \cfrac{1}{\cfrac{1}{N_{0u}} + \cfrac{e_0}{M_{wu}}} \tag{6.32a}$$

有地震作用组合

$$N \leqslant \frac{1}{\gamma_{RE}} \left(\cfrac{1}{\cfrac{1}{N_{0u}} + \cfrac{e_0}{M_{wu}}} \right) \tag{6.32b}$$

式中,N_{0u} 和 M_{wu} 可按下列公式计算

$$N_{0u} = 2A_s f_y + A_{sw} f_{yw} \tag{6.32c}$$

$$M_{wu} = A_s f_y (h_{w0} - a'_s) + A_{sw} f_{yw} \frac{(h_{w0} - a'_s)}{2} \tag{6.32d}$$

式中,A_{sw} 为剪力墙腹板竖向分布钢筋的全部截面面积。

(2) 斜截面承载力计算公式

偏心受压剪力墙的斜截面受剪承载力应按下列公式进行计算:

无地震作用组合

$$V \leqslant \frac{1}{\lambda - 0.5} \left(0.5 f_t b_w h_{w0} + 0.13 N \frac{A_w}{A}\right) + f_{yh} \frac{A_{sh}}{s} h_{w0} \tag{6.33a}$$

有地震作用组合

$$V \leqslant \frac{1}{\gamma_{RE}} \left[\frac{1}{\lambda - 0.5} \left(0.4 f_t b_w h_{w0} + 0.1 N \frac{A_w}{A}\right) + 0.8 f_{yh} \frac{A_{sh}}{s} h_{w0} \right] \tag{6.33b}$$

式中,N 为剪力墙的轴向压力设计值,抗震设计时,应考虑地震作用效应组合,当 N 大于 $0.2 f_c b_w h_w$ 时,应取 $0.2 f_c b_w h_w$;A 为剪力墙截面面积;A_w 为 T 形或 I 形截面剪力墙腹板的面积,矩形截面时应取 A;λ 为计算截面处的剪跨比,计算时,当 λ 小于 1.5 时应取 1.5,当 λ 大于 2.2 时应取 2.2,当计算截面与墙底之间的距离小于 $0.5 h_{w0}$ 时,λ 应按距墙底 $0.5 h_{w0}$ 处的弯矩值与剪力值计算;s 为剪力墙水平分布钢筋间距。

偏心受拉剪力墙的斜截面受剪承载力应按下列公式进行计算:

无地震作用组合

$$V \leqslant \frac{1}{\lambda - 0.5} \left(0.5 f_t b_w h_{w0} - 0.13 N \frac{A_w}{A}\right) + f_{yv} \frac{A_{sh}}{s} h_{w0} \tag{6.34a}$$

上式右端的计算值小于 $f_{yv} \frac{A_{sh}}{s} h_{w0}$ 时,取等于 $f_{yv} \frac{A_{sh}}{s} h_{w0}$。

有地震作用组合

$$V \leqslant \frac{1}{\gamma_{RE}} \left[\frac{1}{\lambda - 0.5} \left(0.4 f_t b_w h_{w0} - 0.1 N \frac{A_w}{A}\right) + 0.8 f_{yv} \frac{A_{sh}}{s} h_{w0} \right] \tag{6.34b}$$

上式右端方括号内的计算值小于 $0.8 f_{yv} \frac{A_{sh}}{s} h_{w0}$ 时,取等于 $0.8 f_{yv} \frac{A_{sh}}{s} h_{w0}$。

(3) 施工缝验算

震害调查和剪力墙模型试验表明:水平施工缝在震害中容易开裂。为避免墙体受剪后沿施工缝滑移,一方面要求在施工中必须仔细清除施工缝表面的垃圾,用水湿润,浇灌少量砂浆,然后再浇筑上一层混凝土;另一方面要求在设计中对按一级抗震等级设计的剪力墙,其水平施工缝处的抗滑移能力宜符合下列规定

$$V_{wj} \leqslant \frac{1}{\gamma_{RE}}(0.6f_y A_s + 0.8N) \tag{6.35}$$

式中,V_{wj} 为水平施工缝处考虑地震作用组合的剪力设计值;A_s 为水平施工缝处剪力墙腹板内竖向分布钢筋、竖向插筋和边缘构件(不包括两侧翼墙)纵向钢筋的总截面面积;f_y 为竖向钢筋抗拉强度设计值;N 为水平施工缝处考虑地震作用组合的不利轴向力设计值,压力取正值,拉力取负值。

5. 剪力墙墙肢配筋构造

(1) 墙肢端部钢筋

墙肢端部钢筋包括墙肢按正截面承载力计算得到的纵筋及按构造要求设置的箍筋。墙肢端部钢筋配置在约束边缘构件(图 6.12)或普通[*]边缘构件(图 6.13) 内。一、二级抗震设计的剪力墙底部加强部位及其上一层的墙肢端部应设置约束边缘构件;一、二级抗震设计剪力墙的其他部位以及三、四级抗震设计和非抗震设计的剪力墙墙肢端部均应设置普通边缘构件。

剪力墙约束边缘构件的设计应符合下列要求:

① 约束边缘构件的范围 l_c 和箍筋配箍特征值 λ_v 宜符合表 6.10 的要求,且一、二级抗震设计时箍筋直径均不应小于 8 mm、箍筋间距分别不应大于 100 mm 和 150 mm。箍筋的配筋范围如图 6.12 中的阴影部分面积所示,其体积配箍率 ρ_v 应按下式计算为

$$\rho_v = \lambda_v \frac{f_c}{f_{yv}} \tag{6.36}$$

式中,λ_v 为约束边缘构件配箍特征值;f_c 为混凝土轴心抗压强度设计值;f_{yv} 为箍筋或拉筋的抗拉强度设计值,超过 360 N/mm² 时,应按 360 N/mm² 计算。

② 约束边缘构件纵向钢筋的配筋范围不应小于图 6.12 中阴影部分面积,其纵向钢筋最小截面面积,一、二级抗震设计时分别不应小于图中阴影面积的 1.2% 和 1.0%,并分别不应小于 6φ16 和 6φ14。

表 6.10　约束边缘构件范围 l_c 及其配箍特征值 λ_v

项　　目	一级(9 度)	一级(7、8 度)	二级
λ_v	0.20	0.20	0.20
l_c(暗柱)	$0.25h_w$	$0.20h_w$	$0.20h_w$
l_c(翼墙或端柱)	$0.20h_w$	$0.15h_w$	$0.15h_w$

注:①λ_v 为约束边缘构件的配箍特征值;h_w 为剪力墙墙肢长度;
　　②l_c 为约束边缘构件沿墙肢方向的长度,不应小于表中数值、$1.5b_w$ 和 450 mm 三者中的较大值,有翼墙或端柱时尚不应小于翼墙厚度或端柱沿墙肢方向截面高度加 300 mm;
　　③翼墙长度小于其厚度 3 倍或端柱截面边长小于墙厚的 2 倍时,视为无翼墙或无端柱。

---

[*]《高规》称为构造边缘构件。

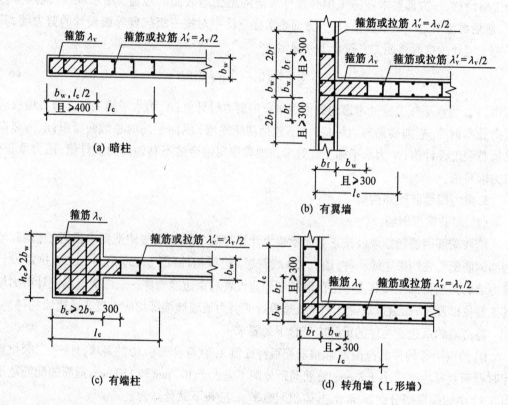

图 6.12　剪力墙的约束边缘构件

剪力墙普通边缘构件的设计宜符合下列要求：

① 普通边缘构件的范围和计算纵向钢筋用量的截面面积宜取图 6.13 中的阴影部分。

② 普通边缘构件的纵向钢筋应满足受弯承载力要求。

③ 抗震设计时，普通边缘构件的最小配筋应符合表 6.11 的规定，箍筋的肢距不应大于 300 mm，拉筋的水平间距不应大于纵向钢筋间距的 2 倍。当剪力墙端部为端柱时，端柱中纵向钢筋及箍筋宜按框架柱的构造要求配置。

④ 抗震设计时，对于框架 – 剪力墙结构、筒体结构以及 B 级高度的剪力墙结构中的剪力墙（筒体），其普通边缘构件的最小配筋应符合下列要求：

　　a. 纵向钢筋最小配筋应将表 6.11 中的 $0.008A_c$、$0.006A_c$ 和 $0.004A_c$ 分别代之以 $0.010A_c$、$0.008A_c$ 和 $0.005A_c$；

　　b. 箍筋的配筋范围宜取图 6.13 中阴影部分，其配箍特征值 λ_v 不宜小于 0.1。

⑤ 非抗震设计时，剪力墙端部应按构造配置不少于 4 根 12 mm 的纵向钢筋，沿纵向钢筋应配置不少于直径为 6 mm、间距为 250 mm 的拉筋。

表 6.11　剪力墙普通边缘构件的配筋要求

抗震等级	底部加强部位			其他部位		
	纵向钢筋最小量（取较大值）	箍筋		纵向钢筋最小量（取较大值）	箍筋或拉筋	
		最小直径/mm	最大间距/mm		最小直径/mm	最大间距/mm
一级	—	—	—	$0.008A_c$,6ϕ14	8	150
二级	—	—	—	$0.006A_c$,6ϕ12	8	200
三级	$0.005A_c$,4ϕ12	6	150	$0.004A_c$,4ϕ12	6	200
四级	$0.005A_c$,4ϕ12	6	200	$0.004A_c$,4ϕ12	6	250

注：① 符号 ϕ 表示钢筋直径；

　　② 对转角墙的暗柱，表中拉筋宜采用箍筋。

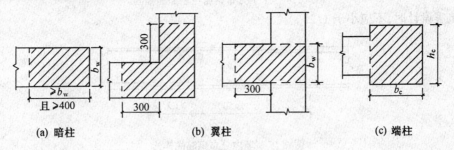

(a) 暗柱　　　　　　(b) 翼柱　　　　　　(c) 端柱

图 6.13 剪力墙的普通边缘构件

(2) 剪力墙分布钢筋

剪力墙分布钢筋是沿剪力墙腹板均匀设置的钢筋,包括竖向和水平两个方向的分布钢筋。竖向分布钢筋可与剪力墙端部的纵向受拉钢筋共同抵抗弯矩,水平分布钢筋主要用于抵抗剪力。同时,竖向和水平分布钢筋的存在,可提高剪力墙的延性,防止脆性破坏,抑制温度缝的产生和发展。

剪力墙中竖向和水平分布钢筋,不应采用单排配筋。当剪力墙截面厚度 b_w 不大于 400 mm时,可采用双排配筋;当 b_w 大于 400 mm,但不大于700 mm 时,宜采用三排配筋;当 b_w 大于700 mm 时,宜采用四排配筋。各排分布钢筋之间的拉接筋间距不应大于 600 mm,直径不应小于6 mm,在底部加强部位,约束边缘构件以外的拉接筋间距尚应适当加密。

剪力墙分布钢筋的配置应符合下列要求：

① 一般剪力墙竖向和水平分布筋的配筋率,一、二、三级抗震设计时均不应小于 0.25% ,四级抗震设计和非抗震设计时均不应小于 0.20% 。

② 一般剪力墙竖向和水平分布钢筋间距均不应大于 300 mm;分布钢筋直径均不应小于8 mm,不宜大于墙肢截面厚度的 1/10。

③ 房屋顶层剪力墙以及长矩形平面房屋的楼梯间和电梯间剪力墙、端开间的纵向剪力墙、端山墙的水平和竖向分布钢筋的最小配筋率不应小于 0.25% ,钢筋间距不应大于 200 mm。

水平分布钢筋在端部的锚固要求见图 6.14,图中括号内的锚固要求用于非抗震设计。

剪力墙竖向及水平分布钢筋的搭接连接,如图 6.15 所示,一级、二级抗震等级剪力墙的加强部位,接头位置应错开,每次连接的钢筋数量不宜超过总数量的 50% ,错开净距不宜小于500 mm;其他情况钢筋可在同一部位连接。非抗震设计时,分布钢筋的搭接长度不应小于

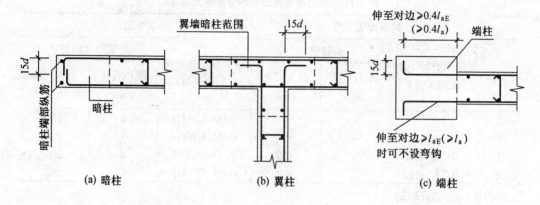

图 6.14　水平分布钢筋在端部的锚固

$1.2l_a$；抗震设计时，不应小于 $1.2l_{aE}$。

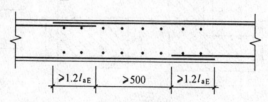

图 6.15　墙内分布钢筋的连接

（注：非抗震设计时图中 l_{aE} 应取 l_a）

边缘构件内的纵向钢筋连接和锚固要求宜与框架柱相同。

（3）剪力墙小墙肢

矩形截面独立墙肢的截面高度 h_w 不宜小于截面厚度 b_w 的 5 倍；当 h_w/b_w 小于 5 时，其在重力荷载代表值作用下的轴压力设计值的轴压比，一、二级时不宜大于表 6.9 的限值减 0.1，三级时不宜大于 0.6；当 h_w/b_w 不大于 3 时，宜按框架柱进行截面设计，底部加强部位纵向钢筋的配筋率不应小于 1.2%，一般部位不应小于 1.0%，箍筋宜沿墙肢全高加密。

（4）剪力墙洞口补强筋

当剪力墙墙面开有非连续小洞口（其各边长度小于 800 mm），且在整体计算中不考虑其影响时，应将洞口处被截断的分布筋分别集中配置在洞口上、下和左、右两边，如图 6.16(a) 所示，且钢筋直径不应小于 12 mm。

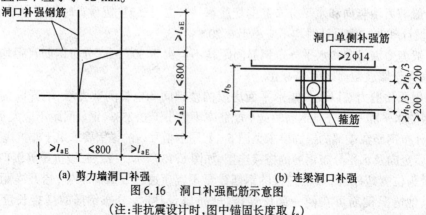

(a) 剪力墙洞口补强　　　　　　(b) 连梁洞口补强

图 6.16　洞口补强配筋示意图

（注：非抗震设计时，图中锚固长度取 l_a）

穿过连梁的管道宜预埋套管,洞口上、下的有效高度不宜小于梁高的 1/3,且不宜小于 200 mm,洞口处宜配置补强钢筋,被洞口削弱的截面应进行承载力验算,如图 6.16(b) 所示。

6.抗震等级为特一级的剪力墙

抗震等级为特一级的剪力墙,除应符合一级抗震等级的基本要求外,尚应符合以下要求:

(1) 底部加强部位及其上一层的弯矩设计值应按墙底截面组合弯矩计算值的 1.1 倍采用, 其他部位可按墙肢组合弯矩计算值的 1.3 倍采用;底部加强部位的剪力设计值,应按考虑地震 作用组合的剪力计算值的 1.9 倍采用,其他部位的剪力设计值,应按考虑地震作用组合的剪力 计算值的 1.2 倍采用。

(2) 一般部位的水平和竖向分布钢筋最小配筋率应取为 0.35%,底部加强部位的水平和 竖向分布钢筋的最小配筋率应取为 0.4%。

(3) 约束边缘构件纵向钢筋最小构造配筋率应取为 1.4%,配箍特征值宜增大 20%;普通 边缘构件纵向钢筋的配筋率不应小于 1.2%。

6.4.2　连梁截面设计要点及构造

1.内力设计值调整

连梁的剪力设计值按下列规定计算:

(1) 无地震作用组合以及有地震作用组合的四级抗震等级时,应取考虑水平风荷载或水 平地震作用组合的剪力设计值。

(2) 有地震作用组合的一、二、三级抗震等级时,连梁的剪力设计值应按下式进行调整

$$V_b = \eta_{vb} \frac{M_b^l + M_b^r}{l_n} + V_{Gb} \tag{6.37a}$$

9 度抗震设计时尚应符合

$$V_b = 1.1(M_{bua}^l + M_{bua}^r)/l_n + V_{Gb} \tag{6.37b}$$

式中,M_b^l,M_b^r 分别为梁左、右端顺时针或逆时针方向考虑地震作用组合的弯矩设计值,对一级 抗震等级且两端均为负弯矩时,绝对值较小一端的弯矩应取零;M_{bua}^l,M_{bua}^r 分别为连梁左、右端 顺时针或逆时针方向实配的受弯承载力所对应的弯矩值,应按实配钢筋面积(计入受压钢筋) 和材料强度标准值并考虑承载力抗震调整系数计算;l_n 为连梁的净跨;V_{Gb} 为在重力荷载代表 值(9 度时还应包括竖向地震作用标准值) 作用下,按简支梁计算的梁端截面剪力设计值; η_{vb} 为 连梁剪力增大系数,一级取 1.3,二级取 1.2,三级取 1.1。

2.连梁截面尺寸限制条件

无地震作用组合

$$V_b \leqslant 0.25\beta_c f_c b h_{b0} \tag{6.38a}$$

有地震作用组合

跨高比大于 2.5 的梁 $\qquad V_b \leqslant \dfrac{1}{\gamma_{RE}}(0.2\beta_c f_c b h_{b0}) \tag{6.38b}$

跨高比不大于 2.5 的梁 $\qquad V_b \leqslant \dfrac{1}{\gamma_{RE}}(0.15\beta_c f_c b h_{b0}) \tag{6.38c}$

式中,V_b 为连梁剪力设计值;b_b 为连梁截面宽度;h_{b0} 为连梁截面有效高度;β_c 为混凝土强度影 响系数,取值方法见表 5.8。

当剪力墙的连梁不满足截面尺寸的要求时,可作如下处理:

(1) 减小连梁截面高度。

(2) 抗震设计的剪力墙中连梁弯矩及剪力可进行塑性调幅,以降低其剪力设计值,一般情况下,可掌握调幅后的弯矩不小于调幅前弯矩(完全弹性)的0.8倍(6~7度)和0.5倍(8~9度)。但在内力计算时已对连梁刚度折减的情况,其调幅范围应当限制或不再继续调幅。当部分连梁降低弯矩设计值后,其余部位连梁和墙肢的弯矩设计值应相应提高。

(3) 当连梁破坏对承受竖向荷载无明显影响时,可考虑在大震作用下该连梁不参与工作,按独立墙肢进行第二次多遇地震作用下结构内力分析,墙肢应按两次计算所得的较大内力进行配筋设计。

3. 连梁斜截面受剪承载力

无地震作用组合

$$V_b \leqslant 0.7f_t b_t h_{b0} + f_{yv}\frac{A_{sv}}{s}h_{b0} \tag{6.39a}$$

有地震作用组合

跨高比大于2.5的梁　　$$V_b \leqslant \frac{1}{\gamma_{RE}}(0.42f_t b_b h_{b0} + f_{yv}\frac{A_{sv}}{s}h_{b0}) \tag{6.39b}$$

跨高比不大于2.5的梁　　$$V_b \leqslant \frac{1}{\gamma_{RE}}(0.38f_t b_b h_{b0} + 0.9f_{yv}\frac{A_{sv}}{s}h_{b0}) \tag{6.39c}$$

4. 连梁配筋构造要求

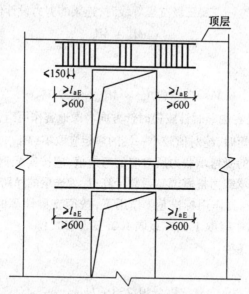

图 6.17　连梁配筋构造示意

(注:非抗震设计时,图中锚固长度取 l_a)

连梁配筋(图6.17)应满足下列要求:

(1) 连梁顶面、底面纵向受力钢筋伸入墙内的锚固长度,抗震设计时不应小于 l_{aE},非抗震设计时不应小于 l_a,且不应小于600 mm。

(2) 抗震设计时,沿连梁全长箍筋的构造应按第5章框架梁梁端加密区箍筋的构造要求采用;非抗震设计时,沿连梁全长的箍筋直径不应小于6 mm,间距不应大于150 mm。

(3) 顶层连梁纵向钢筋伸入墙体的长度范围内,应配置间距不大于150 mm的构造箍筋,箍筋直径应与该连梁的箍筋直径相同。

(4) 墙体水平分布钢筋应作为连梁的腰筋在连梁范围内拉通连续配置;当连梁截面高度大于700 mm时,其两侧面沿梁高范围设置的纵向构造钢筋(腰筋)的直径不应小于10 mm,间距不应大于200 mm;对跨高比不大于2.5的连梁,梁两侧的纵向构造钢筋(腰筋)的面积配筋率不应小于0.3%。

上述关于连梁的要求,主要是针对跨高比小于5的连梁确定的,因为跨高比小于5的连梁,其竖向荷载作用下的弯矩所占比例较小,水平荷载作用下产生的反弯使它对剪切变形十分敏感,容易出现剪切裂缝;当连梁跨高比不小于5时,竖向荷载作用下的弯矩所占比例较大,宜按框架梁的要求进行设计。

5.抗震等级为特一级剪力墙的连梁

高层建筑结构中,抗震等级为特一级的剪力墙,其连梁除应符合一级抗震等级的基本要求外,尚应符合以下要求(图6.18):

(1) 当跨高比不大于2时,宜配置交叉暗撑;

(2) 当跨高比不大于1时,应配置交叉暗撑。

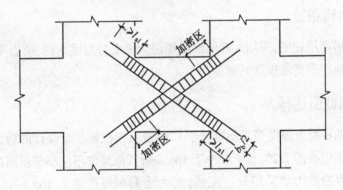

图6.18 连梁内交叉暗撑的配筋示意

6.5 剪力墙结构设计实例

6.5.1 工程概况

本工程为14层现浇钢筋混凝土剪力墙结构高层住宅,结构平面图如图6.19所示。层高2.8 m,主体高度39.2 m,出屋面电梯机房3.9 m,总高43.1 m,每层4户,每户平均建筑面积60 m²。抗震设防烈度为7度,设计基本地震加速度值为0.1g,设计地震分组为第二组,结构抗震等级为三级。

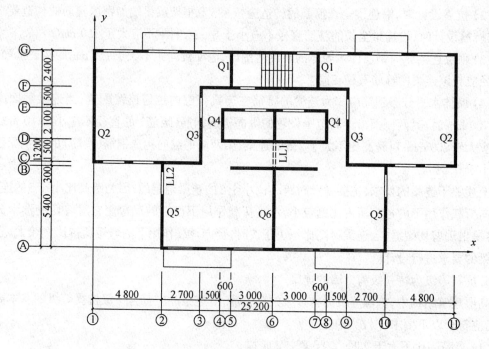

图 6.19　结构平面图

6.5.2　主体结构布置

本工程为 T 形高层住宅,采用大开间纵横墙混合承重剪力墙结构,楼板厚度为 180 mm,内部房间可根据建筑使用要求作灵活布置。

6.5.3　剪力墙截面选择

剪力墙结构的混凝土强度等级不应低于 C20。按三级抗震等级设计的剪力墙的厚度,底部加强部位不应小于层高的 1/20,且不应小于 160 mm;其他部位不应小于层高的 1/25,且不应小于 160 mm。本工程的剪力墙采用双层配筋,剪力墙截面厚度定为 160 mm。混凝土强度等级 C25($f_c = 11.9$ N/mm²;$f_t = 1.27$ N/mm²;$E_c = 2.8 \times 10^4$ N/mm²)。

6.5.4　结构总等效刚度计算

在抗震验算时,应对结构的 x,y 两个方向都应进行分析计算,因 x,y 两个方向的计算方法相同,故本算例只进行 y 方向的计算,x 方向计算从略。

y 方向剪力墙共 11 片,其中剪力墙 Q1,Q2,Q3,Q4 为实体墙,剪力墙 Q5,Q6 为开洞墙。有效翼缘宽度取翼缘厚度的 6 倍(160 mm × 6 = 960 mm)、墙间距的一半(2 100 mm/2 = 1 050 mm)、总高度的 1/20(39.2 mm/20 = 1 960 mm) 中的较小者,且应大于至洞口边缘的距离。各片剪力墙的最大有效翼缘宽度取为 960 mm。

1.剪力墙 Q1(图 6.20) 等效刚度的计算

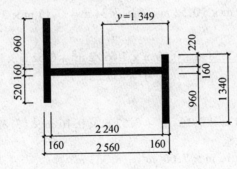

图 6.20　剪力墙 Q1

截面面积

$$A_w = 0.16 \text{ m} \times (0.52 \text{ m} + 0.96 \text{ m} \times 2 + 0.22 \text{ m} + 2.56 \text{ m}) = 0.835\ 2 \text{ m}^2$$

截面形心

$$y = [(0.52 \text{ m} + 0.96 \text{ m}) \times 0.16 \text{ m} \times 2.48 \text{ m} + 2.56 \text{ m} \times 0.16 \text{ m} \times 1.28 \text{ m} +$$
$$(0.96 \text{ m} + 0.22 \text{ m}) \times 0.16 \text{ m} \times 0.08 \text{ m}]/(0.853\ 2 \text{ m}^2) = 1.349 \text{ m}$$

截面惯性矩

$$I_w = \frac{1}{12} \times (0.52 \text{ m} + 0.96 \text{ m}) \times 0.16^3 \text{ m}^3 + (0.52 \text{ m} + 0.96 \text{ m}) \times 0.16 \text{ m} \times$$
$$(2.4 \text{ m} - 1.349 \text{ m} + 0.08 \text{ m})^2 + \frac{1}{12} \times 0.16 \text{ m} \times$$
$$2.56^3 \text{ m}^3 + 0.16 \text{ m} \times 2.56 \text{ m} \times (1.349 \text{ m} - 2.56/2 \text{ m})^2 + \frac{1}{12} \times (0.22 \text{ m} + 0.96 \text{ m}) \times$$
$$0.16^3 \text{ m}^3 + (0.22 \text{ m} + 0.96 \text{ m}) \times 0.16 \text{ m} \times (1.349 \text{ m} - 0.08 \text{ m})^2 =$$
$$0.833\ 5 \text{ m}^4$$

截面形状系数

$$\mu = \frac{A_w}{A_{w0b}} = \frac{0.835\ 2 \text{ m}^2}{0.16 \text{ m} \times 2.24 \text{ m}} = 2.330$$

式中,A_w,A_{w0b} 分别为墙肢和腹板的毛截面面积。

等效刚度

$$E_c I_{eq} = \frac{E_c I_w}{1 + \dfrac{9\mu I_w}{A_w H^2}} = \frac{2.8 \times 10^4 \text{ N/mm}^2 \times 0.833\ 5 \text{ m}^4}{1 + \dfrac{9 \times 2.330 \times 0.833\ 5 \text{ m}^4}{0.835\ 2 \text{ m}^2 \times 39.2^2 \text{ m}^2}} = 2.302 \times 10^7 \text{ kN} \cdot \text{m}^2$$

2.剪力墙 Q2(图 6.21) 等效刚度的计算

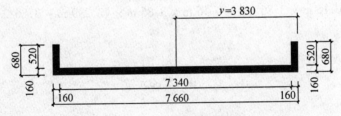

图 6.21　剪力墙 Q2

截面面积

$$A_w = 0.16 \text{ m} \times (0.52 \text{ m} \times 2 + 7.34 \text{ m} + 0.16 \text{ m} \times 2) = 1.392 \text{ m}^2$$

截面形心

$$y = \frac{0.52 \text{ m} \times 0.16 \text{ m} \times 7.58 \text{ m} + 0.16 \text{ m} \times 7.66^2/2 \text{ m}^2 + 0.52 \text{ m} \times 0.16 \text{ m} \times 0.08 \text{ m}}{1.392 \text{ m}^2} = 3.83 \text{ m}$$

截面惯性矩

$$I_w = \left[\frac{1}{12} \times 0.52 \text{ m} \times 0.16^3 \text{ m}^3 + 0.52 \text{ m} \times 0.16 \text{ m} \times (3.83 \text{ m} - 0.08 \text{ m})^2 \right] \times$$

$$2 + \frac{1}{12} \times 0.16 \text{ m} \times 7.66^3 \text{ m}^3 = 8.333 \text{ m}^4$$

截面形状系数

$$\mu = \frac{A_w}{A_{w0b}} = \frac{1.392 \text{ m}^2}{0.16 \text{ m} \times 7.34 \text{ m}} = 1.185$$

等效刚度

$$E_c I_{eq} = \frac{E_c I_w}{1 + \dfrac{9\mu I_w}{A_w H^2}} = \frac{2.8 \times 10^4 \text{ N/mm}^2 \times 8.333 \text{ m}^4}{1 + \dfrac{9 \times 1.185 \times 8.333 \text{ m}^4}{1.392 \text{ m}^2 \times 39.2^2 \text{ m}^2}} = 2.240 \times 10^8 \text{ kN} \cdot \text{m}^2$$

3. 剪力墙 Q3(图 6.22) 等效刚度的计算

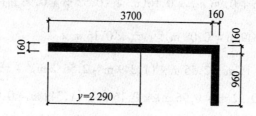

图 6.22　剪力墙 Q3

截面面积

$$A_w = 0.16 \text{ m} \times (0.96 \text{ m} + 3.86 \text{ m}) = 0.771\,2 \text{ m}^2$$

截面形心

$$y = \frac{0.16 \text{ m} \times 0.96 \text{ m} \times (3.7 \text{ m} + 0.08 \text{ m}) + 0.16 \text{ m} \times 3.86^2/2 \text{ m}^2}{0.771\,2 \text{ m}^2} = 2.299 \text{ m}$$

截面惯性矩

$$I_w = \frac{1}{12} \times 0.96 \text{ m} \times 0.16^3 \text{ m}^3 + 0.16 \text{ m} \times 0.96 \text{ m} \times (3.7 \text{ m} + 0.08 \text{ m} - 2.299 \text{ m})^2 +$$

$$\frac{1}{12} \times 0.16 \text{ m} \times 3.86^3 \text{ m}^3 + 0.16 \text{ m} \times 3.86 \text{ m} \times (2.299 \text{ m} - 3.86/2 \text{ m})^2 =$$

$$1.188\,2 \text{ m}^4$$

截面形状系数查表得

$$\mu = 2.05$$

等效刚度

$$E_c I_{eq} = \frac{E_c I_w}{1 + \dfrac{9\mu I_w}{A_w H^2}} = \frac{2.8 \times 10^4 \text{ N/mm}^2 \times 1.188\,2 \text{ m}^4}{1 + \dfrac{9 \times 2.05 \times 1.188\,2 \text{ m}^4}{0.771\,2 \text{ m}^2 \times 39.2^2 \text{ m}^2}} = 3.267 \times 10^7 \text{ kN} \cdot \text{m}^2$$

4.剪力墙 Q4(图 6.23) 等效刚度的计算

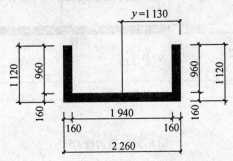

图 6.23 剪力墙 Q4

截面面积

$$A_w = 0.16 \text{ m} \times (0.96 \text{ m} \times 2 + 1.94 \text{ m} + 0.16 \text{ m} \times 2) = 0.668\,8 \text{ m}^2$$

截面形心

$$y = \frac{0.16 \text{ m} \times 0.96 \text{ m} \times 2.18 \text{ m} + 0.16 \text{ m} \times 2.26^2/2 \text{ m}^2 + 0.96 \text{ m} \times 0.16 \text{ m} \times 0.08 \text{ m}}{0.668\,8 \text{ m}^2} = 1.13 \text{ m}$$

截面惯性矩

$$I_w = \left[\frac{1}{12} \times 0.96 \text{ m} \times 0.16^3 \text{ m}^3 + 0.16 \text{ m} \times 0.96 \text{ m} \times (1.13 \text{ m} - 0.08 \text{ m})^2\right] \times$$

$$2 + \frac{1}{12} \times 0.16 \text{ m} \times 2.26^3 \text{ m}^3 = 0.493\,3 \text{ m}^4$$

截面形状系数

$$\mu = \frac{A_w}{A_{w0b}} = \frac{0.668\,8 \text{ m}^2}{0.16 \text{ m} \times 1.94 \text{ m}} = 2.155$$

等效刚度

$$E_c I_{eq} = \frac{E_c I_w}{1 + \dfrac{9\mu I_w}{A_w H^2}} = \frac{2.8 \times 10^4 \text{ N/mm}^2 \times 0.493\,3 \text{ m}^4}{1 + \dfrac{9 \times 2.155 \times 0.493\,3 \text{ m}^4}{0.668\,8 \text{ m}^2 \times 39.2^2 \text{ m}^2}} = 1.369 \times 10^7 \text{ kN} \cdot \text{m}^2$$

5.剪力墙 Q5(图 6.24) 等效刚度的计算

因为$\dfrac{\text{孔洞面积}}{\text{墙面面积}} = \dfrac{1\,500 \text{ mm} \times 1\,500 \text{ mm}}{5\,700 \text{ mm} \times 2\,800 \text{ mm}} = 0.14 < 0.16$,但考虑到洞口成列布置,上下洞口间的净距 < 孔道长边,形成明显的墙肢和连梁,故应按剪力墙整体系数来确定此开洞剪力墙的类型。

(1)墙肢 1 截面特征

截面面积

$$A_{w1} = 0.16 \text{ m} \times (0.07 \text{ m} + 0.96 \text{ m} + 0.68 \text{ m}) = 0.273\,6 \text{ m}^2$$

截面形心

$$y_{c1} = \frac{0.16 \text{ m} \times (0.07 \text{ m} + 0.96 \text{ m}) \times (0.52 \text{ m} + 0.08 \text{ m}) + 0.16 \text{ m} \times 0.52^2/2 \text{ m}^2}{0.273\,6 \text{ m}^2} = 0.497 \text{ m}$$

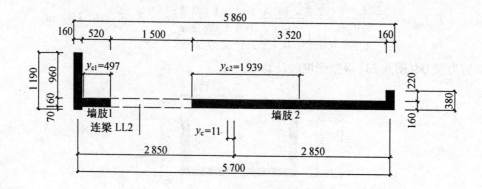

图 6.24　剪力墙 Q5

截面惯性矩

$$I_{w1} = \frac{1}{12} \times (0.07\ m + 0.96\ m) \times 0.16^3\ m^3 + 0.16\ m \times (0.07\ m + 0.96\ m) \times$$

$$(0.52\ m + 0.08\ m - 0.497\ m)^2 + \frac{1}{12} \times 0.16\ m \times 0.52^3\ m^3 + 0.16\ m \times 0.52\ m \times$$

$$(0.497\ m - 0.52/2\ m)^2 = 0.009\ m^4$$

(2) 墙肢 2 截面特征

截面面积

$$A_{w2} = 0.16\ m \times (0.22\ m + 3.68\ m) = 0.624\ m^2$$

截面形心

$$y_{c2} = \frac{0.16\ m \times 0.22\ m \times (3.52\ m + 0.08\ m) + 0.16\ m \times (3.52\ m + 0.16\ m)^2/2}{0.624\ m^2} = 1.939\ m$$

截面惯性矩

$$I_{w2} = \frac{1}{12} \times 0.22\ m \times 0.16^3\ m^3 + 0.16\ m \times 0.22\ m \times (3.52\ m + 0.08\ m - 1.939\ m)^2 +$$

$$\frac{1}{12} \times 0.16\ m \times 3.68^3\ m^3 + 0.16\ m \times 3.68\ m \times (1.939\ m - 3.68/2\ m)^2 =$$

$$0.767\ 4\ m^4$$

墙肢 1、2 形心矩

$$a = l_c + y_{c1} + y_{c2} = 1.5\ m + 0.497\ m + 1.939\ m = 3.936\ m$$

(3) 组合截面特征

截面面积

$$A_w = A_{w1} + A_{w2} = 0.273\ 6\ m^2 + 0.624\ m^2 = 0.897\ 6\ m^2$$

截面形心

$$y_c = \left[0.273\ 6\ m^2 \times (0.497\ m + 2.85\ m - 0.08\ m + 0.52\ m) - 0.624\ m^2 \times \right.$$

$$\left. (1.939\ m - 2.85\ m + 0.08\ m + 0.52\ m + 1.5\ m) \right]/(0.897\ 6\ m^2) =$$

$$0.011\ m$$

截面惯性矩

$$I_w = 0.009\ m^4 + 0.273\ 6\ m^2 \times (0.479\ m + 1.5\ m + 0.75\ m - 0.011\ m)^2 +$$

$0.767\ 4\ \text{m}^4 + 0.624\ \text{m}^2 \times (1.939\ \text{m} - 0.75\ \text{m} + 0.011\ \text{m})^2 =$

$3.723\ \text{m}^4$

$$I_n = I_w - (I_{w1} + I_{w2}) = 3.723\ \text{m}^4 - (0.009\ \text{m}^4 + 0.767\ 4\ \text{m}^4) = 2.947\ \text{m}^4$$

连梁 LL2 截面惯性矩　　　$I_{b0} = 1.5 \times \dfrac{1}{12} \times 0.16\ \text{m} \times 1.3^3\ \text{m}^3 = 0.043\ 94\ \text{m}^4$

计算跨度　　　　$l_b = l_c + \dfrac{h_b}{2} = 1.5\ \text{m} + 1.3/2\ \text{m} = 2.15\ \text{m}$

连梁 LL2 计入剪变影响的惯性矩

$$I_b = \frac{I_{b0}}{1 + \dfrac{30\mu I_{b0}}{A_b l_b^2}} = \frac{0.043\ 94\ \text{m}^4}{1 + \dfrac{30 \times 1.2 \times 0.043\ 94\ \text{m}^4}{0.16\ \text{m} \times 1.3\ \text{m} \times 2.15^2\ \text{m}^2}} = 0.016\ 6\ \text{m}^4$$

剪力墙整体系数

$$\alpha = H\sqrt{\frac{12I_b a^2}{h(I_{w1} + I_{w2})l_b^3} \times \frac{I_w}{I_n}} =$$

$$39.2\ \text{m} \times \sqrt{\frac{12 \times 0.016\ 6\ \text{m}^4 \times 3.936^2\ \text{m}^2}{2.8\ \text{m} \times (0.009\ \text{m}^4 + 0.767\ 4\ \text{m}^4) \times 2.15^3\ \text{m}^3} \times \frac{3.723\ \text{m}^4}{2.947\ \text{m}^4}} = 17 > 10$$

$\dfrac{I_n}{I_w} = \dfrac{2.747\ \text{m}^4}{3.723\ \text{m}^4} = 0.792$，根据 α 和层数查表得 $\zeta = 0.938$，所以剪力墙 Q5 的类型为整体小

开口墙。

截面形状系数

$$\mu = \frac{A_w}{A_{w0b}} = \frac{0.897\ 6\ \text{m}^2 + 0.16\ \text{m} \times 1.5\ \text{m}}{0.16\ \text{m} \times 5.54\ \text{m}} = 1.283$$

等效刚度

$$E_c I_{eq} = \frac{0.8 E_c I_w}{1 + \dfrac{9\mu I_w}{A_w H^2}} = \frac{0.8 \times 2.8 \times 10^4\ \text{N/mm}^2 \times 3.723\ \text{m}^4}{1 + \dfrac{9 \times 1.283 \times 0.8 \times 3.723\ \text{m}^4}{0.897\ 6\ \text{m}^2 \times 39.2^2\ \text{m}^2}} = 8.137 \times 10^7\ \text{kN} \cdot \text{m}^2$$

6.剪力墙 Q6(图 6.25)等效刚度的计算

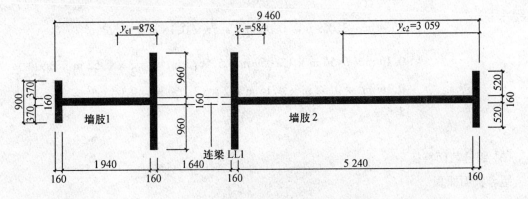

图 6.25　剪力墙 Q6

(1) 墙肢 1 截面特征

截面面积

$$A_{w1} = 0.16\ \text{m} \times [(0.37\ \text{m} + 0.96\ \text{m}) \times 2 + 1.94\ \text{m} + 0.16\ \text{m} \times 2] = 0.787\ 2\ \text{m}^2$$

截面形心

$$y_{c1} = [0.37\ \text{m} \times 0.16\ \text{m} \times 2 \times (2.1\ \text{m} + 0.08\ \text{m}) + 0.16\ \text{m} \times 2.26^2/2\ \text{m}^2 +$$

$$0.96\ \text{m} \times 0.16\ \text{m} \times 2 \times 0.08\ \text{m}]/(0.727\ 8\ \text{m}^2) = 0.878\ \text{m}$$

截面惯性矩

$$I_{w1} = \frac{1}{12} \times 0.37\ \text{m} \times 0.16^3\ \text{m}^3 + 0.37\ \text{m} \times 0.16\ \text{m} \times 2 \times$$

$$(2.1\ \text{m} - 0.878\ \text{m} + 0.08\ \text{m})^2 + \frac{1}{12} \times 0.16\ \text{m} \times 2.26^3\ \text{m}^3 +$$

$$0.16\ \text{m} \times 2.26\ \text{m} \times (2.26/2\ \text{m} - 0.878\ \text{m})^2 + \frac{1}{12} \times 0.96\ \text{m} \times 2 \times$$

$$0.16^3\ \text{m}^3 + 0.96\ \text{m} \times 0.16\ \text{m} \times 2 \times (0.878\ \text{m} - 0.08\ \text{m})^2 =$$

$$0.574\ 1\ \text{m}^4$$

(2) 墙肢 2 截面特征

截面面积

$$A_{w2} = 0.16\ \text{m} \times [(0.52\ \text{m} + 0.96\ \text{m}) \times 2 + 5.24\ \text{m} + 0.16\ \text{m} \times 2] =$$

$$1.363\ 2\ \text{m}^2$$

截面形心

$$y_{c2} = [0.96\ \text{m} \times 0.16\ \text{m} \times 2 \times (5.4\ \text{m} + 0.08\ \text{m}) + 0.16\ \text{m} \times 5.56^2/2\ \text{m}^2 +$$

$$0.52\ \text{m} \times 0.16\ \text{m} \times 2 \times 0.08\ \text{m}]/(1.363\ 2\ \text{m}^2) = 3.059\ \text{m}$$

截面惯性矩

$$I_{w2} = \frac{1}{12} \times 0.96\ \text{m} \times 0.16^3\ \text{m}^3 \times 2 + 0.96\ \text{m} \times 0.16\ \text{m} \times 2 \times$$

$$(5.4\ \text{m} - 3.059\ \text{m} + 0.08\ \text{m})^2 + \frac{1}{12} \times 0.16\ \text{m} \times 5.56^3\ \text{m}^3 +$$

$$0.16\ \text{m} \times 5.56\ \text{m} \times (3.059\ \text{m} - 5.56/2\ \text{m})^2 + \frac{1}{12} \times 0.52\ \text{m} \times 2 \times$$

$$0.16^3\ \text{m}^3 + 0.52\ \text{m} \times 0.16\ \text{m} \times 2 \times (3.059\ \text{m} - 0.08\ \text{m})^2 =$$

$$5.639\ \text{m}^4$$

(3) 组合截面特征

组合截面面积

$$A_w = A_{w1} + A_{w2} = 0.787\ 2\ \text{m}^2 + 1.363\ 2\ \text{m}^2 = 2.150\ 4\ \text{m}^2$$

组合截面形心

$$y_c = [1.363\ 2\ \text{m}^2 \times (5.4\ \text{m} + 0.08\ \text{m} - 3.059\ \text{m}) - 0.787\ 2\ \text{m}^2 \times$$

$$(0.878 \text{ m} + 1.64 \text{ m} + 0.08 \text{ m})] / (2.150\ 4 \text{ m}^2) = 0.584 \text{ m}$$

组合截面惯性矩

$$I_w = 0.547\ 1 \text{ m}^4 + 0.787\ 2 \text{ m}^2 \times (0.878 \text{ m} + 1.64 \text{ m} + 0.08 \text{ m} - 0.584 \text{ m})^2 +$$

$$5.639 \text{ m}^4 + 1.363\ 2 \text{ m}^2 \times (5.4 \text{ m} + 0.08 \text{ m} - 0.584 \text{ m} - 3.059 \text{ m})^2 =$$

$$18.784 \text{ m}^4$$

$$I_n = I_w - (I_{w1} + I_{w2}) = 18.784 \text{ m}^4 - (0.574\ 1 \text{ m}^4 + 5.639 \text{ m}^4) = 12.5 \text{ m}^4$$

墙肢 1、2 形心距

$$a = 0.878 \text{ m} + 1.64 \text{ m} + 5.56 \text{ m} - 3.059 \text{ m} = 5.019 \text{ m}$$

连梁 LL1 截面惯性矩

$$I_{b0} = 1.5 \times \frac{1}{12} \times 0.16 \text{ m} \times 1.0^3 \text{ m}^3 = 0.02 \text{ m}^4$$

计算跨度

$$l_b = l_c + \frac{h_b}{2} = 1.64 \text{ m} + 1.0/2 \text{ m} = 2.14 \text{ m}$$

连梁 LL1 计入剪变影响的折算惯性矩

$$I_b = 0.55 \frac{I_{b0}}{1 + \dfrac{30\mu I_{b0}}{A_b l_b^2}} = 0.55 \times \frac{0.02 \text{ m}^4}{1 + \dfrac{30 \times 1.2 \times 0.02 \text{ m}^4}{0.16 \text{ m} \times 1.0 \text{ m} \times 2.14^2 \text{ m}^2}} = 0.005\ 5 \text{ m}^4$$

式中,0.55 为连梁刚度折减系数(注本例经试算,发现该连梁内力过大,出现超筋现象,故通过降低连梁的刚度来减少连梁的内力)。

剪力墙整体系数

$$\alpha = H \sqrt{\frac{12 I_b a^2}{h (I_{w1} + I_{w2}) l_b^3} \times \frac{I_w}{I_n}} =$$

$$39.2 \text{ m} \times \sqrt{\frac{12 \times 0.005\ 5 \text{ m}^4 \times 5.019^2 \text{ m}^2}{2.8 \text{ m} \times (0.574\ 1 \text{ m}^4 + 5.639 \text{ m}^4) \times 2.14^3 \text{ m}^3} \times \frac{18.784 \text{ m}^4}{12.571 \text{ m}^4}} = 4.8 < 10$$

所以剪力墙 Q6 的类型为联肢墙。

$$\gamma^2 = \frac{2.5\mu \sum I_i \sum l_j}{H^2 \sum A_i \sum a_j} =$$

$$\frac{2.5 \times 1.2 \times (0.574\ 1 \text{ m}^4 + 5.639 \text{ m}^4) \times 2.14 \text{ m}}{39.2^2 \text{ m}^2 \times 2.150\ 4 \text{ m}^2 \times 5.019 \text{ m}} = 0.002\ 3$$

$$\gamma_1^2 = \frac{2.5\mu \sum I_i}{H^2 \sum A_i} = \frac{2.5 \times 1.2 \times (0.574\ 1 \text{ m}^4 + 5.639 \text{ m}^4)}{39.2^2 \text{ m}^2 \times 2.150\ 4 \text{ m}^2} = 0.005\ 4$$

$$\beta = \alpha^2 \gamma^2 = 4.8^2 \times 0.002\ 3 = 0.053,根据 \alpha 查表,得 \psi_a = 0.113$$

$$s_1 = \frac{a A_1 A_2}{A_1 + A_2} = \frac{5.019 \text{ m} \times 0.787\ 2 \text{ m}^2 \times 1.363\ 2 \text{ m}^2}{0.787\ 2 \text{ m}^2 + 1.363\ 2 \text{ m}^2} = 2.505 \text{ m}^3$$

$$\tau = \frac{as_1}{I_1 + I_2 + as_1} = \frac{5.019 \text{ m} \times 2.505 \text{ m}^3}{0.574\,1\text{ m}^4 + 5.639\text{ m}^4 + 5.019\text{ m} \times 2.505\text{ m}^3} = 0.67$$

等效刚度

$$E_c I_{eq} = \frac{\sum E_c I_i}{(1-\tau) + (1-\beta)\tau\psi_a + 3.64\gamma_1^2} =$$

$$\frac{2.8 \times 10^4 \text{ N/mm}^2 \times (0.574\,1\text{ m}^4 + 5.639\text{ m}^4)}{(1-0.67) + (1-0.053) \times 0.67 \times 0.113 + 3.64 \times 0.005\,4^2} =$$

$$4.129 \times 10^8 \text{ kN} \cdot \text{m}^2$$

7. y 方向结构总等效刚度

$$\sum E_c I_{eq} = 2 \times (2.302 \times 10^7 \text{ kN} \cdot \text{m}^2 + 2.240 \times 10^8 \text{ kN} \cdot \text{m}^2 + 3.267 \times$$

$$10^7 \text{ kN} \cdot \text{m}^2 + 1.639 \times 10^7 \text{ kN} \cdot \text{m}^2 + 8.137 \times 10^7 \text{ kN} \cdot \text{m}^2) + 4.129 \times 10^8 \text{ kN} \cdot \text{m}^2 =$$

$$1.162\,4 \times 10^9 \text{ kN} \cdot \text{m}^2$$

6.5.5　重力荷载代表值

楼面恒荷载标准值取 7.0 kN/m^2（包括内隔墙重），屋面恒荷载标准值取 7.5 kN/m^2，楼面活荷载标准值取 2.0 kN/m^2，屋面活荷载标准值取 0.5 kN/m^2。

1 ～ 13 层的重力荷载代表值 $G_1 = G_2 = \cdots = G_{13} = 3\,641 \text{ kN}$

14 层的重力荷载代表值 $G_{14} = 3\,448 \text{ kN}$

15 层的重力荷载代表值 $G_{15} = 837 \text{ kN}$

总重力荷载代表值 $G_E = \sum G = 51\,618 \text{ kN}$

6.5.6　结构基本自振周期

沿建筑物高度均布重力荷载 $q = 51\,618 \text{ kN}/(32.9 \text{ m}) = 1\,316.8 \text{ kN/m}$

y 方向结构顶点假想水平位移 $u_T = \dfrac{qH^4}{8\sum E_c I_{eq}} = \dfrac{1\,316.8 \text{ kN/m} \times 39.2^4 \text{ m}^4}{8 \times 1.162\,4 \times 10^9 \text{ kN} \cdot \text{m}^2} = 0.334 \text{ m}$

y 方向结构基本自振周期 $T_1 = 1.7\psi_T \sqrt{u_T} = 1.7 \times 10 \times \sqrt{0.334 \text{ m}} = 0.982 \text{ s}$

（注：在估算主体结构自振周期时，可不考虑突出屋面电梯机房小塔楼的影响，房屋高度 H 取主体结构的高度）

6.5.7　结构重力二阶效应及整体稳定

1. 结构重力二阶效应

《高规》要求：对于剪力墙结构，当满足 $EJ_d \geq 2.7H^2 \sum G_i$ 时，可不考虑重力二阶效应；否则应考虑重力二阶效应对水平地震作用下结构内力和位移的不利影响。

取 $EJ_d = \sum E_c I_{eq} = 1.162\,4 \times 10^9 \text{ kN} \cdot \text{m}^2 \geq 2.7H^2 \sum G_i = 2.7 \times 39.2^2 \text{ m}^2 \times 51\,618 \text{ kN} = 2.141\,6 \times 10^8 \text{ kN} \cdot \text{m}^2$，可不进行重力二阶效应计算。

2.结构整体稳定

根据《高规》要求,对于剪力墙结构,当满足以下条件 $EJ_\mathrm{d} = \sum E_\mathrm{c} I_\mathrm{eq} = 1.162\ 4 \times 10^9\ \mathrm{kN \cdot}$ $\mathrm{m}^2 > 1.4H^2 \sum G_i = 1.11 \times 10^8\ \mathrm{kN \cdot m}^2$,能够保证结构的整体稳定性。

6.5.8 水平地震作用计算

本工程只进行 y 方向水平地震作用的计算,x 方向的计算从略。

1.总地震作用标准值

本工程为 7 度设防、II 类场地、设计地震分组为第二组,特征周期 $T_\mathrm{g} = 0.4\ \mathrm{s}$,水平地震影响系数最大值 $\alpha_\mathrm{max} = 0.08$。当 $5T_\mathrm{g} \geqslant T_1 > T_\mathrm{g}$ 时,水平地震影响系数 $\alpha = \left(\dfrac{T_\mathrm{g}}{T_1}\right)^\gamma \eta_2 \alpha_\mathrm{max}$,其中,$\gamma = 0.9, \eta_2 = 1.0$,即

$$\alpha = \left(\frac{T_\mathrm{g}}{T_1}\right)^\gamma \eta_2 \alpha_\mathrm{max} = \left(\frac{0.4\ \mathrm{s}}{0.982\ \mathrm{s}}\right)^{0.9} \times 1.0 \times 0.08 = 0.035\ 6$$

结构总等效重力荷载代表值

$$G_\mathrm{eq} = 0.85 G_\mathrm{E} = 0.85 \times 51\ 618\ \mathrm{kN} = 43\ 875\ \mathrm{kN}$$

总地震作用标准值

$$F_\mathrm{Ek} = \alpha G_\mathrm{eq} = 0.035\ 6 \times 43\ 875\ \mathrm{kN} = 1\ 562.0\ \mathrm{kN}$$

2.顶部附加水平地震作用

由于 $T_1 = 0.982\ \mathrm{s} > 1.4T_\mathrm{g} = 1.4 \times 0.4\ \mathrm{s} = 0.56\ \mathrm{s}$,应考虑顶部附加水平地震作用,顶部附加水平地震作用标准值 $\Delta F_\mathrm{n} = \delta_\mathrm{n} F_\mathrm{Ek}$

当 $T_1 > 1.4T_\mathrm{g}$ 时

$$\delta_\mathrm{n} = 0.08T_1 + 0.01 = 0.08 \times 0.982 + 0.01 = 0.089$$

$$\Delta F_\mathrm{n} = \delta_\mathrm{n} F_\mathrm{Ek} = 0.089 \times 1\ 562.0\ \mathrm{kN} = 139.0\ \mathrm{kN}$$

3.突出屋面电梯机房塔楼水平地震作用放大系数

根据表 3.11,突出屋面电梯机房的地震作用效应增大系数 $\beta_\mathrm{n} = 3$。

4.各楼层的水平地震作用

按以下公式计算

$$F_i = \frac{G_i H_i}{\sum G_i H_i} F_\mathrm{Ek}(1 - \delta_\mathrm{n})$$

各楼层水平地震作用见表 6.12。

5.各楼层水平地震作用总剪力和总弯矩

楼层水平地震作用总剪力

$$V_i = \sum_{j=i}^{n} F_j$$

楼层水平地震作用总弯矩

$$M_i = \sum_{j=i}^{n} F_j(H_j - H_{i-1})$$

各楼层水平地震作用总剪力和总弯矩见表 6.13。

表6.12　各楼层的水平地震作用

楼层	G_i/kN	H_i/m	G_iH_i	F_i/kN	
				倒三角形作用	顶部集中力作用
15	837	43.1	36 074.7		
14	3 448	39.2	135 161.6	175.0	139 + 46.7
13	3 641	36.4	132 532.4	171.6	
12	3 641	33.6	122 337.6	158.4	
11	3 641	30.8	112 142.8	145.2	
10	3 641	28	101 948	132.0	
9	3 641	25.2	91 753.2	118.8	
8	3 641	22.4	81 558.4	105.6	
7	3 641	19.6	71 363.6	92.4	
6	3 641	16.8	61 168.8	79.2	
5	3 641	14	50 974	66.0	
4	3 641	11.2	40 779.2	52.8	
3	3 641	8.4	30 584.4	39.6	
2	3 641	5.6	20 389.6	26.4	
1	3 641	2.8	10 194.8	13.2	
	1 098 963		$\sum G_iH_i = 1\ 098\ 963$	$V_{01} = 1\ 376.3$	$V_{02} = 185.7$

表6.13　各楼层的水平地震作用总剪力和总弯矩

楼层	1	2	3	4	5	6	7	8
V_i/kN	1 562.0	1 548.8	1 522.4	1 482.8	1 430.0	1 364.0	1 284.8	1 192.4
$M_i/(\mathrm{kN \cdot m})$	44 593.3	40 219.8	35 883.3	31 620.7	27 469.0	23 465.1	19 646.0	16 048.8
楼层	9	10	11	12	13	14	15	
V_i/kN	1 086.8	968.0	836.0	690.8	532.4	360.7	46.7 × 3 = 140.1	
$M_i/(\mathrm{kN \cdot m})$	12 710.2	9 667.3	6 957.1	4 616.6	2 682.6	1 622.3	140.1 × 3.9 = 546.4	

6.5.9　地震作用下结构水平位移

根据《高规》规定,层间最大水平位移与层高之比限值为 $\left[\dfrac{\Delta u}{h}\right] = 1/1\ 000$。

$$\frac{\Delta u}{h} = \frac{V_{01}H^2}{4\sum E_\mathrm{c}I_\mathrm{eq}} + \frac{V_{02}H^2}{2\sum E_\mathrm{c}I_\mathrm{eq}} = \frac{1\ 376.3\ \mathrm{kN} \times 39.2^2\ \mathrm{m}^2}{4 \times 1.162\ 4 \times 10^9\ \mathrm{kN \cdot m^2}} +$$

$$\frac{185.7\ \mathrm{kN} \times 39.2^2\ \mathrm{m}^2}{2 \times 1.162\ 4 \times 10^9\ \mathrm{kN \cdot m^2}} = \frac{1}{1\ 731} \leqslant \left[\frac{\Delta u}{h}\right] = \frac{1}{1\ 000}$$

满足限值要求。

6.5.10 构件内力计算及组合

本工程在 y 方向应进行剪力墙 Q1 ~ Q6 的内力计算,本例仅取剪力墙 Q5、Q6 进行内力计算,其他墙体计算从略。

1. 剪力墙 Q5 内力计算及组合

(1) 剪力墙 Q5 在竖向荷载作用下的内力计算

竖向重力荷载产生的轴力按墙体负载面积估算,各层轴力见表 6.14。

表 6.14 剪力墙 Q5 墙肢、连梁内力

楼层	x /m	弯矩 $M(x)$ /(kN·m)	剪力 $V(x)$/kN	墙肢 1			墙肢 2			连梁	
				M/(kN·m)	V/kN	N/kN	M/(kN·m)	V/kN	N/kN	M/(kN·m)	V/kN
14	39.2	83.4	25.3	4.6	4.0	14.3	27.1	21.4	14.3	7.1	9.4
13	36.4	187.8	37.3	7.1	5.9	32.1	61.0	31.6	32.1	13.4	17.8
12	33.6	323.2	48.4	9.5	7.7	55.2	105.0	41.0	55.2	17.4	23.1
11	30.8	487.0	58.5	11.8	9.3	83.2	158.3	49.6	83.3	21.0	28.0
10	28	676.7	67.8	14.1	10.7	115.7	220.0	57.4	115.7	24.3	32.4
9	25.2	889.7	76.1	16.3	12.0	152.1	289.2	64.4	152.1	27.3	36.4
8	22.4	1 123.4	83.5	18.5	13.2	192.0	365.2	70.7	192.1	30.0	40.0
7	19.6	1 375.3	89.9	20.5	14.2	235.0	447.0	76.2	235.1	32.3	43.1
6	16.8	1 642.6	95.5	22.5	15.1	280.7	533.9	80.9	280.8	34.3	45.7
5	14	1 922.9	100.1	24.4	15.8	328.6	625.0	84.8	328.7	35.9	47.9
4	11.2	2 213.5	103.8	26.1	16.4	378.3	719.5	87.9	378.4	37.3	49.7
3	8.4	2 511.9	106.6	27.7	16.9	429.3	816.4	90.3	429.4	38.3	51.0
2	5.6	2 815.5	108.4	29.2	17.2	481.2	915.1	91.8	481.3	38.9	51.9
1	2.8	3 121.6	109.3	30.5	17.3	533.5	1 014.6	92.6	533.7	39.3	52.3

(2) 剪力墙在水平荷载作用下的内力计算

剪力墙为整体小开口墙,墙肢内力计算公式为

墙肢弯矩

$$M_j = 0.85M(x)\frac{I_j}{I} + 0.15M(x)\frac{I_j}{\sum I_j}$$

小墙肢附加弯矩

$$\Delta M_j = V_j h_0/2$$

墙肢轴力

$$N_j = \pm 0.85M(x)\frac{A_j y_j}{I}$$

墙肢剪力

$$V_j = \frac{V(x)}{2}\left(\frac{A_j}{\sum A_j} + \frac{I_j}{\sum I_j}\right)$$

式中，$M(x)$，$V(x)$ 分别为该小开口剪力墙在高度 x 处承受的弯矩、剪力，可由外荷载在高度 x 处产生的总弯矩、总剪力按等效刚度的比例 $\dfrac{E_c I_{eq}}{\sum E_c I_{eq}}$ 分配所得。

连梁剪力　　　　　　　　$V_{bj} = N_j - N_{j+1}$

连梁弯矩　　　　　　　　$M_{bj} = V_{bj} l_n/2$

(3) 剪力墙 Q5 的计算参数

$$I_{w1} = 0.009 \text{ m}^4; I_{w2} = 0.767\ 4 \text{ m}^4; A_{w1} = 0.273\ 6 \text{ m}^2; A_{w2} = 0.624 \text{ m}^2;$$

$$y_1 = 2.736 \text{ m}; y_2 = 1.2 \text{ m}; l_b = 2.15 \text{ m}$$

剪力墙墙肢、连梁内力见表 6.14。

(4) 剪力墙 Q5 的内力组合

考虑重力荷载及水平地震作用组合，重力荷载作用分项系数 $\gamma_G = 1.2$，水平地震作用分项系数 $\gamma_{Eh} = 1.3$；连梁剪力设计值

$$V_b = 1.1 \frac{M_b^l + M_b^r}{l_n} + V_{Gb}$$

式中，V_{Gb} 为在重力荷载代表值作用下，按简支梁计算的梁端截面剪力设计值。

$$V_{Gb} = [(1.5^2/2 + 15 \times 0.52) \text{m}^2 \times (7.0 + 1.5 \times 0.5) \text{kN/m}^2 + 1.5 \text{ m} \times (0.16 + 0.04) \text{m} \times$$
$$1.3 \text{ m} \times 25 \text{ kN/m}^3 + 1.5 \text{ m} \times 0.2 \text{ m} \times 1.3 \text{ m} \times 8 \text{ kN/m}^3] \times 0.5 = 13.8 \text{ kN}$$

剪力墙 Q5 墙肢连梁内力汇总见表 6.15，内力组合见表 6.16。

表 6.15　剪力墙 Q5 内力汇总

楼层	竖向荷载作用下产生的内力 /kN		水平荷载作用下产生的内力								
			墙肢 1			墙肢 2			连梁	
	墙肢 1 N/kN	墙肢 2 N/kN	M/(kN·m)	V/kN	N/kN	M/(kN·m)	V/kN	N/kN	M/(kN·m)	V/kN
14	41.0	146.1	4.6	4.0	14.3	27.1	21.4	14.3	7.1	9.4
13	73.6	268.5	7.1	5.9	32.1	61.0	31.6	32.1	13.4	17.8
12	106.1	390.8	9.5	7.7	55.2	105.0	41.0	55.2	17.4	23.1
11	138.6	513.1	11.8	9.3	83.2	158.3	49.6	83.3	21.0	28.0
10	171.1	635.4	14.1	10.7	115.7	220.0	57.4	115.7	24.3	32.4
9	203.6	757.7	16.3	12.0	152.1	289.2	64.4	152.1	27.3	36.4
8	236.2	880.1	18.5	13.2	192.0	365.2	70.7	192.1	30.0	40.0
7	268.7	1 002.4	20.5	14.2	235.0	447.0	76.2	235.1	32.3	43.1
6	301.2	1 124.7	22.5	15.1	280.7	533.4	80.9	280.8	34.3	45.7
5	333.7	1 247.0	24.4	15.8	328.6	625.0	84.8	328.7	35.9	47.9
4	366.2	1 369.3	26.1	16.4	378.3	719.5	87.9	378.4	37.3	49.7
3	398.8	1 491.6	27.7	16.9	429.3	816.4	90.3	429.4	38.3	51.0
2	431.3	1 614.0	29.2	17.2	481.2	915.1	91.9	481.3	38.9	51.9
1	436.8	1 736.3	30.5	17.3	533.5	1 014.6	92.6	533.7	39.3	52.3

表 6.16　剪力墙 Q5 墙肢、连梁内力组合

楼层	墙肢 1 内力组合				墙肢 2 内力组合				连梁内力组合	
	M /(kN·m)	V /kN	N/kN		M /(kN·m)	V /kN	N/kN		M /(kN·m)	V /kN
			左震 ←	右震 →			左震 ←	右震 →		
14	6.0	5.2	67.7	30.7	35.3	27.8	156.8	193.9	9.2	26.6
13	9.2	7.7	130.0	46.6	79.3	41.0	280.5	363.9	17.4	38.1
12	12.3	9.9	199.1	55.5	136.6	53.2	397.1	540.8	22.6	45.4
11	15.4	12.0	274.5	58.1	205.8	64.4	507.5	724.0	27.3	52.0
10	18.3	13.9	355.7	55.0	285.9	74.6	612.1	912.9	31.6	58.1
9	21.2	15.7	442.0	46.6	375.9	83.8	711.5	1 107.0	35.5	63.5
8	24.0	17.2	533.0	33.8	474.7	91.9	806.4	1 305.8	39.0	68.3
7	26.7	18.5	628.0	16.9	581.1	99.0	897.2	1 508.5	42.0	72.6
6	29.3	19.6	726.4	− 3.5	694.1	105.1	984.6	1 714.7	44.6	76.2
5	31.7	20.6	827.7	− 26.8	812.5	110.2	1 069.0	1 923.8	46.7	79.2
4	33.9	21.4	931.2	− 52.4	935.3	114.3	1 151.2	2 135.1	48.4	81.6
3	36.0	21.9	1 036.6	− 79.5	1 061.4	117.3	1 231.7	2 348.2	49.7	83.4
2	37.9	22.3	1 143.1	− 108.0	1 189.6	119.4	1 311.1	2 562.5	50.6	84.6
1	39.7	22.5	1 217.7	− 169.4	1 319.0	120.4	1 389.8	2 777.3	51.0	85.2

2. 剪力墙 Q6 内力计算及组合

(1) 剪力墙 Q6 在竖向荷载作用下的内力计算

竖向重力荷载产生的轴力按墙体负载面积估算,各层轴力见表 6.19。

(2) 剪力墙 Q6 在水平荷载作用下的内力计算

剪力墙 Q6 为联肢墙。连梁剪力、弯矩分别为

$$V_{bij} = \frac{\eta_j}{a_j} \tau h V_0 [(1 - \beta)\phi_1 + \beta\phi_2]$$

$$M_{bij} = V_{bij} l_{bij} / 2$$

式中, a_j 为墙肢轴线距离; l_{bij} 为连梁计算跨度; η_j 为第 j 列连梁约束弯矩系数,双肢墙 $\eta_j = 1$; V_0 为该联肢墙底部承受的总剪力。

剪力墙 Q6 在第 i 层第 j 墙肢的弯矩

$$M_{ij} = \frac{I_j}{\sum I_j}\left(M_{pi} + \sum_{k=i}^{n} M_{0k}\right)$$

式中, M_{pi} 为第 i 层第 1 片墙由外荷载产生的弯矩, $M_{pi} = M_i \dfrac{E_c I_{eql}}{\sum E_c I_{eq}}$; M_{0k} 为第 k 层($k \geqslant i$)的总约束弯矩, $M_{0k} = \tau h V_0 [(1 - \beta)\phi_1 + \beta\phi_2]$; M_i 为由外荷载在第 i 层按竖向悬臂构件计算产生的总弯矩。

剪力墙 Q6 在第 i 层第 j 墙肢轴力

$$N_{i1} = N_{i2} = \sum_{k=i}^{n} V_{bk1}$$

剪力墙 Q6 在第 i 层第 j 墙肢剪力

$$V_{ij} = \frac{I'_j}{\sum I'_j} V_{bi}$$

式中，I'_j 为折算刚度，$I'_j = \dfrac{I_j}{1 + \dfrac{30\mu I_j}{A_j h^2}}$；$V_{pi}$ 为第 i 层第 1 片墙由外荷载产生的剪力，$V_{pi} =$

$V_i \dfrac{E_c I_{eql}}{\sum E_c I_{eq}}$，$V_i$ 为由外荷载在第 i 层按竖向悬臂构件计算产生的总剪力。

（3）剪力墙 Q6 的计算参数

$$\xi = x/H, \tau = 0.67, \beta = 0.53, a = 5.019 \text{ m}$$

$$\frac{E_c I_{eq6}}{\sum E_c I_{eq}} = \frac{4.129 \times 10^8 \text{ kN} \cdot \text{m}^2}{1.162\,4 \times 10^9 \text{ kN} \cdot \text{m}^2} = 0.355$$

$$V_{01} = 1\,376.3 \text{ kN} \times 0.355 = 488.6 \text{ kN}; V_{02} = 185.7 \text{ kN} \times 0.355 = 66 \text{ kN}$$

$$I'_1 = 0.071 \text{ m}^4, I'_2 = 0.210 \text{ m}^4, I_1 = 0.574\,1 \text{ m}^4, I_2 = 5.639 \text{ m}^4$$

剪力墙 Q6 为联肢墙，Q6 承受的弯矩剪力及连梁、墙肢内力见表 6.17 ~ 表 6.19。

表 6.17　剪力墙 Q6 连梁内力（倒三角形荷载作用）

楼层	ξ	ϕ_1	ϕ_2	$M_{0k}/(\text{kN} \cdot \text{m})$	$\sum M_{0k}/(\text{kN} \cdot \text{m})$	连梁剪力 V_{bi}/kN	连梁弯矩 $M_{bi}/(\text{kN} \cdot \text{m})$
14	1.00	0.307	0.000	266.5	266.5	53.1	56.8
13	0.93	0.324	0.138	274.5	541.1	57.4	61.4
12	0.86	0.365	0.265	304.1	845.2	65.7	70.3
11	0.79	0.419	0.383	345.5	1 190.7	76.3	81.6
10	0.71	0.478	0.490	391.6	1 582.4	87.5	93.6
9	0.64	0.536	0.587	437.1	2 019.4	98.4	105.3
8	0.57	0.587	0.673	477.4	2 496.8	108.2	115.7
7	0.50	0.627	0.750	508.5	3 005.3	115.8	124.0
6	0.43	0.652	0.816	526.4	3 531.7	120.7	129.2
5	0.36	0.655	0.872	526.4	4 058.1	121.8	130.3
4	0.29	0.630	0.918	502.4	4 560.5	117.9	126.1
3	0.21	0.567	0.954	446.4	5 006.9	107.4	114.9
2	0.14	0.455	0.980	347.4	5 354.3	88.2	94.4
1	0.07	0.274	0.995	189.8	5 544.1	57.1	61.1

表 6.18　剪力墙 Q6 连梁内力(顶部集中荷载作用)

楼层	ξ	ϕ_1	ϕ_2	$M_{0k}/(kN \cdot m)$	$\sum M_{0k}/(kN \cdot m)$	连梁剪力 V_{bi}/kN	连梁弯矩 $M_{bi}/(kN \cdot m)$
14	1.00	0.987	1.0	109.1	109.1	24.4	26.1
13	0.93	0.986	1.0	109.0	218.2	24.3	26.0
12	0.86	0.983	1.0	108.7	326.9	24.3	26.0
11	0.79	0.978	1.0	108.2	435.1	24.2	25.9
10	0.71	0.971	1.0	107.3	542.3	24.0	25.7
9	0.64	0.959	1.0	105.9	648.2	23.7	25.4
8	0.57	0.942	1.0	103.9	752.2	23.3	25.0
7	0.50	0.918	1.0	101.1	853.3	22.8	24.4
6	0.43	0.883	1.0	97.0	950.3	21.9	23.5
5	0.36	0.833	1.0	91.1	1 041.4	20.8	22.2
4	0.29	0.761	1.0	82.7	1 124.1	19.1	20.4
3	0.21	0.659	1.0	70.7	1 194.8	16.7	17.9
2	0.14	0.512	1.0	53.4	1 248.2	13.3	14.2
1	0.07	0.301	1.0	28.8	1 277.0	8.3	8.9

表 6.19　剪力墙 Q6 墙肢内力(倒三角形和顶部集中荷载作用相加)

楼层	总弯矩 M_i /(kN·m)	总剪力 V_i/kN	弯矩 M_{pi} /(kN·m)	剪力 V_{pi}/kN	墙肢弯矩 /(kN·m)		墙肢剪力 /kN		墙肢轴力 /kN	
					墙肢1	墙肢2	墙肢1	墙肢2	墙肢1	墙肢2
14	1 192.1	360.7	423.2	128.1	4.4	43.1	32.4	95.7	77.5	77.5
13	2 682.6	532.4	952.3	189.0	17.8	175.2	47.8	141.2	159.2	159.2
12	4 616.6	690.8	1 638.9	245.2	43.1	423.6	62.0	183.3	249.2	249.2
11	6 957.1	836.0	2469.8	296.8	78.0	766.0	75.0	221.8	349.6	349.6
10	9 667.3	968.0	3431.9	343.6	120.8	1 186.4	86.8	256.8	461.1	461.1
9	12 710.2	1 086.8	4 512.1	385.8	170.4	1 674.0	97.5	288.3	583.3	583.3
8	16 048.8	1 192.4	5 697.3	423.3	226.2	2 222.1	107.0	316.3	714.8	714.8
7	19 646.0	1 284.8	6 974.3	456.1	287.9	2 827.9	115.2	340.9	853.4	853.4
6	23 465.1	1 364.0	8 330.1	484.2	355.6	3 492.5	122.3	361.9	996.0	996.0
5	27 469.0	1 430.0	9 751.5	507.6	429.8	4 222.1	128.3	379.4	1 138.6	1 138.6
4	31 620.7	1 482.8	11 225.3	526.4	512.0	5 028.7	133.0	393.4	1 275.5	1 275.5
3	35 883.3	1 522.4	12 738.6	540.5	604.0	5 932.8	136.6	403.9	1 399.7	1 399.7
2	40 219.8	1 548.8	14 278.0	549.8	709.2	6 966.2	138.9	410.9	1 501.1	1 501.1
1	44 593.3	1 562.0	15 830.6	554.5	832.5	8 177.0	140.1	414.4	1 566.5	1 566.5

（4）剪力墙 Q6 的内力组合

$$V_{Gb} = [1.8^2/2 \text{ m}^2 \times (7.0 + 1.5 \times 0.5) \text{ kN/m}^2 + 1.8 \text{ m} \times (0.16 + 0.04) \text{ m} \times 1.0 \text{ m} \times 25 \text{ kN/m}^3] \times$$

$$0.5 = 10.8 \text{ kN}$$

剪力墙墙肢、连梁内力汇总和内力组合见表 6.20 和表 6.21。

表 6.20　剪力墙 Q6 内力汇总

楼层	竖向荷载作用下产生的内力 /kN		水平荷载作用下产生的内力								
			墙肢 1			墙肢 2			连梁	
	墙肢 1 N/kN	墙肢 2 N/kN	M /(kN·m)	V /kN	N /kN	M /(kN·m)	V /kN	N /kN	M /(kN·m)	V /kN
14	122.2	227.1	4.4	32.4	77.5	43.1	95.7	77.5	82.9	77.5
13	226.5	452.7	17.8	47.8	159.2	175.2	141.2	159.2	87.4	81.7
12	330.8	678.4	43.1	62.0	249.2	423.6	183.3	249.2	96.3	90.0
11	435.1	904.1	78.0	75.0	349.6	766.0	221.8	349.6	107.4	100.4
10	539.4	1 129.8	120.8	86.8	461.1	1 186.4	256.8	461.1	119.3	111.5
9	643.7	1 355.4	170.4	97.5	583.3	1 674.0	288.3	583.3	130.7	122.2
8	748	1 581.1	226.2	107.0	714.8	2 222.1	316.3	714.8	140.7	131.5
7	852.3	1 806.8	287.9	115.2	853.4	2 827.9	340.9	853.4	148.3	138.6
6	956.7	2 032.5	355.6	122.3	996.0	3 492.5	361.9	996.0	152.6	142.6
5	1 061	2 258.2	429.8	128.3	1 138.6	4 222.1	379.4	1 138.6	152.5	142.6
4	1 165.3	2 483.8	512.0	133.0	1 275.5	5 028.7	393.4	1 275.5	146.6	137.0
3	1 269.6	2 709.5	604.0	136.6	1 399.7	5 932.8	403.9	1 399.7	132.8	124.1
2	1 373.9	2 935.2	709.2	138.9	1 501.1	6 966.2	410.9	1 501.1	108.6	101.5
1	1 478.2	3 160.9	832.5	140.1	1 566.5	8 177.0	414.4	1 566.5	70.0	65.4

表 6.21　剪力墙 Q6 墙肢、连梁内力组合

| 楼层 | 墙肢 1 内力组合 | | | | 墙肢 2 内力组合 | | | | 连梁内力组合 | |
| | M /(kN·m) | V /kN | N/kN | | M /(kN·m) | V /kN | N/kN | | M /(kN·m) | V /kN |
			左震 ←	右震 →			左震 ←	右震 →		
14	5.7	42.1	247.3	45.9	56.0	124.4	171.8	373.2	107.8	121.6
13	23.2	62.1	478.7	64.9	227.8	183.6	336.3	750.2	113.7	127.6
12	56.1	80.5	720.9	73.0	550.7	238.2	490.1	1 138.0	125.2	139.5
11	101.4	97.5	976.6	67.6	995.8	288.3	630.4	1 539.4	139.7	154.4
10	157.0	112.9	1 246.7	47.8	1 542.4	333.8	756.3	1 955.2	155.1	170.3
9	221.6	126.7	1 530.7	14.2	2 176.3	374.8	868.2	2 384.7	169.9	185.5
8	294.1	139.0	1 826.8	−31.6	2 888.8	411.2	968.1	2 826.5	182.9	198.8
7	374.3	149.8	2 132.1	−86.6	3 676.2	443.1	1 058.8	3 277.5	192.4	209.0
6	462.2	159.1	2 442.8	−146.8	4 540.3	470.4	1 144.2	3 733.8	198.4	214.8
5	558.8	166.7	2 753.3	−206.9	5 488.7	493.2	1 229.7	4 190.0	198.3	214.7
4	665.6	172.9	3 056.6	−259.8	6 537.3	511.4	1 322.4	4 638.8	190.5	206.7
3	785.2	177.5	3 343.1	−296.2	7 712.7	525.1	1 431.8	5 071.0	172.7	188.3
2	922.0	180.6	3 600.1	−302.8	9 056.1	534.2	1 570.8	5 473.7	141.1	155.9
1	1 082.2	182.1	3 810.3	−262.7	10 630.1	538.7	1 756.6	5 829.6	91.0	104.4

6.5.11　截面设计

为简化计算、方便施工,本例决定 1～3 层剪力墙采用相同配筋,4～14 层剪力墙采用相同配筋,因此应对剪力墙的首层、第 4 层进行截面设计。

根据公式(6.29a),抗震等级为三级时,在底部加强区,对剪力设计值进行调整,剪力增大系数 $\eta_{vw} = 1.2$。

1. 剪力墙 Q5 截面设计

(1) 截面尺寸限制条件验算(见表 6.22)

表 6.22　剪力墙 Q5 截面尺寸限制条件验算

墙肢 1	墙肢 2	连梁
$V_w \leqslant \dfrac{1}{\gamma_{RE}}(0.2 f_c b_w h_{w0}{}^{①}) =$	$V_w \leqslant \dfrac{1}{\gamma_{RE}}(0.2 f_c b_w h_{w0}) =$	$V_b \leqslant \dfrac{1}{\gamma_{RE}}(0.15 f_c b_w h_{b0}) =$
$\dfrac{1}{0.85}(0.2 \times 11.9\ \text{N/mm}^2 \times$	$\dfrac{1}{0.85}(0.2 \times 11.9\ \text{N/mm}^2 \times$	$\dfrac{1}{0.85}(0.15 \times 11.9\ \text{N/mm}^2 \times$
$160\ \text{mm} \times 480\ \text{mm}) = 215\ \text{kN}$	$160\ \text{mm} \times 3\ 480\ \text{mm}) = 1\ 559\ \text{kN}$	$160\ \text{mm} \times 1\ 200\ \text{mm}) = 403.2\ \text{kN}$
$V_w = 1.2 \times 22.5\ \text{kN} = 27.0\ \text{kN} <$ 215 kN 满足	$V_w = 1.2 \times 120.4\ \text{kN} = 144.5\ \text{kN} <$ 1 559 kN 满足	$V_b = 85.2\ \text{kN} < 403.2\ \text{kN}$ 满足

注:① 剪力墙截面有效高度 h_{w0} 为剪力墙受拉边缘构件中全部纵向钢筋合力点至剪力墙截面受压边缘的距离。在本例中近似取 $h_{w0} = h_w - 200\ \text{mm}$。

(2) 剪力墙 Q5 首层截面设计

① 剪力墙 Q5 墙肢 1 截面设计

墙肢 1 内力设计值为

第一组
$$\begin{cases} M = 39.7 \text{ kN} \cdot \text{m} \\ V = 1.2 \times 22.5 \text{ kN} = 27.0 \text{ kN} \\ N = 1\,217.7 \text{ kN} \end{cases}$$

第二组
$$\begin{cases} M = 39.7 \text{ kN} \cdot \text{m} \\ V = 27.0 \text{ kN} \\ N = -169.4 \text{ kN} \end{cases}$$

a. 正截面承载力计算

墙肢 1 按第一组内力计算(偏心受压):

竖向分布钢筋选双层配筋 $\phi 10 @ 200 (A_{sw} = 628 \text{ mm}^2, \rho_w = 0.5\%)$。

墙肢 1 为 T 字形截面,首先按 $x \leqslant h'_f$ 的公式求 x,由公式(6.31a、e、g、h),并注意 $A_{sw} = b_w h_w \rho_w$ 及 $A'_s f'_y = A_s f_y$,整理可得

$$x = \frac{\gamma_{RE} N + f_{yw} A_{sw}}{\alpha_1 f_c b'_f + \dfrac{1.5 f_{yw} A_{sw}}{h_w}} =$$

$$\frac{0.85 \times 1\,217.7 \text{ kN} \times 10^3 + 210 \text{ N/mm}^2 \times 628 \text{ mm}^2}{11.9 \text{ N/mm}^2 \times 1\,190 \text{ mm} + \dfrac{1.5 \times 210 \text{ N/mm}^2 \times 628 \text{ mm}^2}{680 \text{ mm}}} = 81 \text{ mm} \leqslant h'_f = 160 \text{ mm}$$

x 即为所求。$\xi = \dfrac{81 \text{ mm}}{480 \text{ mm}} = 0.169 < \xi_b = 0.550$

$$M_{sw} = \frac{1}{2} (h_{w0} - 1.5x)^2 b_w f_{yw} \rho_w = \frac{1}{2} \times (480 \text{ mm} - 1.5 \times 81 \text{ mm})^2 \times$$
$$160 \text{ mm} \times 210 \text{ N/mm}^2 \times 0.005 = 10.80 \text{ kN} \cdot \text{m}$$

$$M_c = \alpha_1 f_c b'_f x (h_{w0} - x/2) = 11.9 \text{ N/mm}^2 \times 1\,190 \text{ mm} \times 81 \text{ mm} \times$$
$$(480 \text{ mm} - 81/2 \text{ mm}) = 504.0 \text{ kN} \cdot \text{m}$$

$$e_0 = M/N = 39.7 \text{ kN} \cdot \text{m}/(1\,217.7 \text{ kN}) = 32.6 \text{ mm}$$

$$A_s = A'_s = [0.85N(e_0 + h_{w0} - h_w/2) + M_{sw} - M_c]/[f_y'(h_{w0} - a'_s)] =$$
$$[0.85 \times 1\,217.7 \text{ kN} \times 10^3 \times (32.6 \text{ mm} + 480 \text{ mm} - 680 \text{ mm}/2) +$$
$$10.80 \text{ kN} \cdot \text{m} \times 10^6 - 504.0 \text{ kN} \cdot \text{m} \times 10^6]/[300 \text{ N/mm}^2 \times$$
$$(480 \text{ mm} - 200 \text{ mm})] < 0$$

剪力墙端部钢筋按构造配筋。

墙肢 1 按第二组内力计算(偏心受拉):

$e_0 = M/N = 39.7 \text{ kN} \cdot \text{m}/(169.4 \text{ kN}) = 234.4 \text{ mm} > h_w/2 - a = 680/2 \text{ mm} - 200 \text{ mm} = 140 \text{ mm}$,偏心受拉。竖向分布钢筋选双层配筋 $\phi 10 @ 200 (A_{sw} = 628 \text{ mm}^2, \rho_w = 0.5\%)$。

由公式(6.32b、c、d) 整理可得

$$A_s = A'_s = \frac{\gamma_{RE} N (1 + \dfrac{2e_0}{h_{w0} - a'_s}) - A_{sw} f_{sw}}{2 f_y} =$$

$$\frac{0.85 \times 169.4 \text{ kN} \times 10^3 \times (1 + \dfrac{2 \times 234.4 \text{ mm}}{480 \text{ mm} - 200 \text{ mm}}) - 628 \text{ mm}^2 \times 210 \text{ N/mm}^2}{2 \times 300 \text{ N/mm}^2} = 421 \text{ mm}^2$$

端部配筋最小值 $0.005A_c = 0.005 \times 460 \text{ mm} \times 160 \text{ mm} = 368 \text{ mm}^2$，端部配筋 $4 \text{ Φ } 16$（804 mm^2）。墙肢 1 为小墙肢，在抗震设计时底部加强区竖向钢筋不少于 $0.012A_c = 0.012 \times 160 \text{ mm} \times 680 \text{ mm} = 1\ 306 \text{ mm}^2$，实际配筋为 $804 \text{ mm}^2 \times 2 = 1\ 608 \text{ mm}^2$，满足要求。

剪力墙小墙肢：矩形截面独立墙肢的截面高度 h_w 不宜小于截面厚度 b_w 的 5 倍，当 h_w/b_w 小于 5 时，其在重力荷载代表值作用下的轴压力设计值（N_G）的轴压比，三级时不宜大于 0.6。

$$\mu = \frac{N_G}{f_c A} = \frac{335.4 \text{ kN} \times 10^3}{11.9 \text{ N/mm}^2 \times 0.237\ 6 \text{ m}^2 \times 10^6} = 0.118 < 0.6$$

满足规程要求。

b.剪力墙 Q5 墙肢 1 斜截面受剪承载力计算

按第一组内力计算（偏心受压）：

$$\lambda = M/(V h_{w0}) = \frac{39.7 \text{ kN} \cdot \text{m}}{22.5 \text{ kN} \times 0.48 \text{ m}} = 3.68 > 2.2，取 \lambda = 2.2$$

$$V = \frac{1}{\gamma_{RE}} \left[\frac{1}{\lambda - 0.5}(0.4 f_t b_w h_{w0} + 0.1 N \frac{A_w}{A}) + 0.8 f_{yh} \frac{n A_{sh1}}{s} h_{w0} \right]$$

$0.2 f_c b_w h_w = 0.2 \times 11.9 \text{ N/mm}^2 \times 160 \text{ mm} \times 680 \text{ mm} = 258.9 \text{ kN} < N = 1\ 217.7 \text{ kN}$
取 $N = 258.9 \text{ kN}$。

$$\frac{n A_{sh1}}{s} = \left[\gamma_{RE} V - \frac{1}{\lambda - 0.5}(0.4 f_t b_w h_{w0} + 0.1 N \frac{A_w}{A}) \right]/(0.8 f_{yh} h_{w0}) =$$

$$\left[0.85 \times 22.5 \text{ kN} \times 10^3 - \frac{1}{2.2 - 0.5} \times (0.4 \times 1.27 \text{ N/mm}^2 \times 160 \text{ mm} \times 480 \text{ mm} + \right.$$

$$\left. 0.1 \times 258.9 \text{ kN} \times 10^3 \times \frac{680 \text{ mm} \times 160 \text{ mm}}{0.273\ 6 \text{ m}^2 \times 10^6}) \right]/(0.8 \times 210 \text{ N/mm}^2 \times 480 \text{ mm}) < 0$$

小于最小构造配筋。根据本章第 6.4 节中"剪力墙分布钢筋"的构造要求，$\rho_{wmin} = 0.25\%$，故

$$\left[\frac{n A_{sh1}}{s} \right]_{min} = 0.25\% \times 160 = 0.4$$

取双层配筋 $\phi 10 @ 200$ 配筋，则 $\dfrac{n A_{sh1}}{s} = \dfrac{157 \text{ mm}^2}{200 \text{ mm}} = 0.785 > 0.4$，满足要求。

按第二组内力计算（偏心受拉）：

$$\lambda = M/(V h_{w0}) = 39.7 \text{ kN} \cdot \text{m}/(22.5 \text{ kN} \times 0.48 \text{ m}) = 3.68 > 2.2，取 \lambda = 2.2$$

$$0.4 f_t b_w h_{w0} - 0.1 N \frac{A_w}{A} = 0.4 \times 1.27 \text{ N/mm}^2 \times 160 \text{ mm} \times 480 \text{ mm} - 0.1 \times 169.4 \text{ kN} \times 10^3 \times$$

$$\frac{680 \text{ mm} \times 160 \text{ mm}}{0.273\ 6 \text{ m}^2 \times 10^6} > 0$$

$$\frac{n A_{sh1}}{s} = \left[\gamma_{RE} V - \frac{1}{\lambda - 0.5}(0.4 f_t b_w h_{w0} - 0.1 N \frac{A_w}{A}) \right]/(0.8 f_{yh} h_{w0}) =$$

$$\left[0.85 \times 22.5 \text{ kN} \times 10^3 - \frac{1}{2.2 - 0.5} \times (0.4 \times 1.27 \text{ N/mm}^2 \times 160 \text{ mm} \times 480 \text{ mm} - \right.$$

$$\left. 0.1 \times 169.4 \text{ kN} \times 10^3 \times \frac{680 \text{ mm} \times 160 \text{ mm}}{0.273\ 6 \text{ m}^2 \times 10^6}) \right]/(0.8 \times 210 \text{ N/mm}^2 \times 480 \text{ mm}) = 0.001\ 7$$

小于最小构造配筋。根据本章第 6.4 节中"剪力墙分布钢筋"的构造要求，$\rho_{wmin} = 0.25\%$，故

$$\left[\frac{n A_{sh1}}{s} \right]_{min} = 0.25\% \times 160 = 0.4$$

取双层配筋 φ10@200 配筋，则 $\dfrac{nA_{sh1}}{s} = \dfrac{157\ mm^2}{200\ mm} = 0.785 > 0.4$，满足要求。

剪力墙 Q5 墙肢 1 配筋汇总：竖向分布钢筋选双层配筋 φ10@200（$\rho_w = 0.5\%$）；水平分布钢筋选双层配筋 φ10@200（$\rho_w = 0.5\%$）；端部配筋 4 Φ 16（804 mm²）；箍筋 φ8@150。

② 剪力墙 Q5 墙肢 2 截面设计

墙肢 2 内力设计值为

第一组　　$\begin{cases} M = 1\ 319.0\ kN \cdot m \\ V = 1.2 \times 120.4\ kN = 144.5\ kN \\ N = 1\ 389.8\ kN \end{cases}$

第二组　　$\begin{cases} M = 1319.0\ kN \cdot m \\ V = 144.5\ kN \\ N = 2777.3\ kN \end{cases}$

a. 剪力墙 Q5 墙肢 2 正截面承载力计算

墙肢 2 按第一组内力计算（偏心受压）：

竖向分布钢筋选双层配筋 φ10@200（$A_{sw} = 2\ 983\ mm^2$，$\rho_w = 0.5\%$）。

由公式（6.31a、e、g、h），并注意 $A_{sw} = b_w h_w \rho_w$ 及 $A'_s f'_y = A_s f_y$，整理可得

$$x = \frac{\gamma_{RE} N + f_{yw} A_{sw}}{\alpha_1 f_c b_w + \dfrac{1.5 f_{yw} A_{sw}}{h_w}} = \frac{0.85 \times 1\ 389.8\ kN \times 10^3 + 210\ N/mm^2 \times 2\ 983\ mm^2}{11.9\ N/mm^2 \times 160\ mm + \dfrac{1.5 \times 210\ N/mm^2 \times 2\ 983\ mm^2}{3\ 680\ mm}} = 837\ mm$$

$$\xi = \frac{837\ mm}{3\ 480\ mm} = 0.241 < \xi_b = 0.550$$

$$M_{sw} = \frac{1}{2}(h_{w0} - 1.5x)^2 b_w f_{yw} \rho_w = \frac{1}{2} \times (3\ 480\ mm - 1.5 \times 837\ mm)^2 \times$$

$$160\ mm \times 210\ N/mm^2 \times 0.005 = 415.7\ kN \cdot m$$

$$M_c = \alpha_1 f_c b_w x(h_{w0} - x/2) = 11.9\ N/mm^2 \times 160\ mm \times 837\ mm \times$$

$$(3\ 480\ m - 837/2\ m) = 4\ 879\ kN \cdot m$$

$$e_0 = M/N = 1\ 319.0\ kN \cdot m/(1\ 389.8\ kN) = 949\ mm$$

$A_s = A'_s = [0.85N(e_0 + h_{w0} - h_w/2) + M_{sw} - M_c]/[f_y'(h_{w0} - a'_s)] =$

$[0.85 \times 1\ 389.8\ kN \times 10^3 \times (949\ mm + 3\ 480\ mm - 3\ 680/2\ mm) +$

$415.7\ kN \cdot m \times 10^6 - 4\ 879\ kN \cdot m \times 10^6]/[300\ N/mm^2 \times (3\ 480\ mm - 200\ mm)] < 0$

剪力墙端部钢筋按构造配筋。

墙肢 2 按第二组内力计算（偏心受压）：

竖向分布钢筋选双层配筋 φ10@200（$A_{sw} = 2\ 983\ mm^2$，$\rho_w = 0.5\%$）。

墙肢 2 为 T 字形截面，首先按 $x \leqslant h'_f$ 的公式求 x，由公式（6.31a、e、g、h），并注意 $A_{sw} = b_w h_w \rho_w$ 及 $A'_s f'_y = A_s f_y$，整理可得

$$x = \frac{\gamma_{RE} N + f_{yw} A_{sw}}{\alpha_1 f_c b'_f + \dfrac{1.5 f_{yw} A_{sw}}{h_w}} = \frac{0.85 \times 2\ 777.3\ kN \times 10^3 + 210\ N/mm^2 \times 2\ 983\ mm^2}{11.9\ N/mm^2 \times 380\ mm + \dfrac{1.5 \times 210\ N/mm^2 \times 2\ 983\ mm^2}{3\ 680\ mm}} = 625\ mm$$

说明 $x > h'_f = 160\ mm$，应重新计算 x。再按 $x \leqslant \xi_b h_{w0}$ 的公式求 x，由公式（6.31a、e、g、h），并注意 $A_{sw} = b_w h_w \rho_w$ 及 $A'_s f'_y = A_s f_y$，整理可得

$$x = \frac{\gamma_{RE}N + f_{yw}A_{sw} - \alpha_1 f_c(b'_f - b_w)h'_f}{\alpha_1 f_c b_w + \dfrac{1.5 f_{yw}A_{sw}}{h_w}} =$$

$$\frac{0.85 \times 2\,777.3 \text{ kN} \times 10^3 + 210 \text{ N/mm}^2 \times 2\,983 \text{ mm}^2 - 11.9 \text{ N/mm}^2 \times (380 \text{ mm} - 160 \text{ mm}) \times 160 \text{ mm}}{11.9 \text{ N/mm}^2 \times 160 \text{ mm} + \dfrac{1.5 \times 210 \text{ N/mm}^2 \times 2\,983 \text{ mm}^2}{3\,680 \text{ mm}}} =$$

$1\,189$ mm

$$\xi = \frac{1\,189 \text{ mm}}{3\,480 \text{ mm}} = 0.417 < \xi_b = 0.550$$

$$M_{sw} = \frac{1}{2}(h_{w0} - 1.5x)^2 b_w f_{yw}\rho_w = \frac{1}{2} \times (3\,480 \text{ mm} - 1.5 \times 1\,189 \text{ mm})^2 \times$$

$$160 \text{ mm} \times 210 \text{ N/mm}^2 \times 0.005 = 241.8 \text{ kN} \cdot \text{m}$$

$$M_c = \alpha_1 f_c b_w x(h_{w0} - x/2) + \alpha_1 f_c(b'_f - b_w)h'_f(h_{w0} - h'_f/2) =$$

$$11.9 \text{ N/mm}^2 \times 160 \text{ mm} \times 1\,189 \text{ mm} \times (3\,480 \text{ mm} - 1\,189/2 \text{ mm}) +$$

$$11.9 \text{ N/mm}^2 \times (380 \text{ mm} - 160 \text{ mm}) \times 160 \text{ mm} \times (3\,480 \text{ mm} - 160/2 \text{ mm}) =$$

$$7\,956.5 \text{ kN} \cdot \text{m}$$

$$e_0 = \frac{M}{N} = \frac{1\,319.0 \text{ kN} \cdot \text{m}}{2\,777.3 \text{ kN}} = 475 \text{ mm}$$

$$A_s = A'_s = [0.85N(e_0 + h_{w0} - h_w/2) + M_{sw} - M_c]/[f'_y(h_{w0} - a'_s)] =$$

$$[0.85 \times 2\,777.3 \text{ kN} \times 10^3 \times (475 \text{ mm} + 3\,480 \text{ mm} - 3\,680/2 \text{ mm}) +$$

$$241.8 \text{ kN} \cdot \text{m} \times 10^6 - 7\,956.5 \text{ kN} \cdot \text{m} \times 10^6]/[300 \text{ N/mm}^2 \times (3\,480 \text{ mm} - 200 \text{ mm})] < 0$$

剪力墙端部钢筋按构造配筋。

端部配筋最小值 $0.005A_c = 0.005 \times (300 \text{ mm} + 160 \text{ mm}) \times 160 \text{ mm} = 368 \text{ mm}^2$

b. 剪力墙 Q5 墙肢 2 斜截面受剪承载力计算

按第一组内力计算(偏心受压):

$$\lambda = \frac{M}{Vh_{w0}} = \frac{1\,319.0 \text{ kN} \cdot \text{m}}{120.4 \text{ kN} \times 3.48 \text{ m}} = 3.15 > 2.2, 取 \lambda = 2.2$$

$$V = \frac{1}{\gamma_{RE}}\left[\frac{1}{\lambda - 0.5}\left(0.4 f_t b_w h_{w0} + 0.1N\frac{A_w}{A}\right) + 0.8 f_{yh}\frac{nA_{sh1}}{s}h_{w0}\right]$$

$0.2 f_c b_w h_w = 0.2 \times 11.9 \text{ N/mm}^2 \times 160 \text{ mm} \times 3\,680 \text{ mm} = 1\,401.3 \text{ kN} > N = 1\,389.8 \text{ kN}$,

取 $N = 1\,389.8$ kN。

$$\frac{nA_{sh1}}{s} = \left[\gamma_{RE}V - \frac{1}{\lambda - 0.5}\left(0.4 f_t b_w h_{w0} + 0.1N\frac{A_w}{A}\right)\right]/(0.8 f_{yh}h_{w0}) =$$

$$[0.85 \times 144.5 \text{ kN} \times 10^3 - \frac{1}{2.2 - 0.5} \times (0.4 \times 1.27 \text{ N/mm}^2 \times 160 \text{ mm} \times 3\,480 \text{ mm} +$$

$$0.1 \times 1\,389.8 \text{ kN} \times 10^3 \times \frac{3\,680 \text{ mm} \times 160 \text{ mm}}{0.624 \text{ m}^2 \times 10^6})]/(0.8 \times 210 \text{ N/mm}^2 \times 3\,480 \text{ mm}) < 0$$

按构造配筋。

按第二组内力计算(偏心受压):

$$\lambda = M/Vh_{w0} = 1\,319.0 \text{ kN} \cdot \text{m}/(120.4 \text{ kN} \times 3.48 \text{ m}) = 3.15 > 2.2, 取 \lambda = 2.2$$

$$V = \frac{1}{\gamma_{RE}}\left[\frac{1}{\lambda - 0.5}\left(0.4 f_t b_w h_{w0} + 0.1N\frac{A_w}{A}\right) + 0.8 f_{yh}\frac{nA_{sh1}}{s}h_{w0}\right]$$

$0.2f_c b_w h_w = 0.2 \times 11.9 \text{ N/mm}^2 \times 160 \text{ mm} \times 3\,680 \text{ mm} = 1\,401.3 \text{ kN} < N = 2\,777.3 \text{ kN}$

取 $N = 1\,401.3 \text{ kN}$。

$$\frac{nA_{shl}}{s} = \left[\gamma_{RE} V - \frac{1}{\lambda - 0.5}(0.4f_t b_w h_{w0} + 0.1N\frac{A_w}{A}) \right]/(0.8f_{yh}h_{w0}) =$$

$$\left[0.85 \times 144.5 \text{ kN} \times 10^3 - \frac{1}{2.2 - 0.5} \times (0.4 \times 1.27 \text{ N/mm}^2 \times 160 \text{ mm} \times 3\,480 \text{ mm} + \right.$$

$$\left. 0.1 \times 1\,401.3 \text{ kN} \times 10^3 \times \frac{3\,680 \text{ mm} \times 160 \text{ mm}}{0.624 \text{ m}^2 \times 10^6}) \right]/(0.8 \times 210 \text{ N/mm}^2 \times 3\,480 \text{ mm}) < 0$$

按构造配筋。

剪力墙 Q5 墙肢 2 配筋汇总:竖向分布钢筋选双层配筋 $\phi10@200(\rho_w = 0.5\%)$;水平分布钢筋选双层配筋 $\phi10@200(\rho_w = 0.5\%)$;端部配筋 $4 \Phi 12(452 \text{ mm}^2)$;箍筋 $\phi8@150$。

③ 剪力墙 Q5 连梁截面设计

连梁截面尺寸,$b \times h = 1\,300 \text{ mm} \times 160 \text{ mm}$。

a. 剪力墙 Q5 连梁正截面受弯承载力计算

连梁最大弯矩设计值 $M = 51.6 \text{ kN} \cdot \text{m}$。

$$\alpha_s = \frac{\gamma_{RE}M}{bh_0^2 f_{cm}} = \frac{0.75 \times 51.6 \text{ kN} \cdot \text{m} \times 10^6}{160 \text{ mm} \times 1\,200^2 \text{ mm}^2 \times 11.9 \text{ N/mm}^2} = 0.014, \gamma_s = 0.993, \xi = 0.014 < \xi_b$$

$$A_s = \frac{\gamma_{RE}M}{\gamma_s h_0 f_y} = \frac{0.75 \times 51.6 \text{ kN} \cdot \text{m} \times 10^6}{0.993 \times 1\,200 \text{ mm} \times 300 \text{ N/mm}^2} = 108 \text{ mm}^2$$

$$\rho_{min}bh = 0.001\,5 \times 1\,300 \text{ mm} \times 160 \text{ mm} = 312 \text{ mm}^2$$

连梁上下各设置水平钢筋 $2 \Phi 16(402 \text{ mm}^2)$,水平钢筋伸入墙内长度 $l_{al} = 600 \text{ mm}$。

跨高比为 $1\,500 \text{ mm}/(1\,300 \text{ mm}) = 1.2 < 2.5$,在自梁底边 $0.6h = 0.6 \times 1\,300 \text{ mm} = 780 \text{ mm}$ 范围内设置 $\rho_w = 0.25\%$ 的水平分布钢筋,双层配筋 $\phi8@250(\rho_w = 0.25\%)$。

b. 剪力墙 Q5 连梁斜截面受剪承载力计算

连梁最大剪力设计值 $V = 85.2 \text{ kN}$。

因为跨高比为 $1.2 < 2.5$,所以

$$V_w = \frac{1}{\gamma_{RE}}(0.38f_t b_b h_{b0} + 0.9f_{yv}\frac{A_{sv1}}{s}h_{b0})$$

$$\frac{nA_{sv1}}{s} = \frac{\gamma_{RE}V_w - 0.38f_t b_b h_{b0}}{0.9f_{yv}h_{b0}} = (0.85 \times 85.2 \text{ kN} \times 10^3 - 0.38 \times$$

$$1.27 \text{ N/mm}^2 \times 160 \text{ mm} \times 1\,200 \text{ mm})/(0.9 \times 210 \text{ N/mm}^2 \times 1\,200 \text{ mm}) < 0$$

按最小构造配筋 $\phi8@150, \frac{nA_{sv1}}{s} = 0.67$。

(3) 剪力墙 Q5 第 4 层截面设计

因为剪力墙 Q5 首层截面配筋大都为构造配筋,而以上各层内力小于首层内力,所以首层以上配筋同首层配筋。

2. 剪力墙 Q6 截面设计

(1) 截面尺寸限制条件验算(见表 6.23)

表 6.23　剪力墙 Q6 截面尺寸限制条件验算

墙肢 1	墙肢 2	连梁
$V_{\mathrm{w}} \leqslant \dfrac{1}{\gamma_{\mathrm{RE}}}(0.2 f_{\mathrm{c}} b_{\mathrm{w}} h_{\mathrm{w0}}) =$	$V_{\mathrm{w}} \leqslant \dfrac{1}{\gamma_{\mathrm{RE}}}(0.2 f_{\mathrm{c}} b_{\mathrm{w}} h_{\mathrm{w0}}) =$	$V_{\mathrm{w}} \leqslant \dfrac{1}{\gamma_{\mathrm{RE}}}(0.15 f_{\mathrm{c}} b_{\mathrm{w}} h_{\mathrm{b0}}) =$
$\dfrac{1}{0.85}(0.2 \times 11.9 \text{ N/mm}^2 \times$	$\dfrac{1}{0.85}(0.2 \times 11.9 \text{ N/mm}^2 \times$	$\dfrac{1}{0.85}(0.15 \times 11.9 \text{ N/mm}^2 \times$
$160 \text{ mm} \times 2\,060 \text{ mm}) = 922.9 \text{ kN}$	$160 \text{ mm} \times 5\,360 \text{ mm}) = 2\,401.3 \text{ kN}$	$160 \text{ mm} \times 900 \text{ mm}) = 302.4 \text{ kN}$
$V_{\mathrm{w}} = 1.2 \times 182.1 \text{ kN} <$ 922.9 kN 满足	$V_{\mathrm{w}} = 1.2 \times 538.7 \text{ kN} <$ $2\,401.3 \text{ kN}$ 满足	$V_{\mathrm{b}} = 214.8 \text{ kN} < 302.4 \text{ kN}$ 满足

(2) 剪力墙 Q6 首层截面设计

① 剪力墙 Q6 墙肢 1 截面设计

墙肢 1 内力设计值

第一组 $\begin{cases} M = 1\,082.2 \text{ kN} \cdot \text{m} \\ V = 1.2 \times 182.1 \text{ kN} = 218.5 \text{ kN} \\ N = 3\,810.3 \text{ kN} \end{cases}$

第二组 $\begin{cases} M = 1\,082.2 \text{ kN} \cdot \text{m} \\ V = 218.5 \text{ kN} \\ N = -262.7 \text{ kN} \end{cases}$

a. 剪力墙 Q6 墙肢 1 正截面承载力计算

墙肢 1 按第一组内力计算(偏心受压):

竖向分布钢筋选双层配筋 $\phi 10@200$($A_{\mathrm{sw}} = 1\,727 \text{ mm}^2$,$\rho_{\mathrm{w}} = 0.5\%$)。

墙肢 1 为工字形截面,首先按 $x \leqslant h'_{\mathrm{f}}$ 的公式求 x,由公式(6.31a、e、g、h),并注意 $A_{\mathrm{sw}} = b_{\mathrm{w}} h_{\mathrm{w}} \rho_{\mathrm{w}}$ 及 $A'_{\mathrm{s}} f'_{\mathrm{y}} = A_{\mathrm{s}} f_{\mathrm{y}}$,整理可得

$$x = \frac{\gamma_{\mathrm{RE}} N + f_{\mathrm{yw}} A_{\mathrm{sw}}}{\alpha_1 f_{\mathrm{c}} b'_{\mathrm{f}} + \dfrac{1.5 f_{\mathrm{yw}} A_{\mathrm{sw}}}{h_{\mathrm{w}}}} = \frac{0.85 \times 3\,810.3 \text{ kN} \times 10^3 + 210 \text{ N/mm}^2 \times 1\,727 \text{ mm}^2}{11.9 \text{ N/mm}^2 \times 900 \text{ mm} + \dfrac{1.5 \times 210 \text{ N/mm}^2 \times 1727 \text{ mm}^2}{2\,260 \text{ mm}}} =$$

$$329 \text{ mm} > 160 \text{ mm}$$

说明 $x > h'_{\mathrm{f}} = 160 \text{ mm}$,应重新计算 x。再按 $x \leqslant \xi_{\mathrm{b}} h_{\mathrm{w0}}$ 的公式求,由公式(6.31a、e、g、h),并注意 $A_{\mathrm{sw}} = b_{\mathrm{w}} h_{\mathrm{w}} \rho_{\mathrm{w}}$ 及 $A'_{\mathrm{s}} f'_{\mathrm{y}} = A_{\mathrm{s}} f_{\mathrm{y}}$,整理可得

$$x = \frac{\gamma_{\mathrm{RE}} N + f_{\mathrm{yw}} A_{\mathrm{sw}} - \alpha_1 f_{\mathrm{c}} (b'_{\mathrm{f}} - b_{\mathrm{w}}) h'_{\mathrm{f}}}{\alpha_1 f_{\mathrm{c}} b_{\mathrm{w}} + \dfrac{1.5 f_{\mathrm{yw}} A_{\mathrm{sw}}}{h_{\mathrm{w}}}} =$$

$$\frac{0.85 \times 3\,810.3 \text{ kN} \times 10^3 + 210 \text{ N/mm}^2 \times 1\,727 \text{ mm}^2 - 11.9 \text{ N/mm}^2 \times (900 \text{ mm} - 160 \text{ mm}) \times 160 \text{ mm}}{11.9 \text{ N/mm}^2 \times 160 \text{ mm} + \dfrac{1.5 \times 210 \text{ N/mm}^2 \times 1\,727 \text{ mm}^2}{2\,260 \text{ mm}}} =$$

$$1\,022 \text{ mm}$$

$$x < \xi_{\mathrm{b}} h_{\mathrm{w0}} = 0.550 \times 2\,060 \text{ mm} = 1\,133 \text{ mm}$$

$$M_{\mathrm{sw}} = \frac{1}{2}(h_{\mathrm{w0}} - 1.5x)^2 b_{\mathrm{w}} f_{\mathrm{yw}} \rho_{\mathrm{w}} = \frac{1}{2} \times (2\,060 \text{ mm} - 1.5 \times 1\,022 \text{ mm})^2 \times$$

$$160 \text{ mm} \times 210 \text{ N/mm}^2 \times 0.005 = 23.3 \text{ kN} \cdot \text{m}$$

$$
\begin{aligned}
M_c &= \alpha_1 f_c b_w x (h_{w0} - x/2) + \alpha_1 f_c (b'_f - b_w) h'_f (h_{w0} - h'_f/2) = \\
&\quad 11.9 \text{ N/mm}^2 \times 160 \text{ mm} \times 1\,022 \text{ mm} \times (2\,060 \text{ mm} - 1\,022/2 \text{ mm}) + 11.9 \text{ N/mm}^2 \times \\
&\quad (900 \text{ mm} - 160 \text{ mm}) \times 160 \text{ mm} \times (2\,060 \text{ mm} - 160/2 \text{ mm}) = \\
&\quad 5\,803.9 \text{ kN} \cdot \text{m}
\end{aligned}
$$

$$e_0 = M/N = 1\,082.2 \text{ kN} \cdot \text{m}/(3\,810.3 \text{ kN}) = 284 \text{ mm}$$

$$
\begin{aligned}
A_s = A'_s &= [0.85N(e_0 + h_{w0} - h_w/2) + M_{sw} - M_c]/[f_y'(h_{w0} - a'_s)] = \\
&\quad [0.85 \times 3\,810.3 \text{ kN} \times 10^3 \times (284 \text{ mm} + 2\,060 \text{ mm} - 2\,260/2 \text{ mm}) + 23.3 \text{ kN} \cdot \text{m} \times \\
&\quad 10^6 - 5\,803.9 \text{ kN} \cdot \text{m} \times 10^6]/[300 \text{ N/mm}^2 \times (2\,060 \text{ mm} - 200 \text{ mm})] < 0
\end{aligned}
$$

墙肢 1 按第二组内力计算(偏心受拉):

$$e_0 = M/N = 1\,082.2 \text{ kN} \cdot \text{m}/(262.7 \text{ kN}) = 4\,120 \text{ mm} > h_w/2 - a = 680/2 \text{ mm} - 200 \text{ mm}$$

$= 140 \text{ mm}$,偏心受拉。竖向分布钢筋选双层配筋 $\phi 10@200$($A_{sw} = 1\,727 \text{ mm}^2$, $\rho_w = 0.5\%$)。

由公式(6.32b、c、d)整理可得

$$
\begin{aligned}
A_s = A'_s &= \frac{\gamma_{RE} N (1 + \dfrac{2e_0}{h_{w0} - a'_s}) - A_{sw} f_{yw}}{2f_y} = \\
&\quad \frac{0.85 \times 262.7 \text{ kN} \times 10^3 \times (1 + \dfrac{2 \times 4\,120 \text{ mm}}{2\,060 \text{ mm} - 200 \text{ mm}}) - 1\,727 \text{ mm}^2 \times 210 \text{ N/mm}^2}{2 \times 300 \text{ N/mm}^2} = \\
&\quad 1\,416 \text{ mm}^2
\end{aligned}
$$

端部配筋 4 ϕ 22(1 520 mm^2)。

b.剪力墙 Q6 墙肢 1 斜截面受剪承载力计算

墙肢 1 按第一组内力计算(偏心受压):

$$\lambda = M/Vh_{w0} = 1\,082.2 \text{ kN} \cdot \text{m}/(182.1 \text{ kN} \times 2.06 \text{ m}) = 2.88 > 2.2, \text{取 } \lambda = 2.2$$

$$V = \frac{1}{\gamma_{RE}} \left[\frac{1}{\lambda - 0.5} (0.4 f_t b_w h_{w0} + 0.1 N \frac{A_w}{A}) + 0.8 f_{yh} \frac{n A_{sh1}}{s} h_{w0} \right]$$

$$0.2 f_c b_w h_w = 0.2 \times 11.9 \text{ N/mm}^2 \times 160 \text{ mm} \times 2\,260 \text{ mm} = 860.6 \text{ kN} < N = 3\,810.3 \text{ kN}$$

取 $N = 860.6 \text{ kN}$。

$$
\begin{aligned}
\frac{n A_{sh1}}{s} &= \left[\gamma_{RE} V - \frac{1}{\lambda - 0.5} (0.4 f_t b_w h_{w0} + 0.1 N \frac{A_w}{A}) \right]/(0.8 f_{yh} h_{w0}) = \\
&\quad [0.85 \times 218.5 \text{ kN} \times 10^3 - \frac{1}{2.2 - 0.5} \times (0.4 \times 1.27 \text{ N/mm}^2 \times 160 \text{ mm} \times 2\,060 \text{ mm} + \\
&\quad 0.1 \times 860.6 \text{ kN} \times 10^3 \times \frac{2\,260 \text{ mm} \times 160 \text{ mm}}{0.787\,2 \text{ m}^2 \times 10^6})]/(0.8 \times 210 \text{ N/mm}^2 \times 2\,060 \text{ mm}) = 0.185 < 0.4
\end{aligned}
$$

按双层 $\phi 10@200$ 配筋,$\dfrac{n A_{sh1}}{s} = \dfrac{157 \text{ mm}^2}{200 \text{ mm}} = 0.785$,满足要求。

墙肢 1 按第二组内力计算(偏心受拉):

$$\lambda = M/Vh_{w0} = 1\,082.2 \text{ kN} \cdot \text{m}/(182.1 \text{ kN} \times 2.06 \text{ m}) = 2.88 > 2.2, \text{取 } \lambda = 2.2$$

$$V = \frac{1}{\gamma_{RE}} \left[\frac{1}{\lambda - 0.5} (0.4 f_t b_w h_{w0} - 0.1 N \frac{A_w}{A}) + 0.8 f_{yh} \frac{n A_{sh1}}{s} h_{w0} \right]$$

$$\frac{nA_{sh1}}{s} = \left[\gamma_{RE}V - \frac{1}{\lambda - 0.5}\left(0.4f_t b_w h_{w0} - 0.1N\frac{A_w}{A}\right)\right]\Big/(0.8f_{yh}h_{w0}) =$$

$$\left[0.85 \times 218.5\ kN \times 10^3 - \frac{1}{2.2 - 0.5} \times (0.4 \times 1.27\ N/mm^2 \times 160\ mm \times 2\ 060\ mm -\right.$$

$$\left.0.1 \times 262.7\ kN \times 10^3 \times \frac{2\ 260\ mm \times 160\ mm}{0.787\ 2\ m^2 \times 10^6}\right)\Big]\Big/(0.8 \times 210\ N/mm^2 \times 2\ 060\ mm) = 0.273 < 0.4$$

按双层 φ10@200 配筋，$\dfrac{nA_{sh1}}{s} = \dfrac{157\ mm^2}{200\ mm} = 0.785$，满足要求。

剪力墙 Q6 墙肢 1 配筋汇总：竖向分布钢筋选双层配筋 φ10@200（$\rho_w = 0.5\%$）；水平分布钢筋选双层配筋 φ10@200（$\rho_w = 0.5\%$）；端部配筋 4 Φ 22（1 520 mm^2）；箍筋 φ8@150。

② 剪力墙 Q6 墙肢 2 截面设计

墙肢 2 内力设计值：

第一组 $\begin{cases} M = 10\ 630.1\ kN \cdot m \\ V = 1.2 \times 538.7\ kN = 646.4\ kN \\ N = 1\ 756.6\ kN \end{cases}$

第二组 $\begin{cases} M = 10\ 630.1\ kN \cdot m \\ V = 1.2 \times 538.7\ kN = 646.4\ kN \\ N = 5\ 829.6\ kN \end{cases}$

a. 剪力墙 Q6 墙肢 2 正截面承载力计算。

墙肢 2 按第一组内力计算（偏心受压）：

竖向分布钢筋选双层配筋 φ10@200（$A_{sw} = 4\ 396\ mm^2$，$\rho_w = 0.5\%$）。

墙肢 2 为工字形截面，首先按 $x \leqslant h'_f$ 的公式求 x，由公式（6.31a、e、g、h），并注意 $A_{sw} = b_w h_w \rho_w$ 及 $A'_s f'_y = A_s f_y$，整理可得

$$x = \frac{\gamma_{RE}N + f_{yw}A_{sw}}{\alpha_1 f_c b'_f + \dfrac{1.5 f_{yw}A_{sw}}{h_w}} = \frac{0.85 \times 1\ 756.6\ kN \times 10^3 + 210\ N/mm^2 \times 4\ 396\ mm^2}{11.9\ N/mm^2 \times 1\ 200\ mm + \dfrac{1.5 \times 210\ N/mm^2 \times 4\ 396\ mm^2}{5\ 560\ mm}} =$$

166 mm

说明 $x > h'_f = 160$ mm，应重新计算 x。再按 $x \leqslant \xi_b h_{w0}$ 的公式求 x，由公式（6.31a、e、g、h），并注意 $A_{sw} = b_w h_w \rho_w$ 及 $A'_s f'_y = A_s f_y$，整理可得

$$x = \frac{\gamma_{RE}N + f_{yw}A_{sw} - \alpha_1 f_c(b'_f - b_w)h'_f}{\alpha_1 f_c b_w + \dfrac{1.5 f_{yw}A_{sw}}{h_w}} =$$

$$\frac{0.85 \times 1\ 756.6\ kN \times 10^3 + 210\ N/mm^2 \times 4\ 396\ mm^2 - 11.9\ N/mm^2 \times (1\ 200\ mm - 160\ mm) \times 160\ mm}{11.9\ N/mm^2 \times 160\ mm + \dfrac{1.5 \times 210\ N/mm^2 \times 4\ 396\ mm^2}{5\ 560\ mm}} =$$

203 mm

$$\xi = \frac{203\ mm}{5\ 360\ mm} = 0.038 < \xi_b = 0.550$$

$$M_{sw} = \frac{1}{2}(h_{w0} - 1.5x)^2 b_w f_{yw}\rho_w = \frac{1}{2} \times (5\ 360\ mm - 1.5 \times 203\ mm)^2 \times$$

$$160\ mm \times 210\ N/mm^2 \times 0.005 = 2\ 146.9\ kN \cdot m$$

$$M_c = \alpha_1 f_c b_w x (h_{w0} - x/2) + \alpha_1 f_c (b'_f - b_w) h'_f (h_{w0} - h'_f/2) =$$

11.9 N/mm^2 × 160 mm × 203 mm × (5 360 mm − 203/2 mm) + 11.9 N/mm^2 ×

(1 200 mm − 160 mm) × 160 mm × (5 360 mm − 160/2 mm) = 12 488 kN · m

$$e_0 = M/N = 10\,630.1 \text{ kN} \cdot \text{m}/(1\,756.6 \text{ kN}) = 6\,051.5 \text{ mm}$$

$$A_s = A'_s = [0.85N(e_0 + h_{w0} - h_w/2) + M_{sw} - M_c]/[f'_y(h_{w0} - a'_s)] =$$

[0.85 × 1 756.6 kN × 10^3 × (6 051.5 mm + 5 360 mm − 5 560/2 mm) + 2 146.9 kN · m ×

10^6 − 12 488 kN · m × 10^6]/[300 N/mm^2 × (5 360 mm − 200 mm)] = 1 645 mm^2

墙肢端部配筋 4 Φ 25(1 963 mm^2)。

墙肢 2 按第二组内力计算(偏心受压):由于第二组内力出现时墙肢 1 为大偏心受拉,所以墙肢 2 的弯矩和剪力设计值乘以增大系数 1.25。

$$M = 1.25 × 10\,630.1 \text{ kN} \cdot \text{m} = 13\,287.6 \text{ kN} \cdot \text{m}$$

$$V = 1.25 × 646.4 = 808 \text{ kN}$$

竖向分布钢筋选双层配筋 ϕ10@200(A_{sw} = 4 396 mm^2, ρ_w = 0.5%)。

墙肢 2 为工字形截面,首先按 $x \leqslant h'_f$ 的公式求 x,由公式(6.31a、e、g、h),并注意 $A_{sw} = b_w h_w \rho_w$ 及 $A'_s f'_y = A_s f_y$,整理可得

$$x = \frac{\gamma_{RE} N + f_{yw} A_{sw}}{\alpha_1 f_c b'_f + \dfrac{1.5 f_{yw} A_{sw}}{h_w}} = \frac{0.85 × 5\,829.6 \text{ kN} × 10^3 + 210 \text{ N/mm}^2 × 4\,396 \text{ mm}^2}{11.9 \text{ N/mm}^2 × 2\,080 \text{ mm} + \dfrac{1.5 × 210 \text{ N/mm}^2 × 4\,396 \text{ mm}^2}{5\,560 \text{ mm}}} =$$

235 mm

说明 $x > h'_f$ = 160 mm,应重新计算 x。再按 $x \leqslant \xi_b h_{w0}$ 的公式求 x,由公式(6.31a、e、g、h),并注意 $A_{sw} = b_w h_w \rho_w$ 及 $A'_s f'_y = A_s f_y$,整理可得

$$x = \frac{\gamma_{RE} N + f_{yw} A_{sw} - \alpha_1 f_c (b'_f - b_w) h'_f}{\alpha_1 f_c b_w + \dfrac{1.5 f_{yw} A_{sw}}{h_w}} =$$

$$\frac{0.85 × 5\,829.6 \text{ kN} × 10^3 + 210 \text{ N/mm}^2 × 4\,396 \text{ mm}^2 - 11.9 \text{ N/mm}^2 × (2\,080 \text{ mm} - 160 \text{ mm}) × 160 \text{ mm}}{11.9 \text{ N/mm}^2 × 160 \text{ mm} + \dfrac{1.5 × 210 \text{ N/mm}^2 × 4\,396 \text{ mm}^2}{5\,560 \text{ mm}}} =$$

1 032 mm < $\xi_b h_{w0}$ = 0.550 × 5 360 mm = 2 498 mm

$$M_{sw} = \frac{1}{2}(h_{w0} - 1.5x)^2 b_w f_{yw} \rho_w = \frac{1}{2} × (5\,360 \text{ mm} - 1.5 × 1\,032 \text{ mm})^2 ×$$

160 mm × 210 N/mm^2 × 0.005 = 1 220.6 kN · m

$$M_c = \alpha_1 f_c b_w x (h_{w0} - x/2) + \alpha_1 f_c (b'_f - b_w) h'_f (h_{w0} - h'_f/2) =$$

11.9 N/mm^2 × 160 mm × 1 032 mm × (5 360 mm − 1 032/2 mm) + 11.9 N/mm^2 ×

(2 080 mm − 160 mm) × 160 mm × (5 360 mm − 160/2 mm) = 28 820.1 kN · m

$$e_0 = M/N = 13\,287.6 \text{ kN} \cdot \text{m}/(5\,829.6 \text{ kN}) = 2\,279 \text{ mm}$$

$$A_s = A'_s = [0.85N(e_0 + h_{w0} - h_w/2) + M_{sw} - M_c]/[f_y'(h_{w0} - a'_s)] =$$

[0.85 × 5 829.6 kN × 10^3 × (2 279 mm + 5 360 mm − 5 560/2 mm) +

1 220.6 kN · m × 10^6 − 28 820.1 kN · m × 10^6]/[300 N/mm^2 × (5 360 mm − 200 mm)] < 0

墙肢端部暗柱按构造配筋。

b.剪力墙 Q6 墙肢 2 斜截面受剪承载力计算。

墙肢 2 按第一组内力计算(偏心受压):

$\lambda = M/(Vh_{w0}) = 10\ 630.1\ \text{kN} \cdot \text{m}/(538.7\ \text{kN} \times 5.36\ \text{m}) = 3.7 > 2.2$,取 $\lambda = 2.2$

$$V \leqslant \frac{1}{\gamma_{RE}} \left[\frac{1}{\lambda - 0.5}(0.4f_t b_w h_{w0} + 0.1N \frac{A_w}{A}) + 0.8f_{yh} \frac{nA_{sh1}}{s} h_{w0} \right]$$

$0.2f_c b_w h_w = 0.2 \times 11.9\ \text{N/mm}^2 \times 160\ \text{mm} \times 5\ 560\ \text{mm} = 2\ 117.2\ \text{kN} > N = 1\ 756.6\ \text{kN}$

取 $N = 1\ 756.6\ \text{kN}$。

$\dfrac{nA_{sh1}}{s} = \left[\gamma_{RE}V - \dfrac{1}{\lambda - 0.5}(0.4f_t b_w h_{w0} + 0.1N \dfrac{A_w}{A}) \right]/(0.8f_{yh}h_{w0}) =$

$[0.85 \times 646.4\ \text{kN} \times 10^3 - \dfrac{1}{2.2 - 0.5} \times (0.4 \times 1.27\ \text{N/mm}^2 \times 160\ \text{mm} \times 5\ 360\ \text{mm} +$

$0.1 \times 1\ 756.6\ \text{kN} \times 10^3 \times \dfrac{5\ 560\ \text{mm} \times 160\ \text{mm}}{1.363\ 2\ \text{m}^2 \times 10^6})]/(0.8 \times 210\ \text{N/mm}^2 \times 5\ 360\ \text{mm}) =$

$0.251\ \text{mm}$

按双层 $\phi10@200$ 配筋,$\dfrac{nA_{sh1}}{s} = \dfrac{157\ \text{mm}^2}{200\ \text{mm}} = 0.785 > 0.251$,满足要求。

墙肢 2 按第二组内力计算(偏心受压):

$\lambda = M/(Vh_{w0}) = 10\ 630.1\ \text{kN} \cdot \text{m}/(538.7\ \text{kN} \times 5.36\ \text{m}) = 3.7 > 2.2$,取 $\lambda = 2.2$

$$V \leqslant \frac{1}{\gamma_{RE}} \left[\frac{1}{\lambda - 0.5}(0.4f_t b_w h_{w0} + 0.1N \frac{A_w}{A}) + 0.8f_{yh} \frac{nA_{sh1}}{s} h_{w0} \right]$$

$0.2f_c b_w h_w = 0.2 \times 11.9\ \text{N/mm}^2 \times 160\ \text{mm} \times 5\ 560\ \text{mm} = 2\ 117.2\ \text{kN} < N = 5\ 829.6\ \text{kN}$

取 $N = 2\ 117.2\ \text{kN}$。

$\dfrac{nA_{sh1}}{s} = \left[\gamma_{RE}V - \dfrac{1}{\lambda - 0.5}(0.4f_t b_w h_{w0} + 0.1N \dfrac{A_w}{A}) \right]/(0.8f_{yh}h_{w0}) =$

$[0.85 \times 1.25 \times 646.4\ \text{kN} \times 10^3 - \dfrac{1}{2.2 - 0.5} \times (0.4 \times 1.27\ \text{N/mm}^2 \times 160\ \text{mm} \times 5\ 360\ \text{mm} +$

$0.1 \times 2\ 117.2\ \text{kN} \times 10^3 \times \dfrac{5\ 560\ \text{mm} \times 160\ \text{mm}}{1.363\ 2\ \text{m}^2 \times 10^6})]/(0.8 \times 210\ \text{N/mm}^2 \times 5\ 360\ \text{mm}) =$

$0.388\ \text{mm}$

按双层 $\phi10@200$ 配筋,$\dfrac{nA_{sh1}}{s} = \dfrac{157\ \text{mm}^2}{200\ \text{mm}} = 0.785\ \text{mm} > 0.388\ \text{mm}$,满足要求。

剪力墙 Q6 墙肢 2 配筋汇总:竖向分布钢筋选双层配筋 $\phi10@200$($\rho_w = 0.5\%$);水平分布钢筋选双层配筋 $\phi10@200$($\rho_w = 0.5\%$);端部配筋 $4\ \Phi\ 25$($1\ 963\ \text{mm}^2$);箍筋 $\phi8@150$。

③ 剪力墙 Q6 连梁截面设计

连梁截面尺寸 $h \times b = 1\ 000\ \text{mm} \times 160\ \text{mm}$。

a. 剪力墙 Q6 连梁正截面受弯承载力计算

连梁最大弯矩设计值 $M = 198.4\ \text{kN} \cdot \text{m}$

$$\alpha_s = \frac{\gamma_{RE}M}{bh_0^2 \alpha_1 f_c} = \frac{0.75 \times 198.4\ \text{kN} \cdot \text{m} \times 10^6}{160\ \text{mm} \times 900^2\ \text{mm}^2 \times 11.9\ \text{N/mm}^2} = 0.096, \gamma_s = 0.949, \xi = 0.10 < \xi_b$$

$$A_s = \frac{\gamma_{RE}M}{\gamma_s h_0 f_y} = \frac{0.75 \times 198.4\ \text{kN} \cdot \text{m} \times 10^6}{0.945 \times 900\ \text{mm} \times 300\ \text{N/mm}^2} = 581\ \text{mm}^2$$

连梁上下各设置水平钢筋 $2\ \Phi\ 20$($628\ \text{mm}^2$),水平钢筋伸入墙内长度 $l_{al} = 700\ \text{mm}$。

b. 剪力墙 Q6 连梁斜截面受剪承载力计算

连梁最大剪力设计值 V = 214.8 kN

因为跨高比为 1 800 mm/(1 000 mm) = 1.8 < 2.5,所以

$$V_w = \frac{1}{\gamma_{RE}}(0.38f_t b_b h_{b0} + 0.9f_{yv}\frac{A_{sv}}{s}h_{b0})$$

$$\frac{nA_{sv1}}{s} = (\gamma_{RE}V_w - 0.38f_t b_b h_{b0})/(0.9f_{yv}h_{b0}) = (0.85 \times 214.8 \text{ kN} \times 10^3 - 0.38 \times$$

$$1.27 \text{ N/mm}^2 \times 160 \text{ mm} \times 900 \text{ mm})/(0.9 \times 210 \text{ N/mm}^2 \times 900 \text{ mm}) = 0.665 \text{ mm}$$

按双肢 φ10@150 配筋,$\frac{nA_{sh1}}{s} = \frac{157 \text{ mm}^2}{150 \text{ mm}} = 0.669 > 0.665$,满足要求。

跨高比为 1.8 < 2.5,在自梁底边 $0.6h = 0.6 \times 1 000$ mm = 600 mm 范围内设置 ρ_w = 0.3% 的水平分布钢筋,双层配筋 φ10@200(ρ_w = 0.5%)。

(3) 剪力墙 Q6 第 4 层截面设计

因计算方法相同,这里只给出剪力墙 Q6 第 4 层截面设计简单过程和最终配筋结果。

① 剪力墙 Q6 第 4 层墙肢内力(见表 6.24)

表 6.24　剪力墙 Q6 第 4 层内力组合

楼层	墙肢 1 内力组合				墙肢 2 内力组合				连梁内力组合	
	M /(kN·m)	V/kN	N/kN		M /(kN·m)	V/kN	N/kN		M /(kN·m)	V/kN
			左震	右震			左震	右震		
4	665.6	172.9	3 056.6	− 259.8	6 537.3	511.4	1 322.4	4 638.8	190.5	206.7

② 剪力墙 Q6 第 4 层配筋

墙肢 1 竖向分布钢筋选用双层配筋 φ10@200(ρ_w = 0.5%);水平分布钢筋选双层配筋 φ10@200(ρ_w = 0.5%);端部配筋4 ⟐ 22(1 520 mm²);箍筋 φ6@150。

墙肢 2 竖向分布钢筋选双层配筋 φ10@200(ρ_w = 0.5%);水平分布钢筋选双层配筋 φ10@200(ρ_w = 0.5%);端部配筋 4 ⟐ 25(1 963 mm²);箍筋 φ6@150。

6.5.12　三维空间分析程序 SATWE 计算

为与手算结果分析对比,本例采用中国建筑科学研究院的 PKPM 系列三维空间分析程序 SATWE 进行电算分析。

1. 计算参数

分析时采用的主要计算参数:设防烈度7度,Ⅱ 类场地土,设计基本地震加速度值为0.1g, 设计地震分组为第二组。结构抗震等级为三级。周期折减系数取 1.00;活荷质量折减系数取 0. 50;地震力放大系数取 1.0;连梁刚度折减系数取 0.55;连梁箍筋间距为100 mm;剪力墙暗柱箍 筋间距为 150 mm;剪力墙水平分布筋间距为 200 mm;剪力墙竖向分布筋配筋率 0.50%。

2. SATWE 计算结果

结构基本自振周期 $\qquad T_1 = 0.562\ 2$ s

层间水平位移 $\quad \Delta u = 0.47$ mm, $\Delta u / h = 0.47$ mm/$(2\ 800\ \text{mm}) = 1/5\ 900$

SATWE 程序计算配筋和手算配筋采用平面整体配筋表示方法,两种计算方法的具体对比结果,见图 6.26 和表 6.25 ~ 表 6.27。

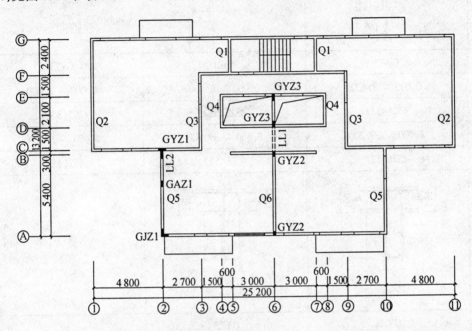

图 6.26　剪力墙平面整体配筋图(注:图中仅给出剪力墙 Q5、Q6 的暗柱布置)

表 6.25　剪力墙梁表(括号内为手算结果)

编号	楼层	相对标高高差	梁截面 $b \times h/\text{mm}$	上部纵筋 $/\text{mm}^2$	下部纵筋 $/\text{mm}^2$	箍筋 $\frac{nA_{sv1}}{s}$
LL1	1 ~ 14	0	$160 \times 1\ 000$	400(628)	400(628)	0.4(0.67)
LL2	1 ~ 14	0.9	$160 \times 1\ 300$	520(402)	520(402)	0.4(0.67)

表 6.26　剪力墙身表(括号内为手算结果)

编号	标高	墙厚 /mm	水平分布筋 $\frac{nA_{sh1}}{s}$	竖向分布筋 /%
Q5	0.000 ~ 8.400	160	0.4(0.4)	0.5(0.5)
	8.400 ~ 39.200	160	0.4(0.4)	0.5(0.5)
Q6	0.000 ~ 8.400	160	0.4(0.4)	0.5(0.5)
	8.400 ~ 39.200	160	0.4(0.44)	0.5(0.5)

表 6.27　剪力墙柱表(括号内为手算结果)

截面			
编号	GAZ1	GJZ1	GYZ1
标高	0.000 ~ 8.400	0.000 ~ 8.400	0.000 ~ 8.400
纵筋	452(452)	452(452)	895(804)
标高	8.400 ~ 39.200	8.400 ~ 39.200	8.400 ~ 39.200
纵筋	452(452)	452(452)	452(452)
截面			
编号	GYZ2	GYZ3	
标高	0.000 ~ 8.400	0.000 ~ 8.400	
纵筋	452(1 963)	452(1 520)	
标高	8.400 ~ 39.200	8.400 ~ 39.200	
纵筋	452(1 963)	452(1 520)	

6.5.13　计算方法分析对比

以上手算和电算结果对比表明,剪力墙 Q6 的墙肢纵筋在手算时配筋较多。造成这种情况的原因是:由于剪力墙 Q6 连梁 LL1 的存在使墙肢 1 和墙肢 2 形成联肢墙共同工作,但由于两者的刚度差别较大,导致手算误差较大,使墙肢配筋较电算结果增加较多。如果取消连梁 LL1,配筋反而会减少。由此带来的问题是等效刚度降低,结构自振周期增大、变形增大,如果变形仍在规范的允许范围内,此种办法是可行的。

作为试算,取消剪力墙 Q6 的连梁 LL1,把联肢墙 Q6 分成两个独立的剪力墙,其他剪力墙及连梁不变,按这样的做法计算结果如下:

(1) 取消剪力墙 Q6 的连梁 LL1 时,y 方向结构总等效刚度

$$\sum E_c I_{eq} = 9.173 \times 10^8 \text{ kN} \cdot \text{m}^2$$

(2) y 方向结构基本自振周期 $T_1 = 1.041$ s。

(3) 顶点水平位移 $\Delta u = 0.903$ mm，$\Delta u/h = 0.903$ mm$/(2\ 800$ mm$) = 1/3\ 100$。

(4) 剪力墙 Q6 墙肢 1 内力组合见表 6.28。

表 6.28　剪力墙 Q6 墙肢 1 内力组合

楼层	$M/(\text{kN} \cdot \text{m})$	V/kN	N/kN
14	28.4	6.3	146.6
13	47.0	9.3	271.8
12	80.9	12.1	397.0
11	121.9	14.6	522.1
10	169.4	17.0	647.3
9	222.7	19.0	772.4
8	281.2	20.9	897.6
7	344.3	22.5	1 022.8
6	411.2	23.9	1 148.0
5	481.4	25.1	1 273.2
4	554.1	26.0	1 398.4
3	628.8	26.7	1 523.5
2	704.8	27.1	1 648.7
1	781.5	27.4	1 773.8

(5) 剪力墙 Q5 和 Q6 配筋结果见表 6.29 ~ 表 6.31。

表 6.29　剪力墙梁表(括号内为手算结果)

编号	楼层	相对标高高差	梁截面 $b \times h/\text{mm}$	上部纵筋 $/\text{mm}^2$	下部纵筋 $/\text{mm}^2$	箍筋 $\dfrac{nA_{svl}}{s}$
LL2	1 ~ 14	0.9	$160 \times 1\ 300$	520(402)	520(402)	0.4(0.67)

表 6.30　剪力墙身表(括号内为手算结果)

编号	标高	墙厚	水平分布筋 $\dfrac{nA_{shl}}{s}$	竖向分布筋 /%
Q5	0.000 ~ 39.200	160	0.4(0.4)	0.5(0.5)
Q6	0.000 ~ 39.200	160	0.4(0.4)	0.5(0.5)

表 6.31　剪力墙柱表(括号内为手算结果)

截面					
编号	GAZ1	GJZ1	GYZ1	GYZ2	GYZ3
标高	0.000 ~ 8.400	0.000 ~ 8.400	0.000 ~ 8.400	0.000 ~ 8.400	0.000 ~ 8.400
纵筋	452(452)	452(452)	895(1 017)	452(452)	452(452)
标高	8.400 ~ 39.200	8.400 ~ 39.200	8.400 ~ 39.200	8.400 ~ 39.200	8.400 ~ 39.200
纵筋	452(452)	452(452)	452(615)	452(452)	452(452)

　　由此可见,取消剪力墙 Q6 的连梁 LL1 后,手算配筋结构趋于合理,与电算结果吻合较好。

第 7 章　框架 – 剪力墙结构设计

7.1　框架 – 剪力墙结构布置

在框架 – 剪力墙结构中,剪力墙是主要的抗侧力构件。设计时应在两个主轴方向都布置剪力墙,形成双向抗侧力体系。这是因为如果仅在一个主轴方向布置剪力墙,将会造成两个主轴方向的抗侧刚度相差悬殊,无剪力墙的一个方向刚度不足且带有纯框架的性质,与有剪力墙的另一向不协调,也容易造成结构整体扭转。

框架 – 剪力墙结构中主体结构构件之间除个别节点外不应采用铰接。梁与柱或柱与剪力墙的中线宜重合;框架梁、柱中心线之间有偏离时,应符合本书第 5 章的有关规定。

框架 – 剪力墙结构中框架的布置要求同本书第 5 章。

框架 – 剪力墙结构中剪力墙的布置宜符合下列要求:

(1) 剪力墙宜均匀布置在建筑物的周边附近、楼梯间、电梯间、平面形状变化及恒载较大的部位,剪力墙间距不宜过大;

(2) 平面形状凹凸较大时,宜在凸出部分的端部附近布置剪力墙;

(3) 纵、横剪力墙宜组成 L 形、T 形和 [形等形式,如图 7.1 所示;

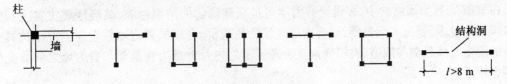

图 7.1　剪力墙形式

(4) 单片剪力墙底部承担的水平剪力不宜超过结构底部总水平剪力的 40%;

(5) 剪力墙宜贯通建筑物的全高,宜避免刚度突变,剪力墙开洞时,洞口宜上下对齐;

(6) 楼、电梯间等竖井宜尽量与靠近的抗侧力结构结合布置;

(7) 抗震设计时,剪力墙的布置宜使结构各主轴方向的侧向刚度接近。

长矩形平面或平面有一部分较长的建筑中,其剪力墙的布置尚宜符合下列要求:

(1) 横向剪力墙沿长方向的间距宜满足表 7.1 的要求,当这些剪力墙之间的楼盖有较大开洞时,剪力墙的间距应适当减小;

(2) 纵向剪力墙不宜集中布置在房屋的两尽端。

表7.1　剪力墙间距
单位:m

楼盖形式	非抗震设计（取较小值）	抗震设防烈度		
		6度、7度（取较小值）	8度（取较小值）	9度（取较小值）
现浇	5.0B,60	4.0B,50	3.0B,40	2.0B,30
装配整体	3.5B,50	3.0B,40	2.5B,30	—

注:表中 B 为楼面宽度,m。

框架－剪力墙结构平面布置示意图见图7.2。

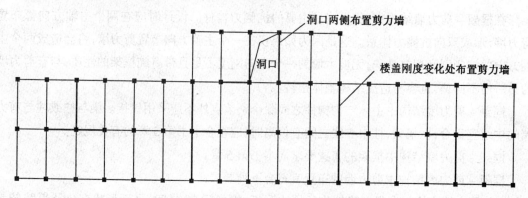

图7.2　框架－剪力墙结构平面布置示意图

7.2　剪力墙的设置数量

在框架－剪力墙结构中,多设置剪力墙可提高建筑物的抗震性能,减轻地震灾害。但是,剪力墙设置过多,超过实际需要,则会增加建筑物的造价。合理的剪力墙数量应当使结构具有足够的刚度以满足侧移限值、自振周期在合理范围之内及地震力在框架与剪力墙之间分配的比例也较适宜。

在方案设计阶段,可参照我国已建成的大量框架－剪力墙结构的统计值对剪力墙设置数量进行初估。从一些设计较合理的工程来看,底层结构截面面积(即剪力墙截面面积 A_w 和柱截面面积 A_c 之和)与楼面面积 A_f 之比($\frac{A_w + A_c}{A_f}$)或剪力墙截面面积 A_w 与楼面面积 A_f 之比($\frac{A_w}{A_f}$)大致在表7.2的范围内。

表7.2　底层结构截面面积与楼面面积之比

设 计 条 件	$\dfrac{A_w + A_c}{A_f}$	$\dfrac{A_w}{A_f}$
7度、Ⅱ类土	3% ~ 5%	2% ~ 3%
8度、Ⅱ类土	4% ~ 6%	3% ~ 4%

当设计烈度、场地土情况不同时,可根据上述数值适当增减。

层数多、高度大的框架－剪力墙结构,宜取表中的上限值。

表7.2中 A_w 表示纵横两个方向的剪力墙截面面积之和。对需要抗震设防的框架－剪力墙结构,纵横两个方向的剪力墙数量宜相近。

7.3 带边框剪力墙的最小厚度

周边有梁、柱的剪力墙,剪力墙的端部框架柱除楼、电梯井外应保留,边框柱截面宜与该榀框架其他柱的截面相同,与剪力墙重合的框架梁可保留,亦可做成宽度与墙厚相同的暗梁,暗梁截面高度可取墙厚的2倍或与该片框架梁截面等高,由此形成带边框剪力墙。

带边框剪力墙的截面厚度应符合下列规定:

(1) 抗震设计时,一、二级剪力墙的底部加强部位均不应小于200 mm,且不应小于层高的1/16;

(2) 除第(1)项以外的其他情况下不应小于160 mm,且不应小于层高的1/20;

(3) 当剪力墙截面厚度不满足第(1)、(2)项的要求时,应按《高规》附录D计算墙体稳定。

带边框剪力墙的混凝土强度等级宜与边框柱相同。

关于框架梁、柱截面尺寸估算方法及框架、剪力墙材料强度等级等要求,分别同本书第5章(框架结构设计)、第6章(剪力墙结构设计) 相应的估算方法及要求。

7.4 框架－剪力墙结构内力及侧移计算

7.4.1 竖向荷载作用下的内力计算

框架－剪力墙结构在竖向荷载作用下,框架的内力计算方法同第5章(框架结构设计);剪力墙的内力计算方法同第6章(剪力墙结构设计)。

7.4.2 水平荷载作用下内力及侧移计算

1.基本假定

(1) 结构单元内同方向的所有框架合并为总框架,所有连梁合并为总连梁,所有剪力墙合并为总剪力墙。总框架、总连梁和总剪力墙的刚度分别为各单个结构刚度之和,且沿竖向均匀分布,当刚度沿竖向有变化时,取其加权平均值。

(2) 在同一楼层上,总框架和总剪力墙的水平位移相等(注:未考虑扭转的影响)。

(3) 风荷载及水平地震作用由总框架(包括总连梁) 和总剪力墙共同承担。

2.计算简图

框架－剪力墙结构的计算简图是总框架与总剪力墙在每一楼盖标高处由刚性连杆连接的体系,如图7.3所示。刚性连杆既代表楼(屋) 盖对水平位移的约束,也代表总连梁对水平位移的约束和对转动的约束,其中总连梁的抗弯刚度仅代表连梁的转动约束作用,当连梁抗弯刚度较小,其转动约束可忽略不计时,则水平连杆两端可认为是铰接连杆,如图7.3(a) 所示,称为框架－剪力墙铰结体系;当总连梁转动约束作用较大,计算简图应为图7.3(b),称为框架－剪力墙刚结体系。

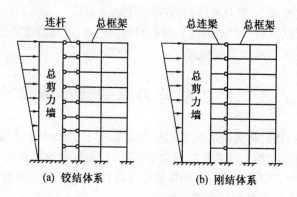

(a) 铰结体系　　　　　　　　　(b) 刚结体系

图 7.3　框架 – 剪力墙计算简图

3.框架 – 剪力墙铰结体系

（1）内力及侧移计算公式

将总剪力墙、总框架在连杆处切断后,在楼层标高处,总剪力墙与总框架之间有相互作用的集中水平力 P_{fi},如图 7.4(b) 所示。为进一步简化,将集中力简化为连续分布力 P_f,如图 7.4(c) 所示,这样,总剪力墙可视为一个下端固定、上端自由的竖向悬臂梁,承受外水平荷载 $P(x)$ 以及连杆切开后经过连续化的 P_f。根据总剪力墙的静力平衡条件,可写出位移曲线 $y(x)$ 与荷载 $P(x)$ 及反力 P_f 之间的微分关系为

$$EI_{eq}\frac{\mathrm{d}^4 y}{\mathrm{d}x^4} = P(x) - P_f(x) \tag{7.1}$$

由总框架可得

$$P_f(x) = -C_f\frac{\mathrm{d}^2 y}{\mathrm{d}x^2} \tag{7.2}$$

式中,C_f 为总框架的剪切刚度,$C_f = h\sum D$。

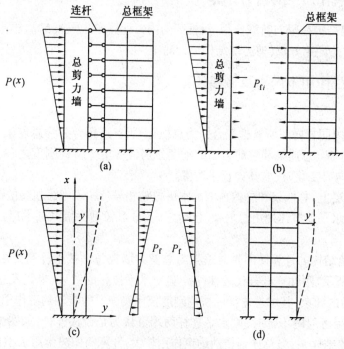

图 7.4　铰结体系剖析

将公式(7.2)代入公式(7.1),并经整理可得微分方程

$$\frac{d^4 y}{d\xi^4} - \lambda^2 \frac{d^2 y}{d\xi^2} = \frac{P(\xi) H^4}{EI_{eq}} \tag{7.3}$$

式中,ξ 为相对高度,$\xi = \dfrac{x}{H}$;λ 为刚度特征值,$\lambda = H\sqrt{\dfrac{C_f}{EI_{eq}}}$。

将不同的水平荷载(倒三角形荷载、顶部集中力、均布荷载)代入公式(7.3),并求解微分方程,可得出剪力墙(同时也是框架)的位移曲线方程如下

$$y(\xi) = \frac{1}{\lambda^2} \Big[\Big(\frac{sh\lambda}{2\lambda} - \frac{sh\lambda}{\lambda^3} + \frac{1}{\lambda^2} \Big) \Big(\frac{ch\lambda\xi - 1}{ch\lambda} \Big) +$$

$$\Big(\xi - \frac{sh\lambda\xi}{\lambda} \Big) \Big(\frac{1}{2} - \frac{1}{\lambda^2} \Big) - \frac{\xi^3}{6} \Big] \frac{q_{max} H^4}{EI_{eq}} \qquad \text{(倒三角形荷载作用)} \tag{7.4a}$$

$$y(\xi) = \Big[\frac{sh\lambda}{\lambda^3 ch\lambda} (ch\lambda\xi - 1) - \frac{sh\lambda\xi}{\lambda^3} + \frac{\xi}{\lambda^2} \Big] \frac{FH^3}{EI_{eq}} \qquad \text{(顶部集中力作用)} \tag{7.4b}$$

$$y(\xi) = \frac{1}{\lambda^4} \Big[\Big(\frac{\lambda sh\lambda + 1}{ch\lambda} \Big) (ch\lambda\xi - 1) - \lambda sh\lambda\xi + \lambda^2 \Big(\xi - \frac{\xi^2}{2} \Big) \Big] \frac{qH^4}{EI_{eq}}$$

$$\text{(均布荷载作用)} \tag{7.4c}$$

当已知总剪力墙的位移曲线方程后,利用材料力学的微分关系式可求出总剪力墙的内力,即

弯矩
$$M_w(\xi) = EI_{eq} \frac{d^2 y}{d\xi^2} \tag{7.5a}$$

剪力
$$V_w(\xi) = -EI_{eq} \frac{d^3 y}{d\xi^3} \tag{7.5b}$$

直接利用公式(7.4)和公式(7.5)计算总剪力墙的位移及内力较繁,故根据上述各式,分别给出三种不同水平荷载作用下的图表供设计时查用,见图 7.5 ~ 图 7.13。

总框架的剪力 V_f 可由外荷载引起的剪力 V_p 减去总剪力墙的剪力 V_w 而得,即

$$V_f(\xi) = V_p(\xi) - V_w(\xi) \tag{7.6}$$

(2)设计计算步骤

① 计算总剪力墙、总框架刚度

总剪力墙等效刚度　　　　　　$EI_{eq} = \sum EI_{eqi}$

总框架剪切刚度　　　　　　　$C_f = \sum C_{fi}$

式中,EI_{eqi} 为第 i 片剪力墙的等效刚度,可根据剪力墙的类型,取其各自的等效刚度(注:剪力墙类型的判别方法及各种类型剪力墙的等效刚度算式与第 6 章剪力墙结构设计中的方法与算式完全相同);C_{fi} 为第 i 根框架柱的剪切刚度,为产生单位层间转角 $\varphi = 1$ 时所需施加的水平力,$C_{fi} = hD = 12\alpha_c \dfrac{i_c}{h}$。

② 计算刚度特征值 λ

$$\lambda = H\sqrt{\frac{C_f}{EI_{eq}}}$$

③ 由 λ 及楼层相对标高 $\xi = \dfrac{x}{H}$,并根据水平荷载形式,从图 7.5 ~ 7.13 中查出相应的内力系数和位移系数,总剪力墙的内力值(M_w, V_w)由内力系数乘以外荷载引起的底部总内力(M_0 或 V_0)求得;位移值由位移系数乘以外荷载全部作用在总剪力墙(不考虑与框架共同工作)上的顶点水平位移 u_H 求得。

将总剪力墙的弯矩 M_w 和剪力 V_w 按各片墙等效刚度 EI_{wi} 的比例分配,即每片剪力墙所受的弯矩及剪力分别为

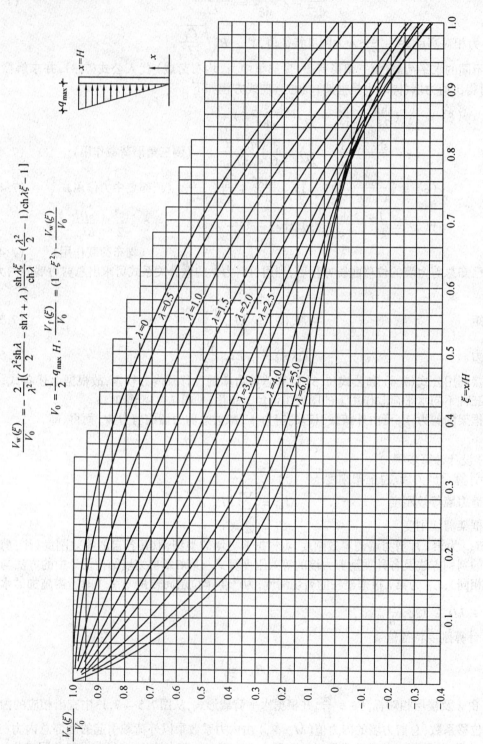

$$\frac{V_w(\xi)}{V_0} = -\frac{2}{\lambda^2}[(\frac{\lambda^2 sh\lambda}{2} - sh\lambda + \lambda)\frac{sh\lambda\xi}{ch\lambda} - (\frac{\lambda^2}{2} - 1)ch\lambda\xi - 1]$$

$$V_0 = \frac{1}{2}q_{max}H, \quad \frac{V_f(\xi)}{V_0} = (1-\xi^2) - \frac{V_w(\xi)}{V_0}$$

图 7.5 倒三角形荷载剪力墙端剪力系数

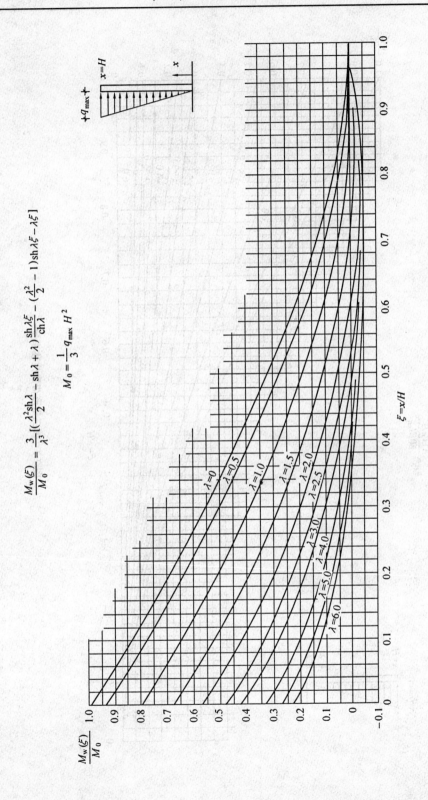

$$\frac{M_w(\xi)}{M_0} = \frac{3}{\lambda^3}\left[\left(\left(\frac{\lambda^2 \mathrm{sh}\lambda}{2} - \mathrm{sh}\lambda + \lambda\right)\frac{\mathrm{sh}\lambda\xi}{\mathrm{ch}\lambda} - \left(\frac{\lambda^2}{2} - 1\right)\mathrm{sh}\lambda\xi - \lambda\xi\right]\right.$$

$$M_0 = \frac{1}{3}q_{max}H^2$$

图 7.6　倒三角形荷载剪力墙弯矩系数

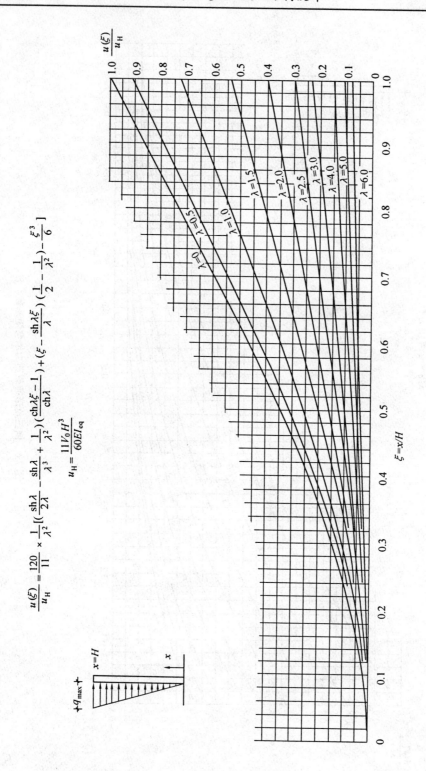

$$\frac{u(\xi)}{u_H} = \frac{120}{11} \times \frac{1}{\lambda^2} \times \left[\left(\frac{sh\lambda}{2\lambda} - \frac{sh\lambda}{\lambda^3} + \frac{1}{\lambda^2} \right) \left(\frac{ch\lambda\xi - 1}{ch\lambda} \right) + \left(\xi - \frac{sh\lambda\xi}{\lambda} \right) \left(\frac{1}{2} - \frac{1}{\lambda^2} \right) - \frac{\xi^3}{6} \right]$$

$$u_H = \frac{11V_0 H^3}{60EI_{eq}}$$

图 7.7　倒三角形荷载位移系数

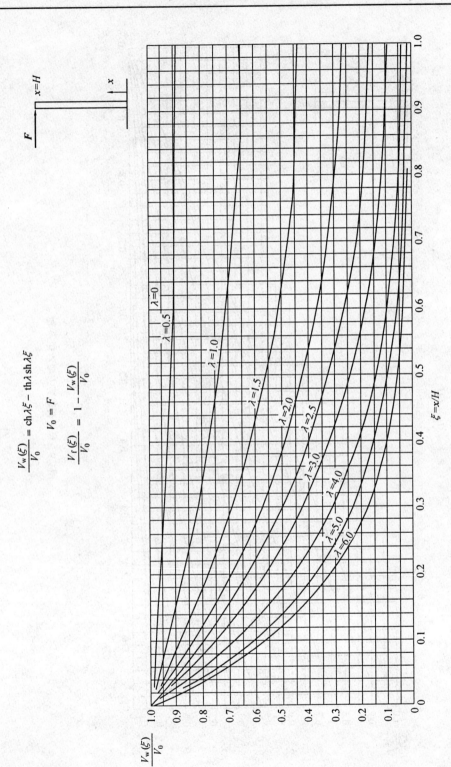

$$\frac{V_w(\xi)}{V_0} = \text{ch}\lambda\xi - \text{th}\lambda\,\text{sh}\lambda\xi$$

$$V_0 = F$$

$$\frac{V_f(\xi)}{V_0} = 1 - \frac{V_w(\xi)}{V_0}$$

图 7.8　集中荷载剪力墙剪力系数

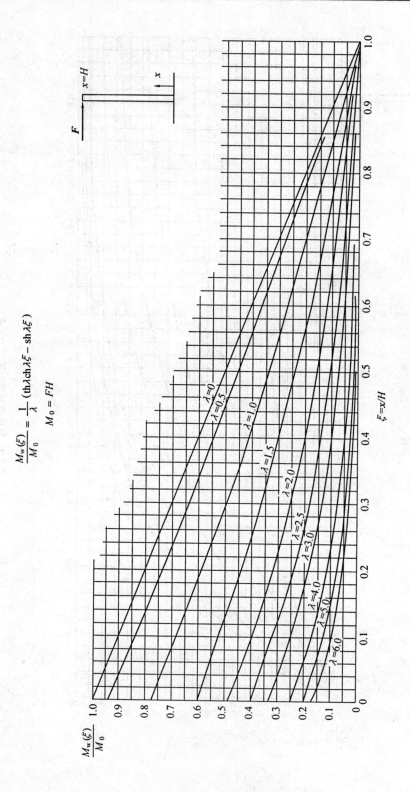

$$\frac{M_w(\xi)}{M_0} = \frac{1}{\lambda}(\text{th}\lambda\text{ch}\lambda\xi - \text{sh}\lambda\xi)$$

$$M_0 = FH$$

图 7.9 集中荷载剪力墙弯矩系数

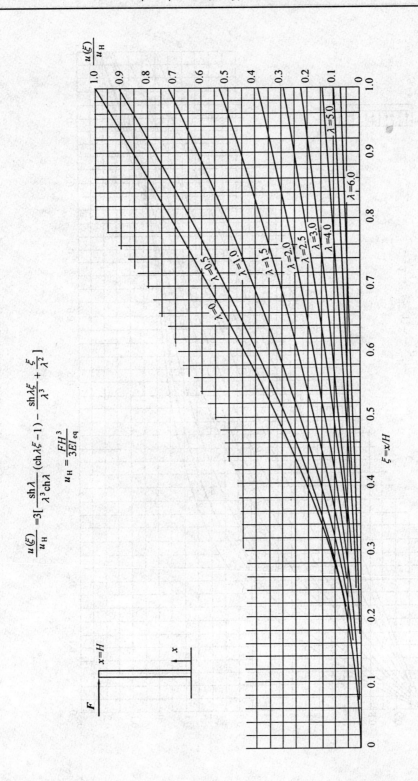

图 7.10　集中荷载位移系数

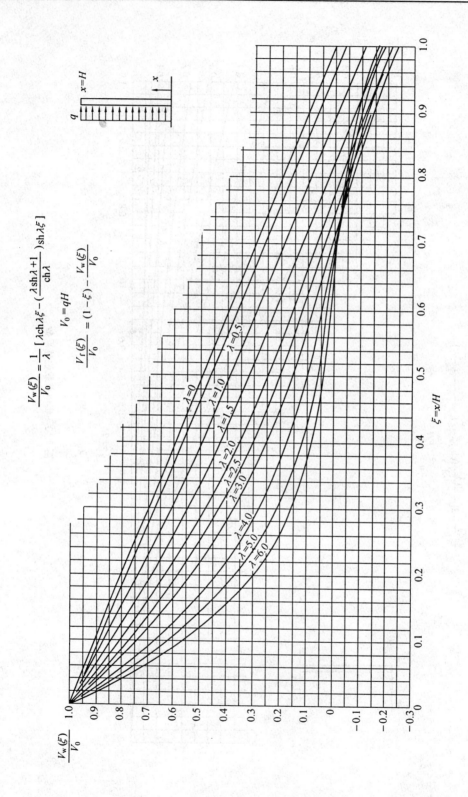

图 7.11　均布荷载剪力墙剪力系数

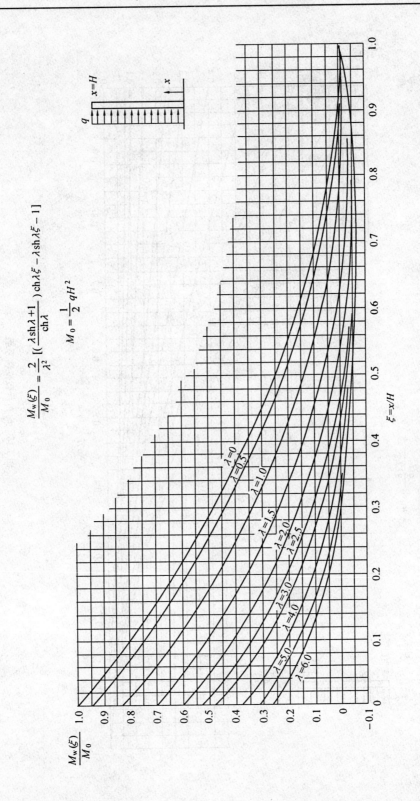

$$\frac{M_w(\xi)}{M_0} = \frac{2}{\lambda^2}\left[\left(\frac{\lambda\,\mathrm{sh}\lambda+1}{\mathrm{ch}\lambda}\right)\mathrm{ch}\lambda\xi - \lambda\,\mathrm{sh}\lambda\xi - 1\right]$$

$$M_0 = \frac{1}{2}qH^2$$

图 7.12　均布荷载剪力墙弯矩系数

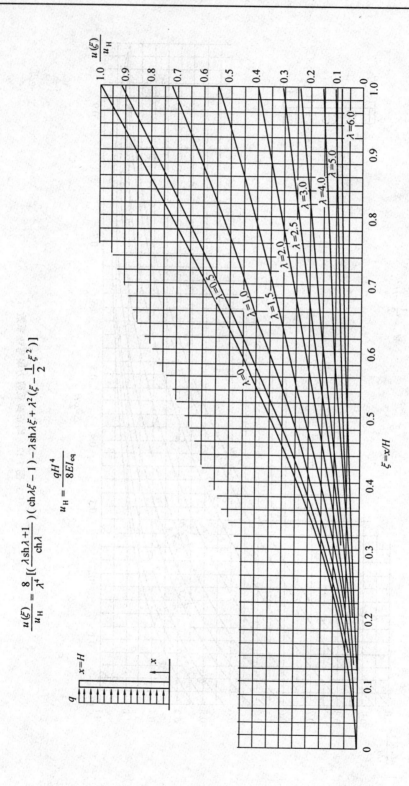

图 7.13 均布荷载位移系数

$$M_{wi} = \frac{EI_{eqi}}{EI_{eq}} M_w \tag{7.7a}$$

$$V_{wi} = \frac{EI_{eqi}}{EI_{eq}} V_w \tag{7.7b}$$

总框架的剪力由公式(7.6)解出。每根框架柱所受的剪力为

$$V_{fi} = \frac{C_{fi}}{C_f} V_f \tag{7.8}$$

④ 进行单片剪力墙及单根柱、梁内力计算。

4. 框架－剪力墙刚结体系

图7.14所示的刚结体系与铰结体系间的主要区别在于总剪力墙和总框架之间的连梁对墙肢有约束弯矩作用。因此，当连梁切开后，连梁中除了轴向力 p_{fi} 外，还有剪力与弯矩。将剪力和弯矩向墙肢截面形心轴取矩，就形成约束弯矩 M_i，如图7.14(c)所示。将约束弯矩及连梁轴力连续化后，可得到如图7.14(d)的计算基本体系。框架部分与铰结体系完全相同，剪力墙部分增加了约束弯矩。在建立刚结体系基本方程之前，先讨论一下连梁约束弯矩。

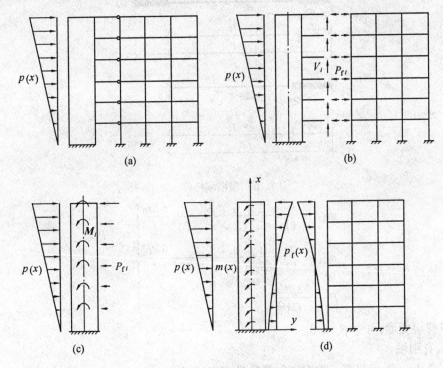

图7.14　刚结体系基本体系

(1) 连梁约束弯矩

如图7.15所示，形成刚结连杆的连梁有两种情况，一种是在墙肢与框架之间，另一种是墙肢与墙肢之间。这两种连梁都可以简化为带刚域的梁，刚域长度可以取从墙肢形心轴到连梁边距离减去1/4连梁高度。杆端有单位转角 $\theta = 1$ 时(图7.16)，杆端的约束弯矩系数 m 可用下述公式计算：

① 两端有刚域

在第6章关于"壁式框架计算"中已有杆端弯矩系数，现写出如下

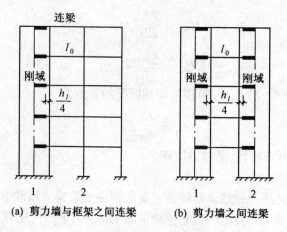

图 7.15　两种连梁

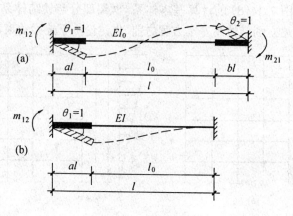

图 7.16　带刚域杆件

$$m_{12} = \frac{1 + a - b}{(1 + \beta_v)(1 - a - b)^3}\frac{6EI_0}{l}$$

$$m_{21} = \frac{1 - a + b}{(1 + \beta_v)(1 - a - b)^3}\frac{6EI_0}{l} \Bigg\}$$

$$\beta = \frac{12\mu EI_0}{GAl_0^2}$$

(7.9)

如果不考虑剪切变形,可令 $\beta_v = 0$。

②一端有刚域

上式中令 $b = 0$,即得到一端有刚域梁的约束弯矩系数为

$$m_{12} = \frac{1 + a}{(1 + \beta_v)(1 - a)^3}\frac{6EI_0}{l}$$

(7.10)

另一端约束弯矩系数 m_{21} 在计算中不用,故此处省去。

需要指出,在实际工程中,按此方法计算的连梁弯矩往往较大,梁配筋很多。为了减少配筋,允许对梁弯矩进行塑性调幅。塑性调幅的方法是降低连梁刚度,在式(7.9)、(7.10) 两式中用 $\beta_h EI_0$ 代替 EI_0,β_h 不小于 0.5。

有了梁端约束弯矩系数,就可以求出梁端转角为 θ 时梁端约束弯矩

$$M_{12} = m_{12}\theta$$
$$M_{21} = m_{21}\theta$$

约束弯矩连续化,则第 i 个梁端单位高度上约束弯矩可写成

$$m_i(x) = \frac{M_{abi}}{h} = \frac{m_{abi}}{h}\theta(x)$$

当同一层内有 n 个刚结点时(指连梁与墙肢相交的结点),总连梁约束弯矩为

$$m(x) = \sum_{i=1}^{n} \frac{m_{abi}}{h}\theta(x) = C_b\theta(x) \tag{7.11}$$

式中,$C_b = \sum_{i=1}^{n} \dfrac{m_{abi}}{h}$ 为总连梁约束刚度。

n 个结点的统计方法是:每根两端刚域连梁有两个结点,m_{ab} 是指 m_{12} 或 m_{21},一端刚域的连梁只有一个结点,m_{ab} 是指 m_{12}。

由于本方法假定该框架-剪力墙结构从底层到顶层层高及杆件截面都不变,因而沿高度连梁的约束刚度是常数。当实际结构中各层 m_{ab} 有改变时,应取各层约束刚度的加权平均值作为连梁约束刚度。

(2) 计算公式

由图 7.14(d) 所示的计算基本体系,可建立微分关系如下

$$EI_{eq}\frac{d^2\gamma}{dx^2} = M_w \tag{7.12}$$

$$EI_{eq}\frac{d^3\gamma}{dx^3} = \frac{dM_w}{dx} = -V_w + m(x) \tag{7.13}$$

$$EI_{eq}\frac{d^4\gamma}{dx^4} = -\frac{dV_w}{dx} + \frac{dm}{dx} = p_w + \frac{dm}{dx} = p(x) - p_f(x) + C_b\frac{d^2\gamma}{dx^2} \tag{7.14}$$

由于总框架受力仍与铰结体系相同,仍表达为式(7.2),将 $p_f(x)$ 代入式(7.14),经过整理,可得微分方程如下

$$\frac{d^4\gamma}{dx^4} - \frac{C_f + C_b}{EI_{eq}}\frac{d^2\gamma}{dx^2} = \frac{p(x)}{EI_{eq}} \tag{7.15}$$

令

$$\left.\begin{array}{l} \lambda = H\sqrt{\dfrac{C_f + C_b}{EI_{eq}}} \\[3mm] \xi = \dfrac{x}{H} \end{array}\right\} \tag{7.16}$$

则微分方程写成

$$\frac{d^4\gamma}{d\xi^4} - \lambda^2\frac{d^2\gamma}{d\xi^2} = \frac{p(\xi)H^4}{EI_{eq}} \tag{7.17}$$

上式和铰结体系的微分方程式(7.3)完全相同,因此,铰结体系中所有的微分方程解对刚结体系都适用,所有图表曲线也可以应用。但要注意刚结体系与铰结体系有以下区别:

①λ 值计算不同,λ 值按式(7.16) 计算。

②内力计算不同。由图 7.5～7.13 中系数及公式计算的值 V_w 不是总剪力墙的剪力。在刚结体系中,把由 y 微分三次得到的剪力记作 $-\bar{V}_w$,由式(7.13) 可得

$$EI_{eq}\frac{d^3\gamma}{d\xi^3} = -\bar{V}_w = -V_w + m(\xi)$$

因此

$$V_w(\xi) = \bar{V}_w(\xi) + m(\xi) \tag{7.18}$$

由力的平衡条件可知,任意高度(坐标 ξ)处总剪力墙剪力与总框架剪力之和应与外荷载下总剪力相等,即

$$V_p = \bar{V}_w + m + V_f = \bar{V}_w + \bar{V}_f$$

则

$$\bar{V}_f = m + V_f = V_p - \bar{V}_w \tag{7.19}$$

式中,$\bar{V}_f$ 为框架广义剪力。

将式(7.19)与式(7.6)相比可知,刚结体系应按以下步骤进行计算:

① 由刚结体系的 λ 值及 ξ 值查图 7.5 ~ 7.13 系数及公式,计算得到 y, M_w 及 $\bar{V}_w$。

② 按式(7.19)计算总框架广义剪力 $\bar{V}_f$。

③ 按总框架剪切刚度及总连梁约束刚度比例分配,得到

总框架剪力

$$V_f = \frac{C_f}{C_f + C_b}\bar{V}_f \tag{7.20}$$

总连梁约束弯矩

$$m = \frac{C_b}{C_f + C_b}\bar{V}_f \tag{7.21}$$

④ 第 i 根连梁的梁端约束弯矩

两端刚域

$$M_{12i} = \frac{m_{12i}}{\sum_{i=1}^{n}(m_{12i} + m_{21i})}mh \tag{7.22a}$$

$$M_{21i} = \frac{m_{21i}}{\sum_{i=1}^{n}(m_{12i} + m_{21i})}mh \tag{7.22b}$$

一端有刚域时,取上式中的 $M_{12i} = 0$

⑤ 由式(7.18)计算总剪力墙剪力 V_w。

其余计算方法同铰结体系。

5. 刚度特征值 λ 与内力、侧移的关系

框架－剪力墙结构的刚度特征值为总框架、总连梁的刚度与总剪力墙刚度的比值。随着 λ 值的变化,内力与侧移也随着变化,见图 7.17 和图 7.18。

(1) λ 与剪力分布的关系

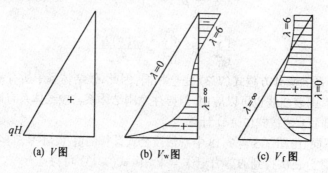

图 7.17　框架－剪力墙结构剪力分布图

当 λ 很小时,剪力墙承担大部分剪力,当 $\lambda = 0$ 时,即纯剪力墙结构;当 λ 很大时,框架承担

大部分剪力,当 λ = ∞ 时,即为纯框架结构;

框架－剪力墙结构剪力分布规律(图 7.17):在顶部,框架和剪力墙的剪力都不为零,但二者之和为零;在上部,框架承担了较大正剪力,而剪力墙出现负剪力;在下部,剪力墙承受大部分剪力,框架剪力很小;在底部,框架剪力为零,全部剪力均由剪力墙承担(注:这是由于计算方法近似性造成的,并不符合实际)。

纯框架结构与框架－剪力墙结构两者剪力分布的差异:纯框架结构的剪力是下大上小、顶部为零,控制截面在底部;而框架－剪力墙结构中的框架,其剪力最大值发生在中部附近,大约在 ξ = 0.3 ~ 0.6 之间,且剪力最大值的位置随着刚度特征值 λ 的增大而向下移。这些内力分布的变化,在设计时,应给予注意。如原来按纯框架设计的房屋,仅在楼、电梯间或其他部位设置少量钢筋混凝土剪力墙,由于剪力墙与框架协同工作,使框架的上部受力增加,因此在结构分析时,应考虑这部分剪力墙与框架的协同工作。

(2) λ 与侧移曲线的关系

如图 7.18 所示,当 λ 很小时(如 λ < 1),即框架的刚度与剪力墙的刚度比很小时,侧移曲线类似于独立的悬臂梁,曲线的形状为弯曲变形的形状;当 λ 很大时(如 λ > 6),即框架的刚度与剪力墙的刚度比很大时,曲线的形状为剪切变形的形状;当 λ = 1 ~ 6 时,侧移曲线介于弯曲变形和剪切变形之间,称为弯剪型变形。图 7.18 是按顶端侧移相等的条件画出的侧移曲线。

(3) λ 的最佳范围

分析表明:当 λ 大于 2.4 时,框架部分承受的地震倾覆力

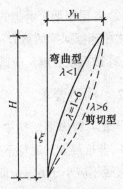

图 7.18 λ 与侧移曲线的关系

矩大于总地震倾覆力矩的 50%。这意味着结构中剪力墙数量相对较少,框架承担着较大的地震作用,此时框架部分的抗震等级应按纯框架结构采用,轴压比限值应按纯框架结构的规定采用。

另外,剪力墙也不必布置得过多,宜使 λ 值不小于 1.15,否则,框架承受的剪力将过小,不能充分发挥作用。

由此可见,λ 值的最佳范围在 2.4 ~ 1.15 之间。当然,λ 不在最佳范围之间也是可行的,但要采取相应的措施。

7.5 截面设计要点及构造要求

框架－剪力墙结构的截面设计要点及构造要求除应满足本节规定外,还应满足第 5 章(框架结构设计)、第 6 章(剪力墙结构设计)的要求。

7.5.1 框架总剪力 V_f 的调整

抗震设计时,框架－剪力墙结构对应于地震作用标准值的各层框架总剪力应符合下列规

定：

（1）满足公式（7.23）要求的楼层，其框架总剪力不必调整；不满足公式（7.23）要求的楼层，其框架总剪力应按 $0.2V_0$ 和 $1.5V_{f,max}$ 二者的较小值采用

$$V_f \geqslant 0.2V_0 \tag{7.23}$$

式中，V_0 的取值，对框架柱数量从下至上基本不变的规则建筑，应取对应于地震作用标准值的结构底部总剪力，对框架柱数量从下至上分段有规律变化的结构，应取每段最下一层结构对应于地震作用标准值的总剪力；V_f 为对应于地震作用标准值且未经调整的各层（或某一段内各层）框架承担的地震总剪力；$V_{f,max}$ 的取值，对框架柱数量从下至上基本不变的规则建筑，应取对应于地震作用标准值且未经调整的各层框架承担的地震总剪力中的最大值，对框架柱数量从下至上分段有规律变化的结构，应取每段中对应于地震作用标准值且未经调整的各层框架承担的地震总剪力中的最大值。

（2）各层框架所承担的地震总剪力调整后，应按调整前、后总剪力的比值调整每根框架柱和与之相连框架梁的剪力及端部弯矩标准值，框架柱的轴力标准值可不予调整。

（3）按振型分解反应谱法计算地震作用时，调整可在振型组合之后进行。

7.5.2　构造要求

框架 – 剪力墙结构中，剪力墙竖向和水平分布钢筋的配筋率，抗震设计时均不应小于 0.25%，非抗震设计时均不应小于 0.20%，并应至少双排布置。各排分布钢筋之间应设置拉筋，拉筋直径不应小于 6 mm，间距不应大于 600 mm。

带边框剪力墙的构造应符合下列要求：

（1）剪力墙的水平分布钢筋应全部锚入边框柱内，锚固长度不应小于 l_a（非抗震设计）或 l_{aE}（抗震设计）。

（2）剪力墙中的梁或暗梁配筋可按构造配置，且应符合一般框架梁相应抗震等级的最小配筋要求。

（3）剪力墙截面设计应采用第 6 章剪力墙的截面设计方法，其端部的纵向受力钢筋应配置在边框柱截面内。

（4）边框柱应符合本书第 5 章有关框架柱构造配筋规定；剪力墙底部加强部位边框柱的箍筋宜沿全高加密；当带边框剪力墙上的洞口紧邻边框柱时，边框柱的箍筋宜沿全高加密。

7.5.3　框架柱轴压比校核

框架 – 剪力墙结构中，框架柱轴压比校核方法同第 5 章（框架结构设计）。但是，轴压比限值应比表 5.7 中的数值增加 0.05。在基本振型地震作用下，框架部分承受的地震倾覆力矩大于结构总地震倾覆力矩的 50% 时，其框架部分的抗震等级应按纯框架结构采用，柱轴压比限值宜按纯框架结构的规定采用。

7.6　框架－剪力墙结构设计实例

7.6.1　工程概况

本工程为框架－剪力墙结构(地上11层、地下1层),抗震设防烈度为7度,设计地震分组为第一组,地基为Ⅱ类场地土。结构平面图见图7.19,剖面示意图见图7.20。

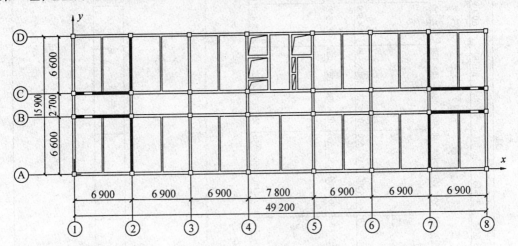

图 7.19　底层结构平面图

建筑物地下室层高 3.6 m,首层层高 4.2 m,2～11层层高均为 3.6 m。梁、板、柱、剪力墙均为现浇钢筋混凝土。混凝土强度等级:－1～6层为 C40,7～11层为 C30。

根据第3章表3.13,框架抗震等级为三级,剪力墙抗震等级为二级。根据第7章7.5节,框架－剪力墙结构的框架柱轴压比 $\mu_N = N/(A_c f_c) \leqslant 0.95$。

7.6.2　梁、板、柱、剪力墙截面尺寸的初步确定

1.初步估算梁板的截面尺寸

(1) 梁

取 $h = \left(\dfrac{1}{10} \sim \dfrac{1}{18}\right) l, b = \left(\dfrac{1}{2} \sim \dfrac{1}{2.5}\right) h$

AB、CD 跨横向框架梁取　$b \times h = 300 \text{ mm} \times 650 \text{ mm}$

BC 跨横向框架梁取　$b \times h = 300 \text{ mm} \times 450 \text{ mm}$

横向次梁取　$b \times h = 250 \text{ mm} \times 600 \text{ mm}$

纵向框架梁取　$b \times h = 300 \text{ mm} \times 700 \text{ mm}$

②、⑦轴连梁取　$b \times h = 400 \text{ mm} \times 450 \text{ mm}$

(2) 板

最小厚度为 $h_{板} \geqslant \dfrac{1}{50} l = \dfrac{3\,450 \text{ mm}}{50} = 69 \text{ mm}$,且 $\geqslant 80 \text{ mm}$,考虑实际工程要在板中埋设管线等原因,取 $h_{板} = 100 \text{ mm}$。

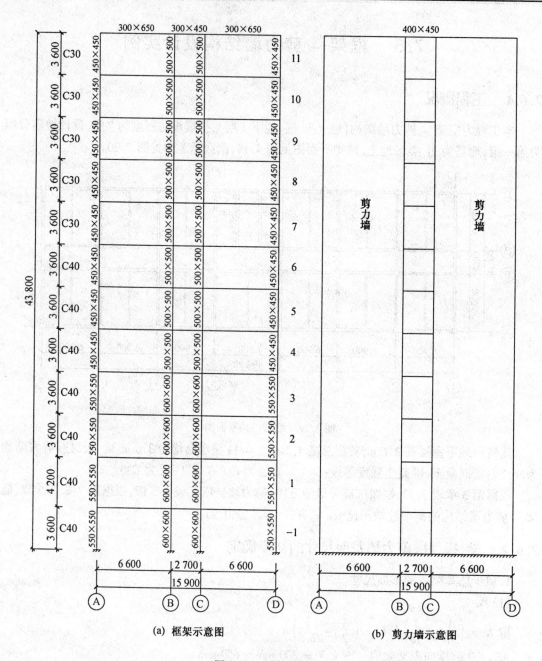

图 7.20　结构剖面图

2. 初步估算柱子截面尺寸

抗震等级为三级的框架柱截面尺寸可由轴压比 $\mu_N = \dfrac{N}{A_c f_c} \le 0.95$ 初步确定。

（1）估算柱轴力设计值 N

框架柱轴力设计值 N 可由竖向荷载作用下的轴力设计值 N_V 并考虑地震作用的影响由下式求得

$$N = (1.1 \sim 1.2)N_V$$

由于本工程为三级抗震等级框架,故取

$$N = 1.1 N_V$$

N_V 可根据柱支撑的楼板面积、楼层数及楼层上的竖向荷载,并考虑分项系数 1.25 进行计算。楼层上的竖向荷载可按 11 ~ 14 kN/m² 计算(注:估算边柱轴力时,荷载取大值;估算中柱轴力时,荷载取小值;该值适用于板式旅馆建筑)。

边柱:取楼层竖向荷载为 14 kN/m²,则每层传到边柱上的竖向力为

$$6.9 \text{ m} \times \frac{6.6 \text{ m}}{2} \times 14 \text{ kN/m}^2 \times 1.25 = 398.5 \text{ kN}$$

则底层(地下室)边柱的轴力设计值为

$$N = 1.1 N_V = 1.1 \times 398.5 \text{ kN} \times 12 = 5\,260 \text{ kN}$$

中柱:取楼层竖向荷载为 11 kN/m²,则每层传到中柱上的竖向力为

$$6.9 \text{ m} \times \left(\frac{6.6 \text{ m}}{2} + \frac{2.7 \text{ m}}{2} \right) \times 11 \text{ kN/m}^2 \times 1.25 = 441.2 \text{ kN}$$

则底层(地下室)中柱的轴力设计值为

$$N = 1.1 N_V = 1.1 \times 441.2 \text{ kN} \times 12 = 5\,824 \text{ kN}$$

(2) 估算柱截面尺寸

边柱载面

$$b_c = h_c \geqslant \sqrt{\frac{N}{0.95 \times f_c}} = \sqrt{\frac{5\,260 \times 10^3 \text{ N}}{0.95 \times 19.5 \text{ N/mm}^2}} = 538 \text{ mm}$$

－1 ~ 3 层取 $b_c \times h_c = 550 \text{ mm} \times 550 \text{ mm}$

4 ~ 6 层取 $b_c \times h_c = 450 \text{ mm} \times 450 \text{ mm}$,C40,4 层轴压比为

$$\mu_N = \frac{N}{b_c h_c f_c} = \frac{1.1 \times 398.5 \times 10^3 \text{ N} \times 8}{450^2 \text{ mm}^2 \times 19.1 \text{ N/mm}^2} = 0.91 < 0.95$$

7 ~ 11 层取 $b_c \times h_c = 450 \text{ mm} \times 450 \text{ mm}$,C30,7 层轴压比为

$$\mu_N = \frac{N}{b_c h_c f_c} = \frac{1.1 \times 398.5 \times 10^3 \text{ N} \times 5}{450^2 \text{ mm}^2 \times 14.3 \text{ N/mm}^2} = 0.76 < 0.95$$

中柱截面

$$b_c = h_c \geqslant \sqrt{\frac{N}{0.95 \times f_c}} = \sqrt{\frac{5\,824 \times 10^3 \text{ N}}{0.95 \times 19.1 \text{ N/mm}^2}} = 567 \text{ mm}$$

－1 ~ 3 层取 $b_c \times h_c = 600 \text{ mm} \times 600 \text{ mm}$

4 ~ 6 层取 $b_c \times h_c = 500 \text{ mm} \times 500 \text{ mm}$,C40,4 层轴压比为

$$\mu_N = \frac{N}{b_c h_c f_c} = \frac{1.1 \times 441.2 \times 10^3 \text{ N} \times 8}{500^2 \text{ mm}^2 \times 19.1 \text{ N/mm}^2} = 0.81 < 0.95$$

7 ~ 11 层 $b_c \times h_c = 500 \text{ mm} \times 500 \text{ mm}$,C30,7 层轴压比为

$$\mu_N = \frac{N}{b_c h_c f_c} = \frac{1.1 \times 441.2 \times 10^3 \text{ N} \times 5}{500^2 \text{ mm}^2 \times 14.3 \text{ N/mm}^2} = 0.68 < 0.95$$

3. 初步确定剪力墙厚度

剪力墙布置见图 7.19,剪力墙厚度:－1 ~ 1 层取 180 mm,2 ~ 11 层取 160 mm(注:地震作用的手算方法为底部剪力法,底部剪力法适用的房屋高度 H 不宜大于 40 m,为了保证计算精

度,手算算例只能选用高度在 40 m 左右的房屋,由第 2 章表 2.1 可知,在 7 度区,高度为 40 m 左右的高层房屋既可采用框架结构又可采用框架 – 剪力墙结构,为了给出框架 – 剪力墙结构的设计方法及步骤,本例在高度 $H = 43.8$ m 的情况下采用了框架 – 剪力墙结构。虽然本例题剪力墙厚度不满足最小厚度要求,但经验算墙体稳定满足《高规》附录 D 的要求,因此是可行的)。

7.6.3　刚度计算

1. 框架柱抗侧移刚度计算

(1) 柱线刚度计算(见表 7.3)

表 7.3　柱线刚度 i_c

层号	截面 $b_c \times h_c$/m	混凝土强度等级	弹性模量 E_c/(kN·m^{-2})	层高 h/m	惯性矩 I_c/m^4	$i_c = \dfrac{E_c I_c}{h}$ /(kN·m)
7 ～ 11	0.45 × 0.45(边柱)	C30	3.0×10^7	3.6	0.003 42	2.85×10^4
	0.50 × 0.50(中柱)	C30	3.0×10^7	3.6	0.005 21	4.35×10^4
4 ～ 6	0.45 × 0.45(边柱)	C40	3.25×10^7	3.6	0.003 42	3.09×10^4
	0.50 × 0.50(中柱)	C40	3.25×10^7	3.6	0.005 21	4.71×10^4
2 ～ 3	0.55 × 0.55(边柱)	C40	3.25×10^7	3.6	0.007 63	6.89×10^4
	0.60 × 0.60(中柱)	C40	3.25×10^7	3.6	0.010 80	9.75×10^4
1	0.55 × 0.55(边柱)	C40	3.25×10^7	4.2	0.007 63	5.90×10^4
	0.60 × 0.60(中柱)	C40	3.25×10^7	4.2	0.010 80	8.36×10^4
－ 1	0.55 × 0.55(边柱)	C40	3.25×10^7	3.6	0.007 63	6.89×10^4
	0.60 × 0.60(中柱)	C40	3.25×10^7	3.6	0.010 80	9.75×10^4

(2) 框架梁线刚度计算(见表 7.4)

表 7.4　框架梁线刚度 i_b

层 号	梁	跨度 l_b/m	截面 $b_b \times h_b$/m	混凝土强度等级	惯性矩 $I_0 = \dfrac{1}{12} b_b h_b^3$ /m^4	边框架		中框架	
						$I_b = 1.5 I_0$ /m^4	$i_b = \dfrac{E_c I_b}{l_b}$ /(kN·m)	$I_b = 2 I_0$ /m^4	$i_b = \dfrac{E_c I_b}{l_b}$ /(kN·m)
7 ～ 11	AB 跨 CD 跨	6.6	0.3 × 0.65	C30	6.87×10^{-3}	10.31×10^{-3}	4.69×10^4	13.74×10^{-3}	6.25×10^4
	BC 跨	2.7	0.3 × 0.45	C30	2.28×10^{-3}	3.43×10^{-3}	3.80×10^4	4.56×10^{-3}	5.07×10^4
－ 1 ～ 6	AB 跨 CD 跨	6.6	0.3 × 0.65	C40	6.87×10^{-3}	10.31×10^{-3}	5.08×10^4	13.74×10^{-3}	6.77×10^4
	BC 跨	2.7	0.3 × 0.45	C40	2.28×10^{-3}	3.42×10^{-3}	4.12×10^4	4.56×10^{-3}	5.49×10^4

表 7.5　框架柱 D 值计算

层号	层高 h/m	梁跨度 /m	柱	$1\sim11层\ \bar K=\dfrac{\sum i_b}{2i_c}$；$-1层\ \bar K=\dfrac{\sum i_b}{i_c}$	$1\sim11层\ \alpha_c=\dfrac{\bar K}{2+\bar K}$；$-1层\ \alpha_c=\dfrac{0.5+\bar K}{2+\bar K}$	i_c /(kN·m)	$\dfrac{12}{h^2}$ /m⁻²	$D=\alpha_c i_c\dfrac{12}{h^2}$ /(kN·m⁻¹)	柱根数 n	nD /(kN·m⁻¹)	楼层 $\sum D$ /(kN·m⁻¹)	楼层 $C_f=h\sum\sum D$ /kN
8~11层	3.6	6.6	中框架(边柱)	$\dfrac{2\times6.25}{2\times2.85}=2.19$	$\dfrac{2.19}{2+2.19}=0.52$	2.85×10^4	0.926	1.37×10^4	8	10.96×10^4	42.00×10^4	151.20×10^4
		6.6 / 2.7	边框架(中柱)	$\dfrac{2\times(6.25+5.07)}{2\times4.35}=2.60$	$\dfrac{2.60}{2+2.60}=0.57$	4.35×10^4	0.926	2.30×10^4	8	18.40×10^4		
		6.6	边框架(边柱)	$\dfrac{2\times4.69}{2\times2.85}=1.65$	$\dfrac{1.65}{2+1.65}=0.45$	2.85×10^4	0.926	1.19×10^4	4	4.76×10^4		
		6.6 / 2.7	边框架(中柱)	$\dfrac{2\times(4.69+3.80)}{2\times4.35}=1.95$	$\dfrac{1.95}{2+1.95}=0.49$	4.35×10^4	0.926	1.97×10^4	4	7.88×10^4		
7层	3.6	6.6	中框架(边柱)	$\dfrac{6.25+6.77}{2\times2.85}=2.28$	$\dfrac{2.28}{2+2.28}=0.53$	2.85×10^4	0.926	1.40×10^4	8	11.20×10^4	42.80×10^4	154.08×10^4
		6.6 / 2.7	边框架(中柱)	$\dfrac{6.25+5.07+6.77+5.49}{2\times4.35}=2.71$	$\dfrac{2.71}{2+2.71}=0.58$	4.35×10^4	0.926	2.34×10^4	8	18.72×10^4		
		6.6	边框架(边柱)	$\dfrac{4.69+5.08}{2\times2.85}=1.71$	$\dfrac{1.71}{2+1.71}=0.46$	2.85×10^4	0.926	1.21×10^4	4	4.84×10^4		
		6.6 / 2.7	边框架(中柱)	$\dfrac{4.69+3.80+6.08+4.12}{2\times4.35}=2.03$	$\dfrac{2.03}{2+2.03}=0.50$	4.35×10^4	0.926	2.01×10^4	4	8.04×10^4		
4~6层	3.6	6.6	中框架(边柱)	$\dfrac{2\times6.77}{2\times3.09}=2.19$	$\dfrac{2.19}{2+2.19}=0.52$	3.09×10^4	0.926	1.49×10^4	8	11.92×10^4	45.56×10^4	164.02×10^4
		6.6 / 2.7	边框架(中柱)	$\dfrac{2\times(6.77+5.49)}{2\times4.71}=2.60$	$\dfrac{2.60}{2+2.60}=0.57$	4.71×10^4	0.926	2.49×10^4	8	19.92×10^4		
		6.6	边框架(边柱)	$\dfrac{2\times5.08}{2\times3.09}=1.64$	$\dfrac{1.65}{2+1.65}=0.45$	3.09×10^4	0.926	1.29×10^4	4	5.16×10^4		
		6.6 / 2.7	边框架(中柱)	$\dfrac{2\times(5.08+4.12)}{2\times4.71}=1.95$	$\dfrac{1.95}{2+1.95}=0.49$	4.71×10^4	0.926	2.14×10^4	4	8.56×10^4		

续表 7.5

层号	层高 h/m	梁跨度 /m	柱	1~11层 $\bar{K} = \dfrac{\sum i_b}{2i_c}$ 一层 $\bar{K} = \dfrac{\sum i_b}{i_c}$	1~11层 $\alpha_c = \dfrac{\bar{K}}{2+\bar{K}}$ 一层 $\alpha_c = \dfrac{0.5+\bar{K}}{2+\bar{K}}$	i_c /(kN·m)	$\dfrac{12}{h^2}$ /m^{-2}	$D = \alpha_c i_c \dfrac{12}{h^2}$	柱根数 n	nD /(kN·m^{-1})	楼层 $\sum D$ /(kN·m^{-1})	楼层 $C_f = h\sum D$ /kN
2~3 层	3.6	6.6	中框架（边柱）	$\dfrac{2\times6.77}{2\times6.89}=0.98$	$\dfrac{0.98}{2+0.98}=0.33$	6.89×10^4	0.926	2.11×10^4	8	16.88×10^4	63.48×10^4	228.53×10^4
		6.6 2.7	中框架（中柱）	$\dfrac{2\times(6.77+5.49)}{2\times9.75}=1.26$	$\dfrac{1.26}{2+1.26}=0.39$	4.75×10^4	0.926	3.52×10^4	8	28.16×10^4		
		6.6	边框架（边柱）	$\dfrac{2\times5.08}{2\times6.89}=0.74$	$\dfrac{0.74}{2+0.74}=0.27$	6.89×10^4	0.926	1.72×10^4	4	6.88×10^4		
		6.6 2.7	边框架（中柱）	$\dfrac{2\times(5.08+4.12)}{2\times9.75}=0.94$	$\dfrac{0.94}{2+0.94}=0.32$	9.75×10^4	0.926	2.89×10^4	4	11.56×10^4		
1 层	4.2	6.6	中框架（边柱）	$\dfrac{2\times6.77}{2\times5.90}=1.15$	$\dfrac{1.15}{2+1.15}=0.37$	5.90×10^4	0.680	1.48×10^4	8	11.84×10^4	43.72×10^4	183.62×10^4
		6.6 2.7	中框架（中柱）	$\dfrac{2\times(6.77+5.49)}{2\times8.38}=1.46$	$\dfrac{1.46}{2+1.46}=0.42$	8.38×10^4	0.680	2.39×10^4	8	19.12×10^4		
		6.6	边框架（边柱）	$\dfrac{2\times5.08}{2\times5.90}=0.86$	$\dfrac{0.86}{2+0.86}=0.30$	5.90×10^4	0.680	1.20×10^4	4	4.80×10^4		
		6.6 2.7	边框架（中柱）	$\dfrac{2\times(5.08+4.12)}{2\times8.38}=1.10$	$\dfrac{1.10}{2+1.10}=0.35$	8.38×10^4	0.680	1.99×10^4	4	7.96×10^4		
-1 层	3.6	6.6	中框架（边柱）	$\dfrac{6.77}{6.89}=0.98$	$\dfrac{0.5+0.98}{2+0.98}=0.50$	6.89×10^4	0.926	3.19×10^4	8	25.52×10^4	93.72×10^4	337.39×10^4
		6.6 2.7	中框架（中柱）	$\dfrac{6.77+5.49}{9.75}=1.26$	$\dfrac{0.5+1.26}{2+1.26}=0.54$	9.75×10^4	0.926	4.88×10^4	8	39.04×10^4		
		6.6	边框架（边柱）	$\dfrac{5.08}{6.89}=0.74$	$\dfrac{0.5+0.74}{2+0.74}=0.45$	6.89×10^4	0.926	2.87×10^4	4	11.48×10^4		
		6.6	边框架（中柱）	$\dfrac{5.08+4.12}{9.75}=0.94$	$\dfrac{0.5+0.94}{2+0.94}=0.49$	9.75×10^4	0.926	4.42×10^4	4	17.68×10^4		

(3) 框架柱抗侧移刚度计算

D 值计算见表 7.5。与剪力墙相连的柱作为剪力墙的翼缘,计入剪力墙的刚度,不作为框架柱处理。因此,框架柱计有边柱 12 根,中柱 12 根。

总框架的剪切刚度取各层剪切刚度的加权平均值

$$C_f = \frac{\sum\limits_{i=1}^{12} C_f h_i}{H} = [(151.2 \text{ kN} \times 4 + 154.08 \text{ kN} + 164.02 \text{ kN} \times$$

$$3 + 228.53 \text{ kN} \times 2 + 337.39 \text{ kN}) \times 3.6 \text{ m} + 183.62 \text{ kN} \times 4.2 \text{ m}] \times$$

$$10^4 \times \frac{1}{43.8 \text{ m}} = 185.72 \times 10^4 \text{ kN}$$

2. 剪力墙等效刚度计算

各层剪力墙截面见图 7.21。

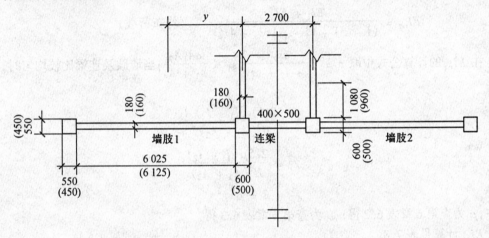

图 7.21　剪力墙截面详图

(1) 剪力墙类型判别

墙肢截面特性见表 7.6。

表 7.6 墙肢截面特性

层数	E /(kN·m^{-2})	边柱截面 /m	中柱截面 /m	剪力墙墙肢形心位置 厚 /m	剪力墙墙肢形心位置 y/m	墙肢截面面积 A_j/m^2	墙肢惯性矩 I_j/m^4	两墙肢形心间距 a/m
7 ~ 11	3.00×10^7	0.45×0.45	0.50×0.50	0.16	2.889	1.586	9.406	8.478
4 ~ 6	3.25×10^7	0.45×0.45	0.50×0.50	0.16	2.889	1.586	9.406	8.478
2 ~ 3	3.25×10^7	0.55×0.55	0.60×0.60	0.16	2.915	1.780	11.559	8.530
-1 ~ 1	3.25×10^7	0.55×0.55	0.60×0.60	0.18	2.879	1.941	12.287	8.458

根据公式(6.2),双肢墙的整体参数为

$$\alpha = H \sqrt{\frac{12 I_b a^2}{h(I_1 + I_2) l_b^3} \frac{I}{I_n}}$$

α 的计算见表 7.7。由表 7.7($\alpha < 10$) 可知,该剪力墙为联肢墙

表 7.7　剪力墙类型判别

	I/m^4	I_n/m^4	I_{b0}/m^4	l_b/m	I_b/m^4	α
4 ~ 11	75.81	57.00	0.006 075	2.425	0.002 769	2.512 < 10
2 ~ 3	87.88	64.76	0.006 075	2.325	0.002 728	2.683 < 10
1	94.00	69.43	0.006 075	2.325	0.002 728	2.432 < 10
− 1	94.00	69.43	0.006 075	2.325	0.002 728	2.165 < 10

(2) 双肢墙的等效刚度 EI_{eq}

$$EI_{eq} = \frac{EI_1 + EI_2}{(1 - \tau) + (1 - \beta)\tau\psi_\alpha + 3.64r_1^2} \quad (\text{倒三角形分布荷载})$$

$$EI_{eq} = \frac{EI_1 + EI_2}{(1 - \tau) + (1 - \beta)\tau\psi_\alpha + 3r_1^2} \quad (\text{顶点集中荷载})$$

$$EI_{eq} = \frac{EI_1 + EI_2}{(1 - \tau) + (1 - \beta)\tau\psi_\alpha + 4r_1^2} \quad (\text{均布荷载})$$

在 EI_{eq} 的计算公式中取 $\tau = \dfrac{as_1}{I_1 + I_2 + as_1}$,$s_1 = \dfrac{aA_1A_2}{A_1 + A_2}$;当墙肢及连梁比较均匀时,可近似取

$$\gamma^2 = \frac{2.5\mu(I_1 + I_2)}{H^2(A_1 + A_2)}\frac{l_b}{a}$$

$$\gamma_1^2 = \frac{2.5\mu(I_1 + I_2)}{H^2(A_1 + A_2)}$$

$$\beta = \alpha^2\gamma^2$$

式中,μ 为查第 6 章表 6.2 得;ψ_α 为查第 6 章表 6.3 得。

EI_{eq} 计算见表 7.8。

表 7.8　双肢墙等效刚度计算

层号	μ	τ	γ^2	γ_1^2	β
7 ~ 11	1.364	0.752	3.02×10^{-3}	0.010 5	0.019 0
4 ~ 6	1.364	0.752	3.02×10^{-3}	0.010 5	0.019 0
2 ~ 3	1.380	0.737	3.18×10^{-3}	0.011 7	0.022 9
1	1.369	0.739	3.10×10^{-3}	0.011 3	0.018 4
− 1	1.369	0.739	3.10×10^{-3}	0.011 3	0.014 6

层号	倒三角形分布荷载下 ψ_α	顶点集中荷载下 ψ_α	均布荷载下 ψ_α	倒三角形分布荷载下 EI_{eq} $\times 10^9/(\mathrm{kN \cdot m^2})$	顶点集中荷载下 EI_{eq} $\times 10^9/(\mathrm{kN \cdot m^2})$	均布荷载下 EI_{eq} $\times 10^9/(\mathrm{kN \cdot m^2})$
7 ~ 11	0.300	0.289	0.304	1.111	1.145	1.097
4 ~ 6	0.300	0.289	0.304	1.204	1.240	1.188
2 ~ 3	0.274	0.263	0.279	1.494	1.541	1.471
1	0.313	0.302	0.317	1.508	1.553	1.489
− 1	0.363	0.352	0.367	1.409	1.448	1.392

总剪力墙的等效刚度 EI_{eq}(取加权平均值)：

倒三角形分布荷载

$$EI_{eq} = 2 \times [(1.111 \text{ kN} \cdot \text{m}^2 \times 5 + 1.204 \text{ kN} \cdot \text{m}^2 \times 3 + 1.494 \text{ kN} \cdot \text{m}^2 \times 2 + 1.409 \text{ kN} \cdot \text{m}^2) \times$$

$$3.6 \text{ m} + 1.508 \text{ kN} \cdot \text{m}^2 \times 4.2 \text{ m}] \times 10^9 \times \frac{1}{43.8 \text{ m}} = 2.519 \times 10^9 \text{ kN} \cdot \text{m}^2$$

顶点集中荷载

$$EI_{eq} = 2 \times [(1.145 \text{ kN} \cdot \text{m}^2 \times 5 + 1.240 \text{ kN} \cdot \text{m}^2 \times 3 + 1.541 \text{ kN} \cdot \text{m}^2 \times 2 + 1.448 \text{ kN} \cdot \text{m}^2) \times$$

$$3.6 \text{ m} + 1.553 \text{ kN} \cdot \text{m}^2 \times 4.2 \text{ m}] \times 10^9 \times \frac{1}{43.8 \text{ m}} = 2.595 \times 10^9 \text{ kN} \cdot \text{m}^2$$

均布荷载

$$EI_{eq} = 2 \times [(1.097 \text{ kN} \cdot \text{m}^2 + 1.188 \text{ kN} \cdot \text{m}^2 \times 3 + 1.471 \text{ kN} \cdot \text{m}^2 \times 2 + 1.392 \text{ kN} \cdot \text{m}^2) \times$$

$$3.6 \text{ m} + 1.489 \text{ kN} \cdot \text{m}^2 \times 4.2 \text{ m}] \times 10^9 \times \frac{1}{43.8 \text{ m}} = 2.486 \times 10^9 \text{ kN} \cdot \text{m}^2$$

3. 刚度特征值计算

倒三角形分布荷载

$$\lambda = H\sqrt{\frac{C_f}{EI_{eq}}} = 43.8 \text{ m} \times \sqrt{\frac{185.72 \times 10^4 \text{ kN}}{2.519 \times 10^9 \text{ kN} \cdot \text{m}^2}} = 1.189$$

顶点集中荷载

$$\lambda = H\sqrt{\frac{C_f}{EI_{eq}}} = 43.8 \text{ m} \times \sqrt{\frac{185.72 \times 10^4 \text{ kN}}{2.595 \times 10^9 \text{ kN} \cdot \text{m}^2}} = 1.172$$

均布荷载

$$\lambda = H\sqrt{\frac{C_f}{EI_{eq}}} = 43.8 \text{ m} \times \sqrt{\frac{185.72 \times 10^4 \text{ kN}}{2.486 \times 10^9 \text{ kN} \cdot \text{m}^2}} = 1.197$$

7.6.4　荷载汇集

屋面永久荷载为 5.08 kN/m²，层面活荷载取 0.7 kN/m²，楼面永久荷载为 3.67 kN/m²，楼面活荷取 2 kN/m²。外墙、内墙、女儿墙重量分别为 3.26 kN/m²、2.40 kN/m²、7.97 kN/m²。

7.6.5　水平地震作用计算

1. 重力荷载代表值

建筑物的重力荷载代表值按下列原则取值：恒荷载取 100%；雪荷载取 50%；楼面活荷载取 50%。

各层重力荷载代表值计算结果见表 7.9。

表 7.9　各层重力荷载代表值计算

层号	重力荷载代表值 /kN(永久荷载 + 50% 活荷载)
电梯机房	$2\,175 + 0.5 \times 54 = 2\,202$
11	$10\,212 + 0.5 \times 462 = 10\,443$
4 ~ 10	$8\,525 + 0.5 \times 1\,546 = 9\,298$
3	$8\,750 + 0.5 \times 1\,546 = 9\,523$
2	$8\,991 + 0.5 \times 1\,546 = 9\,764$
1	$9\,175 + 0.5 \times 1\,546 = 9\,948$
– 1	$9\,360 + 0.5 \times 1\,546 = 10\,133$

结构总重力荷载代表值为

$$G_E = 10\,133 \text{ kN} + 9\,948 \text{ kN} + 9\,764 \text{ kN} + 9\,523 \text{ kN} +$$

$$9\,298 \text{ kN} \times 7 + 10\,443 \text{ kN} + 2\,202 \text{ kN} = 117\,099 \text{ kN}$$

2.结构基本自振周期

按第 3 章式(3.9),框架 – 剪力墙结构的自振周期为

$$T_1 = 1.7\psi_T \sqrt{u_T}$$

式中,ψ_T 为考虑填充墙影响的周期折减系数,取 0.8;u_T 为以楼层重力荷载代表值当作水平力计算的结构假想顶点位移,m。

本工程重力荷载代表值分布比较均匀,楼层水平力可以近似按均布水平力考虑,g = 117 099 kN/(43.8 m) = 2 674 kN/m。

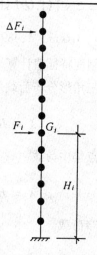

图 7.22　底部剪力法计算简图

$$u_H = \frac{gH^4}{8EI_{eq}} = \frac{2\,674 \text{ kN/m} \times 43.8^4 \text{ m}^4}{8 \times 2.486 \times 10^9 \text{ kN} \cdot \text{m}^2} = 0.495 \text{ m}$$

$$\xi = \frac{x}{H} = \frac{H}{H} = 1.0$$

由 λ = 1.197 与 ξ = 1.0 查图 7.13 得

$$\frac{u(\xi)}{u_H} = 0.646\,7$$

$$u_T = 0.646\,7 \times 0.495 \text{ m} = 0.320 \text{ m}$$

因此　　　　　$T_1 = 1.7 \times 0.8 \times \sqrt{0.320} \text{ m} = 0.769 \text{ s}$

3.水平地震作用计算

按底部剪力法,结构总水平地震作用标准值 F_{Ek} 由下式计算

$$F_{Ek} = \alpha_1 \cdot G_{eq}$$

Ⅱ 类场地土、第一组,T_g = 0.35 s;7 度,α_{max} = 0.08;G_{eq} = 0.85G_E。

当 $5T_g \geqslant T_1 > T_g$ 时,$\alpha_1 = \left(\dfrac{T_g}{T_1}\right)^{\gamma} \eta_2 \alpha_{max}$

因此 $F_{\mathrm{Ek}} = \alpha_1 G_{\mathrm{eq}} = \left(\dfrac{0.35}{0.769}\right)^{0.9} \times 1.0 \times 0.08 \times 0.85 \times 117\,099\ \mathrm{kN} = 3\,921\ \mathrm{kN}$

当 $T_{\mathrm{g}} < 0.35,\ T_1 > 1.4 T_{\mathrm{g}}$ 时

顶部附加水平地震作用系数为

$$\delta_{\mathrm{n}} = 0.08 T_1 + 0.07 = 0.08 \times 0.769\ \mathrm{s} + 0.07 = 0.132$$

$$\Delta F_{\mathrm{n}} = \delta_{\mathrm{n}} F_{\mathrm{Ek}} = 0.132 \times 3\,921\ \mathrm{kN} = 518\ \mathrm{kN}$$

第 i 层楼面处的水平地震作用计算

$$F_i = \frac{G_i H_i}{\displaystyle\sum_{j=1}^{n} G_j H_j}(F_{\mathrm{Ek}} - \Delta F_{\mathrm{n}})$$

$$F_{\mathrm{Ek}} - \Delta F_{\mathrm{n}} = 3\,921\ \mathrm{kN} - 518\ \mathrm{kN} = 3\,403\ \mathrm{kN}$$

计算结果见表 7.10。

表 7.10　各层楼面处的水平地震作用计算

层号	H_i/m	G_i/kN	$G_i H_i$ /$(\mathrm{kN}\cdot\mathrm{m})$	$\dfrac{G_i H_i}{\displaystyle\sum_{j=1}^{n} G_j H_j}$	F_i/kN	$F_i H_i$ /$(\mathrm{kN}\cdot\mathrm{m})$
出屋面部分	47.4	2 202	104 375	0.036 7	125	5 921
11	43.8	10 443	457 403	0.160 9	547	23 976
10	40.2	9 298	373 780	0.131 4	447	17 982
9	36.6	9 298	340 307	0.119 7	407	14 906
8	33	9 298	306 834	0.107 9	367	12 118
7	29.4	9 298	273 361	0.096 1	327	9 618
6	25.8	9 298	239 888	0.084 4	287	7 407
5	22.2	9 298	206 416	0.072 6	247	5 484
4	18.6	9 298	172 943	0.060 8	207	3 850
3	15	9 523	142 845	0.050 2	171	2 564
2	11.4	9 764	111 310	0.039 1	133	1 519
1	7.8	9 948	77 594	0.027 3	93	724
– 1	3.6	10 133	36 479	0.012 8	44	157
		117 099	$\displaystyle\sum_{j=1}^{n} G_j H_j = 2\,843\,534$		3 403	106 225

7.6.6　框架 – 剪力墙协同工作的计算

1. 连续分布倒三角形荷载作用

框架 – 剪力墙结构在连续分布倒三角形水平荷载作用下的内力及位移系数 $\dfrac{V_{\mathrm{w}}(\xi)}{V_0}$,

$\dfrac{M_w(\xi)}{M_0}, \dfrac{u(\xi)}{u_H}$ 可查图 7.5 ~ 7.7 得。$\lambda = 1.189$

$V_0 = 3\,403\ \text{kN} - 125\ \text{kN} = 3\,278\ \text{kN}, M_0 = 106\,225\ \text{kN} \cdot \text{m} - 5\,921\ \text{kN} \cdot \text{m} = 100\,304\ \text{kN} \cdot \text{m}$

$$\frac{V_f(\xi)}{V_0} = (1 - \xi^2) - \frac{V_w(\xi)}{V_0}$$

各层 $V_w(\xi), V_f(\xi), M_w(\xi), u(\xi)$ 计算结果见表 7.11。

2. 顶部集中荷载 ΔF_n 作用下

框架 – 剪力墙结构在顶部集中荷载 ΔF_n 作用下的分配系数 $\dfrac{V_w(\xi)}{V_0}, \dfrac{M_w(\xi)}{M_0}, \dfrac{u(\xi)}{u_H}$ 可查图 7.8 ~ 7.10 得。$\lambda = 1.172$

$$\Delta F_n = 518\ \text{kN} + 125\ \text{kN} = 643\ \text{kN}$$

$$M_0 = \Delta F_n H = 643\ \text{kN} \times 43.8\ \text{m} = 28\,163\ \text{kN} \cdot \text{m}$$

$$V_0 = 643\ \text{kN}$$

$$u_H = \frac{V_0 H^3}{3EI_{eq}} = \frac{643\ \text{kN} \times 43.8^3\ \text{m}^3}{3 \times 2.595 \times 10^9\ \text{kN} \cdot \text{m}^2} = 6.94 \times 10^{-3}\ \text{m}$$

$$\frac{V_f(\xi)}{V_0} = 1 - \frac{V_w(\xi)}{V_0}$$

各层 $V_w(\xi), V_f(\xi), M_w(\xi), u(\xi)$ 计算结果见表 7.11。

3. 侧移

最大层间水平位移:10 层、11 层 $\Delta u = 0.001\,897\ \text{m}$

$$\Delta u / h = \frac{0.001\,897\ \text{m}}{3.6\ \text{m}} = \frac{1}{1\,898} < \frac{1}{800}$$

故满足要求。

4. 剪力墙内力计算

由于轴 ② 与轴 ⑦ 剪力墙的刚度相同,所以它们承担的剪力与弯矩也相同,因此可以只计算其中一片,本例题选轴 ② 剪力墙计算。

(1) 连梁在地震作用下的内力计算

根据剪力墙的剪力随高度的变化规律,其承受的荷载可近似分解为倒三角形分布荷载与顶端集中力(与三角形荷载方向相反),见图 7.23。

每片联肢墙由顶端集中力产生的底部剪力为

$$V_{01} = \frac{335\ \text{kN}}{2} = 168\ \text{kN}$$

每片联肢墙由倒三角形分布荷载产生的底部剪力为

$$V_{02} = \frac{3\,921\ \text{kN}}{2} + 168\ \text{kN} = 2\,129\ \text{kN}$$

表 7.11　框架 – 剪力墙协同工作的计算

层号	x/m	$\xi=\dfrac{x}{H}$	连续分布倒三角形荷载作用								顶部集中荷载 F_n 作用								连续分布倒三角形荷载 + 顶部集中荷载				
			$\dfrac{V_w(\xi)}{V_0}$	V_w/kN	$\dfrac{V_f(\xi)}{V_0}$	V_f/kN	M_w/(kN·m)	$\dfrac{M_w(\xi)}{M_0}$	$\dfrac{u(\xi)}{u_H}$	u/mm	$\dfrac{V_w(\xi)}{V_0}$	V_w/kN	$\dfrac{V_f(\xi)}{V_0}$	V_f/kN	$\dfrac{M_w(\xi)}{M_0}$	M_w/(kN·m)	$\dfrac{u(\xi)}{u_H}$	u/mm	V_w/kN	V_f/kN	M_w/(kN·m)	u/mm	Δu/mm
11	43.8	1	-0.213	-698	0.213	698	0	0	0.6472	12.977	0.565	363	0.435	280	0.000	0	0.6468	4.489	-335	978	0	17.466	1.897
10	40.2	0.918	-0.056	-184	0.214	701	-1649	-0.0164	0.5796	11.620	0.568	365	0.432	278	0.047	1310	0.5689	3.948	181	979	-339	15.569	1.897
9	36.6	0.836	0.087	284	0.215	705	-1447	-0.0144	0.5116	10.257	0.576	370	0.424	273	0.093	2633	0.4920	3.414	654	978	1186	13.671	1.891
8	33.0	0.753	0.217	711	0.216	707	442	0.0044	0.4432	8.887	0.589	379	0.411	264	0.141	3980	0.4169	2.894	1089	971	4422	11.781	1.868
7	29.4	0.671	0.335	1100	0.214	702	3867	0.0386	0.3751	7.520	0.608	391	0.392	252	0.190	5364	0.3448	2.393	1490	954	9232	9.913	1.822
6	25.8	0.589	0.444	1455	0.209	686	8695	0.0867	0.3078	6.172	0.632	406	0.368	237	0.241	6798	0.2765	1.919	1861	922	15494	8.091	1.744
5	22.2	0.507	0.543	1779	0.200	656	14805	0.1476	0.2428	4.868	0.662	426	0.338	217	0.295	8295	0.2130	1.478	2205	874	23100	6.346	1.630
4	18.6	0.425	0.634	2077	0.186	610	22087	0.2202	0.1814	3.637	0.699	449	0.301	194	0.350	9869	0.1556	1.080	2526	804	31957	4.717	1.472
3	15.0	0.342	0.717	2350	0.166	544	30444	0.3035	0.1254	2.515	0.742	477	0.258	166	0.410	11535	0.1053	0.730	2827	710	41979	3.245	1.264
2	11.4	0.260	0.793	2601	0.139	455	39789	0.3967	0.0769	1.542	0.791	509	0.209	134	0.473	13308	0.0632	0.439	3110	589	53097	1.981	1.002
1	7.8	0.178	0.864	2833	0.104	341	50044	0.4989	0.0382	0.766	0.848	546	0.152	97	0.540	15204	0.0308	0.214	3378	439	65248	0.979	0.757
-	3.6	0.082	0.940	3081	0.053	175	63066	0.6288	0.0087	0.174	0.925	595	0.075	48	0.625	17596	0.0069	0.048	3676	223	80663	0.222	0.222
-	0	0.000	1.000	3278	0.000	0	75066	0.7484	0.0000	0.000	1.000	643	0.000	0	0.704	19823	0.0000	0.000	3921	0	94888	0.000	0.000

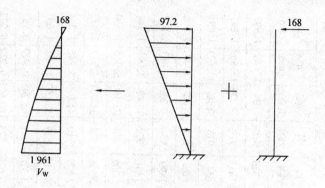

图7.23　荷载分解图

双肢墙的连梁剪力与弯矩可按下式计算

$$V_{\mathrm{b}} = \frac{1}{a}\tau h V_0 \big[(1 - \beta)\phi_1 + \beta\phi_2 \big]$$

$$M_{\mathrm{b}} = \frac{1}{2} V_{\mathrm{b}} l_{\mathrm{n}}$$

式中，V_0 为每片联肢墙承受的底部总剪力；ϕ_1，ϕ_2 为查表 6.4、6.6、6.7 取得；l_{n} 为连梁净跨。

各层连梁内力计算结果见表 7.12。

表7.12　连梁内力计算

层号	倒三角形分布荷载作用			顶端集中力作用			顶端集中力作用 + 倒三角形分布荷载作用	
	ϕ_1	ϕ_2	V_{b1}/kN	ϕ_1	ϕ_2	V_{b2}/kN	V_{b}/kN	M_{b}/(kN·m)
11	0.359	0.000	239.2	0.839	1.000	−45.2	194.1	213.5
10	0.365	0.157	245.6	0.835	1.000	−45.0	200.6	220.7
9	0.381	0.301	257.7	0.825	1.000	−44.4	213.3	234.6
8	0.400	0.433	272.1	0.807	1.000	−43.5	228.6	251.5
7	0.417	0.550	285.3	0.781	1.000	−42.1	243.2	267.5
6	0.429	0.653	294.5	0.745	1.000	−40.2	254.3	279.7
5	0.431	0.743	297.3	0.699	1.000	−37.8	259.5	285.5
4	0.421	0.819	291.1	0.639	1.000	−34.7	256.4	282.0
3	0.416	0.883	282.8	0.591	1.000	−31.4	251.4	264.0
2	0.367	0.932	251.3	0.495	1.000	−26.5	224.9	236.1
1	0.260	0.968	213.5	0.345	1.000	−22.0	191.5	201.1
−1	0.121	0.993	89.6	0.158	1.000	−9.0	80.7	84.7

(2) 墙肢在地震作用下的内力计算

各层墙肢的弯矩按惯性矩比值分配

$$M_{i1} = \frac{I_1}{I_1 + I_2}M_i, \quad M_{i2} = \frac{I_2}{I_1 + I_2}M_i, \quad M_i = M_{Pi} - \sum_{k=i}^{n}M_{ok}$$

$M_{ok} = \tau h V_0[(1-\beta)\phi_1 + \beta\phi_2] = V_b a$，两墙肢对称，故 $M_{i1} = M_{i2} = \frac{1}{2}M_i$

各层墙肢的剪力按墙肢折算惯性矩 I' 分配

$$V_{i1} = \frac{I'_1}{I'_1 + I'_2}V_{Pi}, \quad V_{i2} = \frac{I'_2}{I'_1 + I'_2}V_{Pi}，两墙肢对称，故 V_{i1} = V_{i2} = \frac{1}{2}V_{Pi}$$

墙肢各层截面由于约束弯矩引起的轴力 $N = \sum_{k=i}^{n}V_{bk}$

墙肢在地震作用下的内力计算，见表 7.13。

表 7.13　墙肢在地震作用下的内力计算

层号	② 轴剪力墙				墙肢		
	$M_{Pi}/(kN \cdot m)$	$M_{ok}/(kN \cdot m)$	$M_i/(kN \cdot m)$	V_{Pi}/kN	$M_{i1}/(kN \cdot m)$	V_{i1}/kN	N_i/kN
11	0	1 645	– 1 645	– 167	– 823	– 84	194
10	– 169	1 701	– 3 515	91	– 1 758	45	395
9	593	1 808	– 4 561	327	– 2 280	164	608
8	2 211	1 938	– 4 881	545	– 2 441	272	837
7	4 616	2 062	– 4 538	745	– 2 269	373	1 080
6	7 747	2 156	– 3 563	931	– 1 782	465	1 334
5	11 550	2 200	– 1 960	1 103	– 980	551	1 594
4	15 978	2 174	294	1 263	147	632	1 850
3	20 990	2 131	3 174	1 413	1 587	707	2 101
2	26 549	1 918	6 815	1 555	3 407	777	2 326
1	32 624	1 620	11 271	1 689	5 635	845	2 518
– 1	40 331	682	18 296	1 838	9 148	919	2 598
基础顶面	47 444		25 408	1 961	12 704	980	2 598

5. 框架内力计算

对 $V_f < 0.2V_0$ 的楼层,设计时 V_f 取 $1.5\,V_{max,f}$ 和 $0.2V_0$ 中的较小值。$V_{max,f}$ 为各层框架部分所承担总剪力中的最大值。由表 7.11 可见 10 层的 V_f 最大,即 $V_{max,f} = 979$ kN。

$$1.5 \times V_{max,f} = 1\,469 \text{ kN}$$

$$0.2V_0 = 0.2 \times 3\,921 \text{ kN} = 784 \text{ kN}$$

由表 7.11 可见 $-1 \sim 3$ 层的 V_f 均小于 784 kN,故应对这几层剪力进行调整,即 V_f 取 784 kN。

总框架的剪力 V_f 按各柱的 D_j 分配到各柱上,即 $V_j = \dfrac{D_j}{\sum\limits_{i=1}^{n} D_{ij}} V_f$,计算结果见表 7.14。

表 7.14　地震作用下框架柱剪力计算

层号	V_{fi} /kN	$\sum\limits_{j=1}^{n}$ $\times 10^4 (\text{kN} \cdot \text{m}^{-1})$	单柱抗侧移刚度 $D_j \times 10^4/(\text{kN} \cdot \text{m}^{-1})$				柱剪力 V_j/kN			
			中框架		边框架		中框架		边框架	
			边柱	中柱	边柱	中柱	边柱	中柱	边柱	中柱
11	978	42.00	1.37	2.30	1.19	1.97	31.9	53.6	27.7	45.9
10	979	42.00	1.37	2.30	1.19	1.97	31.9	53.6	27.7	45.9
9	978	42.00	1.37	2.30	1.19	1.97	31.9	53.6	27.7	45.9
8	971	42.00	1.37	2.30	1.19	1.97	31.7	53.2	27.5	45.5
7	954	42.80	1.40	2.34	1.21	2.01	31.2	52.2	27.0	44.8
6	922	45.56	1.49	2.49	1.29	2.14	30.2	50.4	26.1	43.3
5	874	45.56	1.49	2.49	1.29	2.14	28.6	47.8	24.7	41.1
4	804	45.56	1.49	2.49	1.29	2.14	26.3	43.9	22.8	37.8
3	784	63.48	2.11	3.52	1.72	2.89	26.1	43.5	21.2	35.7
2	784	63.48	2.11	3.52	1.72	2.89	26.1	43.5	21.2	35.7
1	784	43.72	1.48	2.39	1.20	1.99	26.5	42.9	21.5	35.7
-1	784	93.72	3.19	4.88	2.87	4.42	26.7	40.8	24.0	37.0

在地震作用下梁、柱端弯矩计算结果见表 7.15(注:本例仅计算轴 ③ 框架内力)。

在地震作用下轴 ③ 框架内力见图 7.24 和图 7.25。图中梁剪力为梁弯矩图的斜率 $V = \dfrac{M_左 + M_右}{l}$,柱轴力是将各层梁端剪力叠加而得。

表 7.15　在地震作用下梁、柱端弯矩计算

层号		V_{ji}/kN	$\bar{K}$	$\alpha_1=\dfrac{i_1+i_2}{i_3+i_4}$	$\alpha_2=\dfrac{h_{i+1}}{h_i}$	$\alpha_3=\dfrac{h_{i-1}}{h_i}$	y_0	y_1	y_2	y_3	$y=y_1+y_2+y_3+y_4$	$M_{ij}^{上}$/(kN·m)	$M_{ij}^{下}$/(kN·m)	M_{bi}^{l}/(kN·m)	M_{bi}^{r}/(kN·m)
11	边柱	31.9	2.19	1.00	0	1.00	0.41	0	0	0	0.41	67.8	47.1		67.8
	中柱	53.6	2.60	1.00	0	1.00	0.43	0	0	0	0.43	110.0	83.0	60.7	49.3
10	边柱	31.9	2.19	1.00	1.00	1.00	0.45	0	0	0	0.45	63.2	51.7		110.2
	中柱	53.6	2.60	1.00	1.00	1.00	0.45	0	0	0	0.45	106.1	86.8	104.4	84.7
9	边柱	31.9	2.19	1.00	1.00	1.00	0.46	0	0	0	0.46	62.0	52.8		113.7
	中柱	53.6	2.60	1.00	1.00	1.00	0.48	0	0	0	0.48	100.3	92.6	103.3	83.9
8	边柱	31.7	2.19	1.00	1.00	1.00	0.46	0	0	0	0.46	61.6	52.5		114.5
	中柱	53.2	2.60	0.92	1.00	1.00	0.48	0	0	0	0.48	99.6	91.9	106.1	86.1
7	边柱	31.2	2.28	0.92	1.00	1.00	0.50	0	0	0	0.50	56.2	56.2		108.7
	中柱	52.2	2.71	1.00	1.00	1.00	0.50	0	0	0	0.50	94.0	94.0	102.6	83.3
6	边柱	30.2	2.19	1.00	1.00	1.00	0.50	0	0	0	0.50	54.4	54.4		110.5
	中柱	50.4	2.60	1.00	1.00	1.00	0.50	0	0	0	0.50	90.7	90.7	101.9	82.7
5	边柱	28.6	2.19	1.00	1.00	1.00	0.50	0	0	0	0.50	51.5	51.5		105.8
	中柱	47.7	2.60	1.00	1.00	1.00	0.50	0	0	0	0.50	86.0	86.0	97.6	79.2
4	边柱	26.3	2.19	1.00	1.00	1.00	0.50	0	0	0	0.50	47.3	47.3		98.8
	中柱	43.9	2.60	1.00	1.00	1.00	0.50	0	0	0	0.50	79.0	79.0	91.1	73.9
3	边柱	26.1	0.98	1.00	1.00	1.17	0.50	0	0	0	0.50	47.0	47.0		94.3
	中柱	43.5	1.26	1.00	1.00	1.17	0.50	0	0	0	0.50	78.3	78.3	86.8	70.5
2	边柱	26.1	0.98	1.00	0.86	0.86	0.50	0	0	0	0.50	47.0	47.0		94.0
	中柱	43.5	1.26	1.00	0.86	0.86	0.50	0	0	0	0.50	78.3	78.3	86.4	70.2
1	边柱	26.1	1.15	1.00	1.17	0.86	0.50	0	0	0	0.50	54.8	54.8		101.8
	中柱	43.5	1.46	1.00	1.17	0.86	0.50	0	0	0	0.50	91.4	91.4	93.6	76.0
-1	边柱	26.1	0.98	1.00	0.86	0	0.65	0	0	0	0.65	32.9	61.1		87.7
	中柱	43.5	1.26	1.00	0.86	0	0.64	0	0	0	0.64	56.4	100.2	81.5	66.2

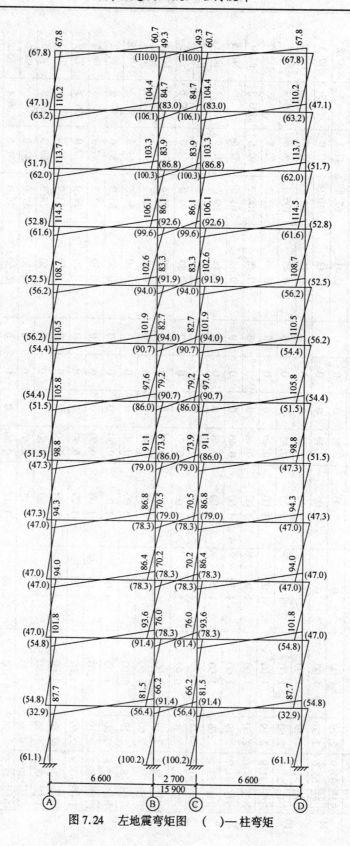

图 7.24 左地震弯矩图 （ ）—柱弯矩

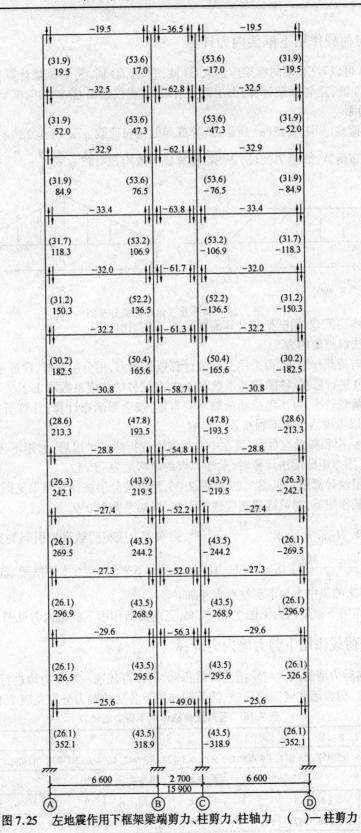

图7.25 左地震作用下框架梁端剪力、柱剪力、柱轴力 （ ）—柱剪力

7.6.7　竖向荷载作用下框架内力计算

由图7.19可以看出,横向框架应选取 ① 轴、③ 轴、④ 轴、⑤ 轴框架计算,纵向框架应选取 Ⓐ 轴、Ⓑ 轴、Ⓒ 轴、Ⓓ 轴框架计算。由于篇幅所限,这里仅给出 ③ 轴横向框架的内力计算。

1. 计算简图

梯形分布荷载,如图7.28(a)所示,折算成等效均布荷载 $q = (1 - 2\alpha^2 + \alpha^3)p$。

三角形分布荷载,如图7.28(b)所示,折算成等效均布荷载 $q = \dfrac{5}{8}p$。

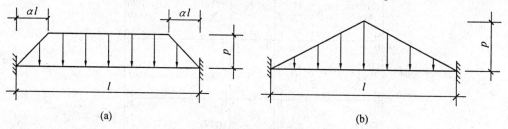

图7.26　梯形及三角形荷载分布图

竖向荷载作用下 ③ 轴框架的计算简图见图7.27、图7.28。

2.用分层法解框架内力

框架在竖向荷载作用下,可采用分层法计算框架内力,用分层法时,除底层外,上层各柱线刚度均乘以 0.9 进行修正,柱的传递系数取 1/3,底层柱的传递系数取1/2。

本例题活荷载较小,可不考虑活荷载不利布置,按全部满布计算。计算所得的梁跨中弯矩乘以系数 1.1,以考虑活荷载不利布置的影响。

③ 轴框架结构和荷载均对称,可在中跨梁线刚度折减一半以后,力矩不再在中跨传递,仅计算半边框架。用力矩分配法计算时,梁端节点约束弯矩为 $ql^2/12$。

恒荷按分层法计算结果见图7.29 ~ 图7.36,活荷按分层法计算结果见图7.37 ~ 图7.44。在竖向荷载作用下,对梁端弯矩应进行调幅,调幅系数取0.9。

梁跨中弯矩 $M_{跨中} = \dfrac{1}{8}ql^2 - \dfrac{M_左 + M_右}{2}$,梁端剪力应将荷载直接引起的剪力($\dfrac{1}{2}ql$)与弯矩引起的剪力($\dfrac{M_左 - M_右}{l}$)相加,柱轴力应将上层传下来的轴力、本层横梁端部剪力产生的轴力、本层纵梁传来的集中力与本层柱自重相加。

竖向恒荷作用下框架内力见图7.45、7.46,竖向活荷作用下框架内力见图7.47、7.48。

7.6.8　竖向荷载作用下剪力墙内力计算

因4片横向剪力墙的尺寸与承担的荷载相同,所以可任选一片剪力墙进行计算,本例取 ② 轴 AB 跨剪力墙。剪力墙在竖向恒荷载、活荷载作用下各层的轴力分别见表7.16、表7.17。

表7.16　竖向恒荷载作用下剪力墙轴力

层号	-1	1	2	3	4	5	6	7	8	9	10	11
N/kN	5 986.0	5 457.2	4 911.4	4 409.0	3 906.6	3 424.5	2 942.4	2 460.3	1 978.2	1 496.1	1 014.0	531.9

表7.17　竖向活荷载作用下剪力墙轴力

层号	-1	1	2	3	4	5	6	7	8	9	10	11
N/kN	1 082.8	987.4	892.0	796.6	701.2	605.8	510.4	415.0	319.6	224.2	128.8	33.4

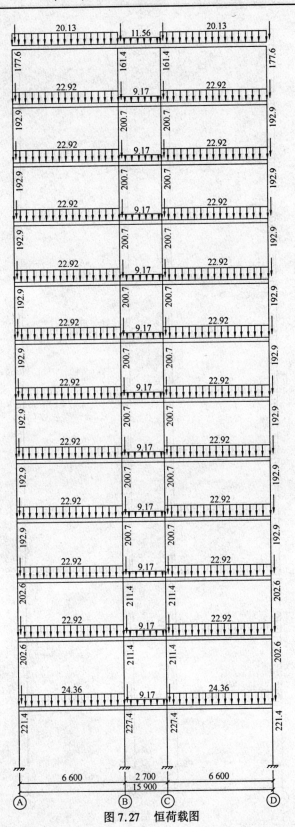

图 7.27　恒荷载图

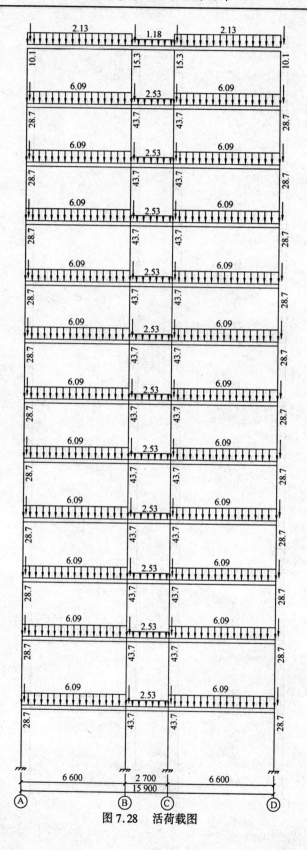

图 7.28　活荷载图

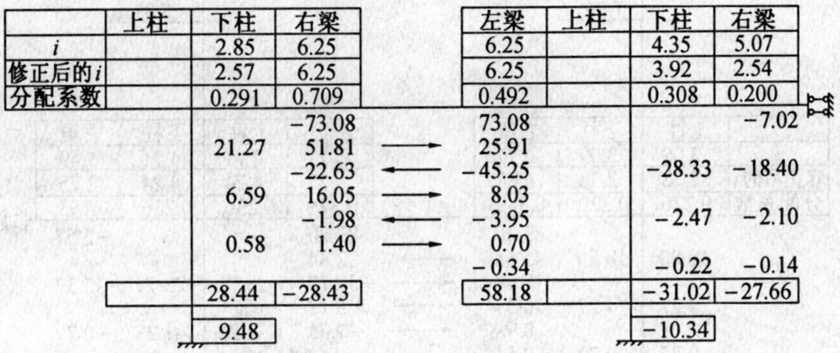

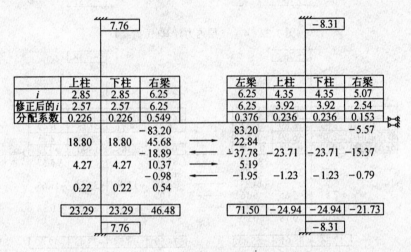

图 7.29　11 层内力计算(恒荷载)

图 7.30　7 ~ 10 层内力计算(恒荷载)

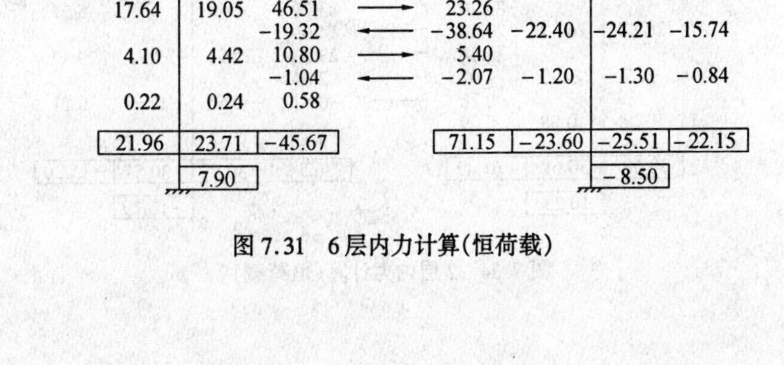

图 7.31　6 层内力计算(恒荷载)

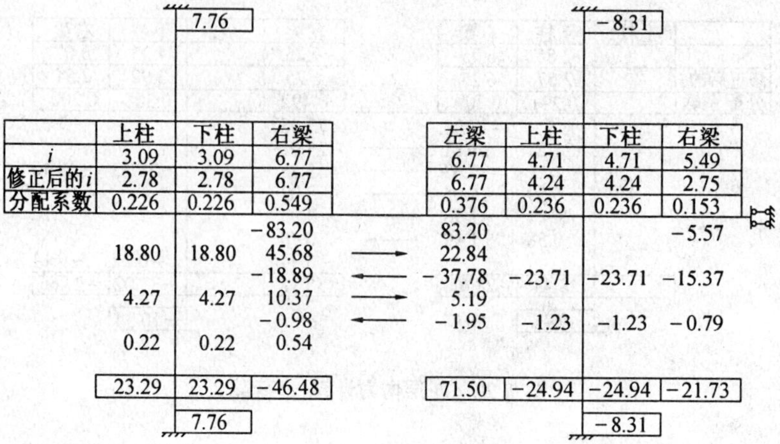

7.76 ……… −8.31

	上柱	下柱	右梁	左梁	上柱	下柱	右梁
i	3.09	3.09	6.77	6.77	4.71	4.71	5.49
修正后的 i	2.78	2.78	6.77	6.77	4.24	4.24	2.75
分配系数	0.226	0.226	0.549	0.376	0.236	0.236	0.153
			−83.20	83.20			−5.57
	18.80	18.80	45.68 →	22.84			
			−18.89 ←	−37.78	−23.71	−23.71	−15.37
	4.27	4.27	10.37 →	5.19			
			−0.98 ←	−1.95	−1.23	−1.23	−0.79
	0.22	0.22	0.54				
	23.29	23.29	−46.48	71.50	−24.94	−24.94	−21.73

7.76 ……… −8.31

图 7.32　4 ~ 5 层内力计算(恒荷载)

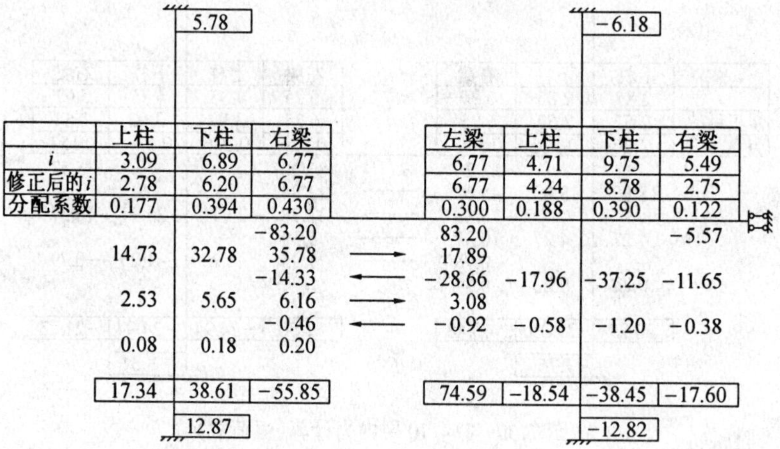

5.78 ……… −6.18

	上柱	下柱	右梁	左梁	上柱	下柱	右梁
i	3.09	6.89	6.77	6.77	4.71	9.75	5.49
修正后的 i	2.78	6.20	6.77	6.77	4.24	8.78	2.75
分配系数	0.177	0.394	0.430	0.300	0.188	0.390	0.122
			−83.20	83.20			−5.57
	14.73	32.78	35.78 →	17.89			
			−14.33 ←	−28.66	−17.96	−37.25	−11.65
	2.53	5.65	6.16 →	3.08			
			−0.46 ←	−0.92	−0.58	−1.20	−0.38
	0.08	0.18	0.20				
	17.34	38.61	−55.85	74.59	−18.54	−38.45	−17.60

12.87 ……… −12.82

图 7.33　3 层内力计算(恒荷载)

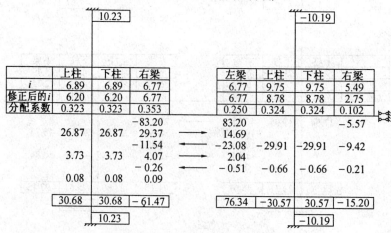

图 7.34　2 层内力计算(恒荷载)

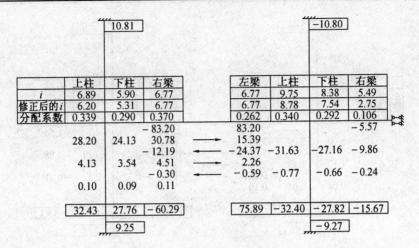

10.81
-10.80
上柱 下柱 右梁
i 6.89 5.90 6.77
修正后的i 6.20 5.31 6.77
分配系数 0.339 0.290 0.370
左梁 上柱 下柱 右梁
6.77 9.75 8.38 5.49
6.77 8.78 7.54 2.75
0.262 0.340 0.292 0.106
-83.20
83.20
-5.57
28.20 24.13 30.78
15.39
-12.19
-24.37 -31.63 -27.16 -9.86
4.13 3.54 4.51
2.26
-0.30
-0.59 -0.77 -0.66 -0.24
0.10 0.09 0.11
32.43 27.76 -60.29
75.89 -32.40 -27.82 -15.67
9.25
-9.27

图 7.35　1 层内力计算(恒荷载)

9.44
-9.45
上柱 下柱 右梁
i 5.90 6.89 6.77
修正后的i 5.31 6.89 6.77
分配系数 0.280 0.363 0.357
左梁 上柱 下柱 右梁
6.77 8.38 9.75 5.49
6.77 7.54 9.75 2.75
0.253 0.281 0.364 0.103
-88.43
88.43
-5.57
24.76 32.10 31.57
15.79
-12.48
-24.96 -27.72 -35.91 -10.16
3.49 4.53 4.46
2.23
-0.28
-0.56 -0.63 -0.81 -0.23
0.08 0.10 0.10
28.33 36.73 -65.06
80.93 -28.35 -36.72 -15.96
18.37
-18.36

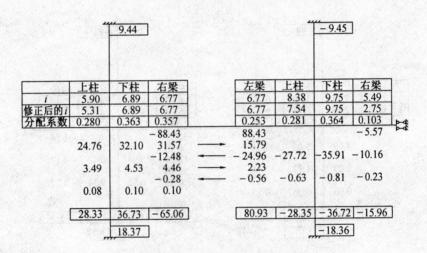

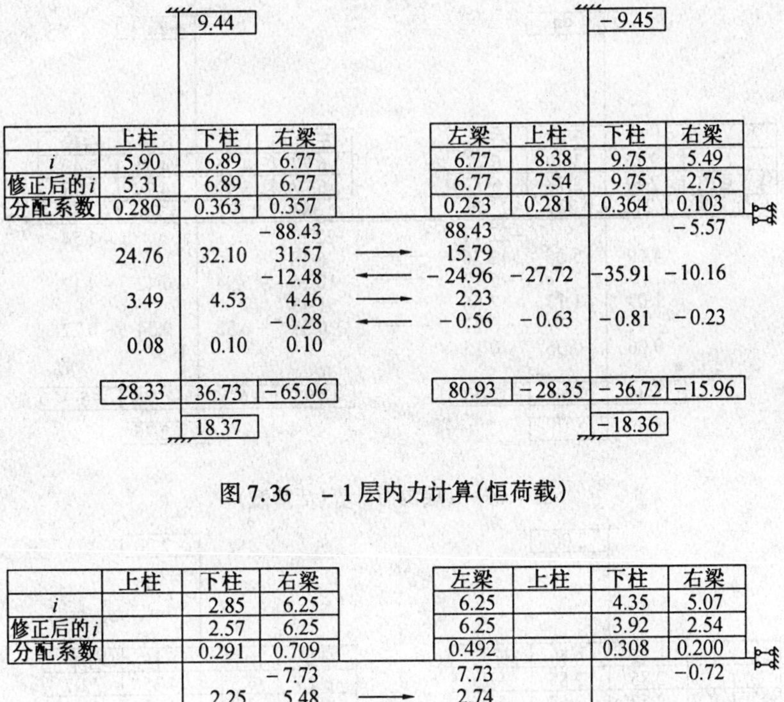

图 7.36　－1 层内力计算(恒荷载)

上柱 下柱 右梁
i 2.85 6.25
修正后的i 2.57 6.25
分配系数 0.291 0.709
左梁 上柱 下柱 右梁
6.25 4.35 5.07
6.25 3.92 2.54
0.492 0.308 0.200
-7.73
7.73
-0.72
2.25 5.48
2.74
-2.40
-4.80 -3.00 -1.95
0.70 1.70
0.85
-0.15
-0.42 -0.26 -0.17
0.04 0.11
2.99 -2.99
6.10 -3.26 -2.84
1.00
-1.09

图 7.37　11 层内力计算(活荷载)

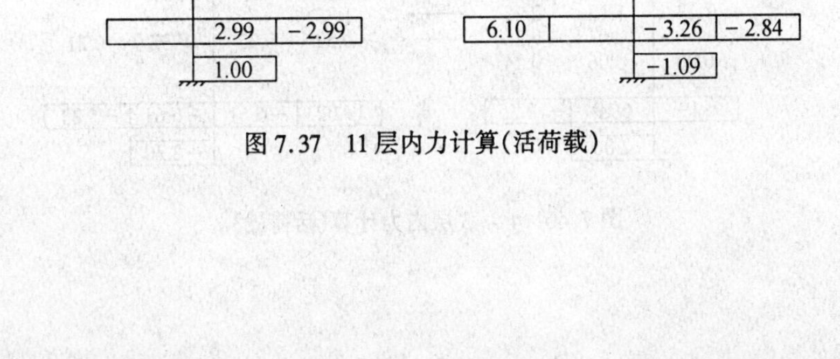

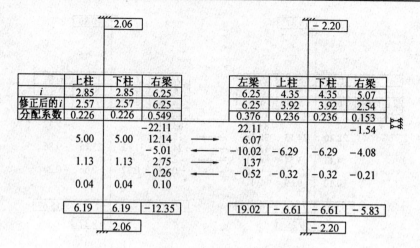

2.06
-2.20
上柱 下柱 右梁
i 2.85 2.85 6.25
修正后的i 2.57 2.57 6.25
分配系数 0.226 0.226 0.549
左梁 上柱 下柱 右梁
6.25 4.35 4.35 5.07
6.25 3.92 3.92 2.54
0.376 0.236 0.236 0.153
-22.11
22.11
-1.54
5.00 5.00 12.14
6.07
-5.01
-10.02 -6.29 -6.29 -4.08
1.13 1.13 2.75
1.37
-0.26
-0.52 -0.32 -0.32 -0.21
0.04 0.04 0.10
6.19 6.19 -12.35
19.02 -6.61 -6.61 -5.83
2.06
-2.20

图 7.38　7 ~ 10 层内力计算(活荷载)

1.94
-2.09
上柱 下柱 右梁
i 2.85 3.09 6.77
修正后的i 2.57 2.78 6.77
分配系数 0.212 0.229 0.559
左梁 上柱 下柱 右梁
6.77 4.35 4.71 5.49
6.77 3.92 4.24 2.75
0.383 0.222 0.240 0.156
-22.11
22.11
-1.54
4.69 5.06 12.36
6.18
-5.12
-10.25 -5.94 -6.42 -4.17
1.09 1.17 2.86
1.43
-0.27
-0.55 -0.32 -0.34 -0.22
0.06 0.06 0.15
5.83 6.30 -12.13
18.93 -6.26 -6.76 -5.94
2.10
-2.25

图 7.39　6 层内力计算(活荷载)

2.06
-2.20
上柱 下柱 右梁
i 2.85 2.85 6.25
修正后的i 2.57 2.57 6.25
分配系数 0.226 0.226 0.549
左梁 上柱 下柱 右梁
6.25 4.35 4.35 5.07
6.25 3.92 3.92 2.54
0.376 0.236 0.236 0.153
-22.11
22.11
-1.54
5.00 5.00 12.14
6.07
-5.01
-10.02 -6.29 -6.29 -4.08
1.13 1.13 2.75
1.37
-0.26
-0.52 -0.32 -0.32 -0.21
0.06 0.06 0.14
6.19 6.19 -12.35
19.02 -6.61 -6.61 -5.83
2.06
-2.20

图 7.40　4 ~ 5 层内力计算(活荷载)

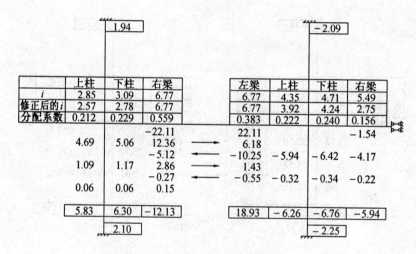

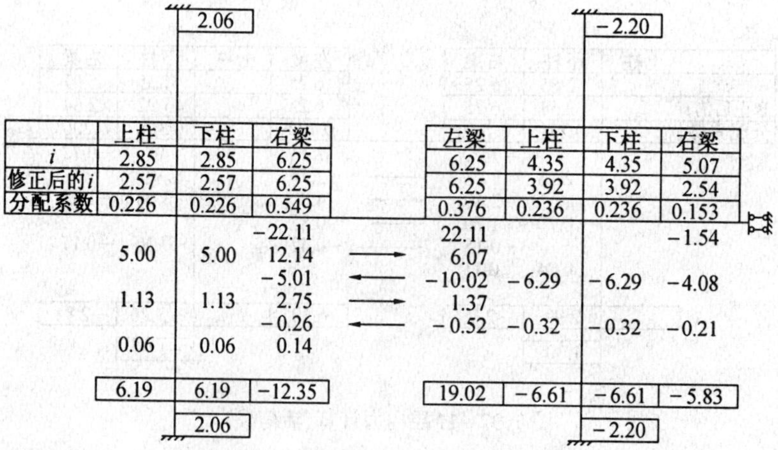

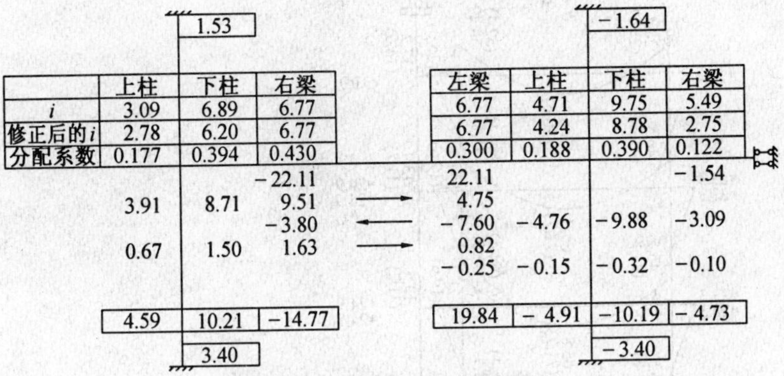

1.53 　　　　　　　　　　　　　　　　　　　−1.64

	上柱	下柱	右梁		左梁	上柱	下柱	右梁
i	3.09	6.89	6.77		6.77	4.71	9.75	5.49
修正后的 i	2.78	6.20	6.77		6.77	4.24	8.78	2.75
分配系数	0.177	0.394	0.430		0.300	0.188	0.390	0.122

　　　　　　　　　　−22.11　　　　　　22.11　　　　　　　　　　　−1.54
3.91　　8.71　　9.51　　⟶　　4.75
　　　　　　　　−3.80　　⟵　　−7.60　−4.76　−9.88　−3.09
0.67　　1.50　　1.63　　⟶　　0.82
　　　　　　　　　　　　　　　−0.25　−0.15　−0.32　−0.10

4.59	10.21	−14.77		19.84	−4.91	−10.19	−4.73

　　　　3.40　　　　　　　　　　　　　　−3.40

图 7.41　3 层内力计算（活荷载）

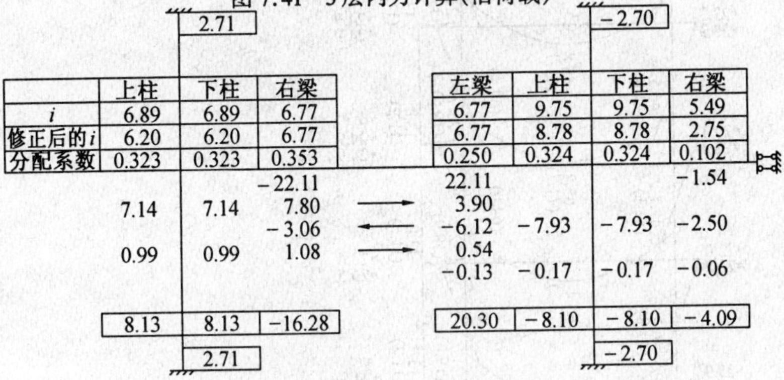

2.71　　　　　　　　　　　　　　　　　　　−2.70

	上柱	下柱	右梁		左梁	上柱	下柱	右梁
i	6.89	6.89	6.77		6.77	9.75	9.75	5.49
修正后的 i	6.20	6.20	6.77		6.77	8.78	8.78	2.75
分配系数	0.323	0.323	0.353		0.250	0.324	0.324	0.102

　　　　　　　　　　−22.11　　　　　　22.11　　　　　　　　　　　−1.54
7.14　　7.14　　7.80　　⟶　　3.90
　　　　　　　　−3.06　　⟵　　−6.12　−7.93　−7.93　−2.50
0.99　　0.99　　1.08　　⟶　　0.54
　　　　　　　　　　　　　　　−0.13　−0.17　−0.17　−0.06

8.13	8.13	−16.28		20.30	−8.10	−8.10	−4.09

　　　　2.71　　　　　　　　　　　　　　−2.70

图 7.42　2 层内力计算（活荷载）

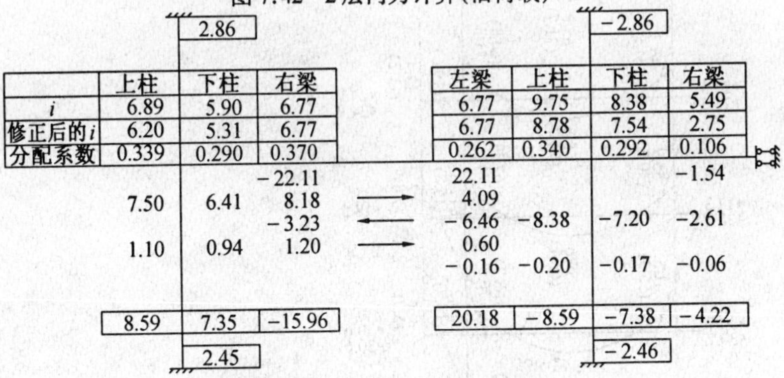

2.86　　　　　　　　　　　　　　　　　　　−2.86

	上柱	下柱	右梁		左梁	上柱	下柱	右梁
i	6.89	5.90	6.77		6.77	9.75	8.38	5.49
修正后的 i	6.20	5.31	6.77		6.77	8.78	7.54	2.75
分配系数	0.339	0.290	0.370		0.262	0.340	0.292	0.106

　　　　　　　　　　−22.11　　　　　　22.11　　　　　　　　　　　−1.54
7.50　　6.41　　8.18　　⟶　　4.09
　　　　　　　　−3.23　　⟵　　−6.46　−8.38　−7.20　−2.61
1.10　　0.94　　1.20　　⟶　　0.60
　　　　　　　　　　　　　　　−0.16　−0.20　−0.17　−0.06

8.59	7.35	−15.96		20.18	−8.59	−7.38	−4.22

　　　　2.45　　　　　　　　　　　　　　−2.46

图 7.43　1 层内力计算（活荷载）

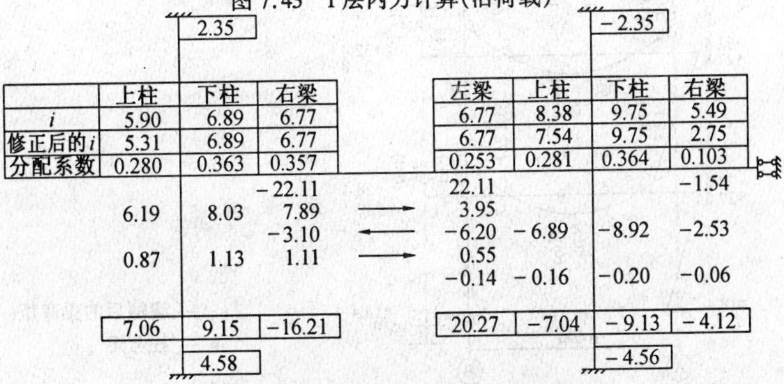

2.35　　　　　　　　　　　　　　　　　　　−2.35

	上柱	下柱	右梁		左梁	上柱	下柱	右梁
i	5.90	6.89	6.77		6.77	8.38	9.75	5.49
修正后的 i	5.31	6.89	6.77		6.77	7.54	9.75	2.75
分配系数	0.280	0.363	0.357		0.253	0.281	0.364	0.103

　　　　　　　　　　−22.11　　　　　　22.11　　　　　　　　　　　−1.54
6.19　　8.03　　7.89　　⟶　　3.95
　　　　　　　　−3.10　　⟵　　−6.20　−6.89　−8.92　−2.53
0.87　　1.13　　1.11　　⟶　　0.55
　　　　　　　　　　　　　　　−0.14　−0.16　−0.20　−0.06

7.06	9.15	−16.21		20.27	−7.04	−9.13	−4.12

　　　　4.58　　　　　　　　　　　　　　−4.56

图 7.44　−1 层内力计算（活荷载）

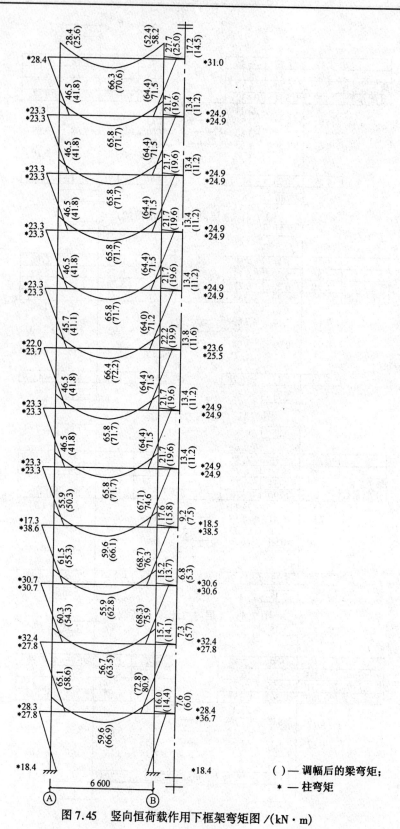

图 7.45　竖向恒荷载作用下框架弯矩图 /(kN·m)

( )——调幅后的梁弯矩；
*——柱弯矩

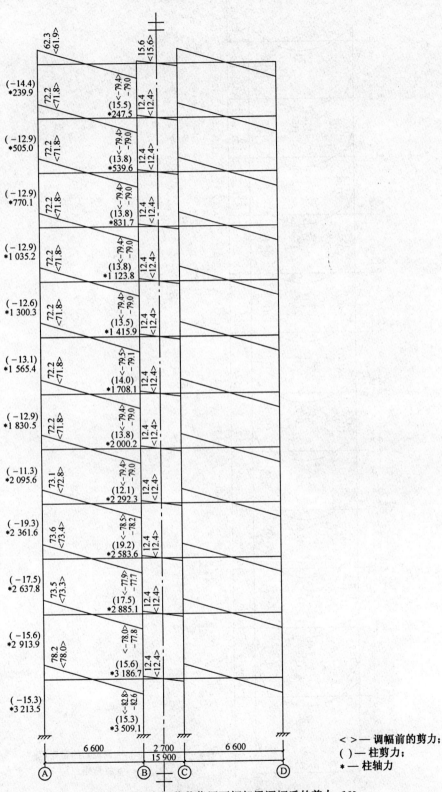

图 7.46   竖向恒荷载作用下框架梁调幅后的剪力 /kN

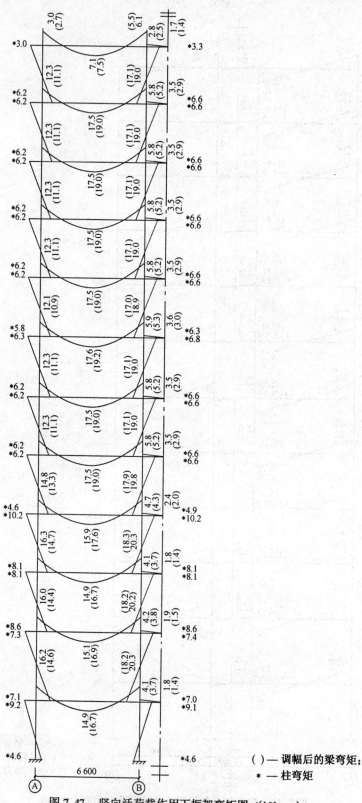

图 7.47　竖向活荷载作用下框架弯矩图 /(kN·m)

( )—调幅后的梁弯矩;
* —柱弯矩

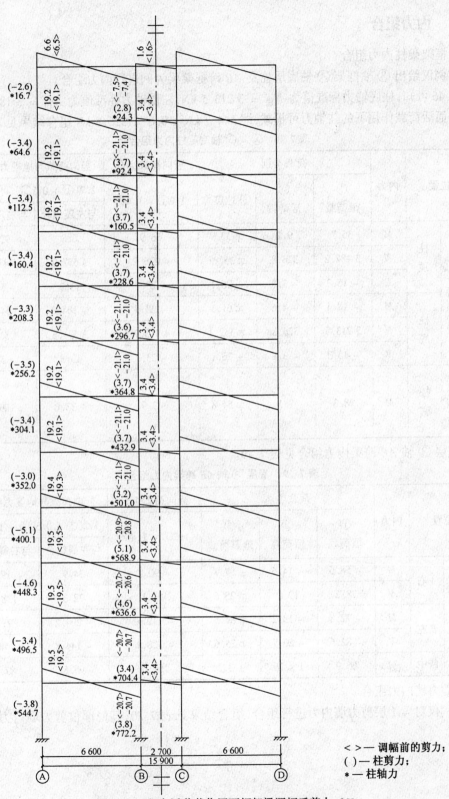

図7.48　竖向活荷载作用下框架梁调幅后剪力 /kN

7.6.9　内力组合

1.框架梁柱内力组合

本例仅给出 ③ 轴框架 Ⓐ 轴底层柱及 AB 跨框架梁为例进行内力组合。

从图 7.46 可知,柱底轴力标准值为 $N_底$ = 3 213.5 kN,柱顶轴力标准值为 $N_顶$ = 3 182.2 kN。

楼面活荷载作用下的柱轴力可折减,即 544.7 kN × 0.6 = 326.8 kN 组合结果见表 7.18。

表 7.18　Ⓐ – ③ 轴底层柱内力组合

位置		内力	荷载类别			竖向荷载组合	竖向荷载与地震力组合	
			① 恒荷载	② 活荷载	③ 地震力	1.2① + 1.4③	1.2(① + 0.5②) + 1.3③	
							与左震组合	与右震组合
-1层 ③轴 边柱	柱顶	M	36.7	9.2	∓ 32.9	56.9	6.8	92.3
		N	3 182.2	326.8	∓ 352.1	4 276.2	3 557.0	4 472.5
		V	– 15.3	– 3.8	± 26.1	– 23.7	13.3	– 54.6
	柱底	M	– 18.4	– 4.6	∓ 61.1	– 28.5	– 104.3	54.6
		N	3 213.5	326.8	∓ 352.1	4 313.7	3 594.6	4 510.0
		V	– 15.3	– 3.8	± 26.1	– 23.7	13.3	– 54.6
1层 ③轴 边柱	柱底	M	28.3	7.1	∓ 54.8	43.9	– 33.0	109.5

底层 ③ 轴 AB 跨梁内力组合见表 7.19。

表 7.19　底层 ③ 轴 AB 跨梁内力组合

位置		内力	荷载类别			竖向荷载组合	竖向荷载与地震力组合	
			① 恒荷载	② 活荷载	③ 地震荷载	1.2① + 1.4②	1.2(① + 0.5②) + 1.3③	
							与左震组合	与右震组合
-1层 ③轴 AB 跨梁	A 右	M	– 58.6	– 14.6	± 87.7	– 90.8	34.9	– 193.1
		V	78.2	19.5	∓ 25.6	121.1	72.3	138.8
	B 左	M	– 72.8	– 18.2	∓ 81.5	– 112.8	– 204.2	7.7
		V	– 82.6	– 20.7	∓ 25.6	– 128.1	– 144.8	– 78.3
	跨中	M	66.9	1.1 × 16.7	± 3.2	106.0	95.5	87.1

2.剪力墙内力组合

本例仅对 – 1 层剪力墙内力进行组合,组合结果见表 7.20;其他部位剪力墙内力组合从略。

表 7.20　– 1层剪力墙内力组合

位置	内力	荷载类别			竖向荷载与地震力组合	
					1.2(① + 0.5②) + 1.3③	
		① 恒荷载	② 活荷载	③ 地震荷载	与左震组合	与右震组合
– 1层 剪力墙 内力	M	0.0	0.0	12 704	16 515	– 16 515
	N	5 986.0	1 082.8	∓ 2 598	4 455	11 210
	V	0.0	0.0	± 980	1 274	– 1 274

3. 连梁内力组合

由表 7.12 可知,连梁最大剪力发生在第 5 层,因此对第 5 层连梁(剪力最大)的内力进行组合。

竖向恒荷作用下支座弯矩为 $-\dfrac{1}{12}ql^2 = -\dfrac{1}{12} \times 9.17 \text{ kN/m} \times 2.1^2 \text{ m}^2 = -3.37 \text{ kN} \cdot \text{m}$

竖向恒荷作用下跨中弯矩为 $\dfrac{1}{24}ql^2 = \dfrac{1}{24} \times 9.17 \text{ kN/m} \times 2.1^2 \text{ m}^2 = 1.68 \text{ kN} \cdot \text{m}$

竖向恒荷作用下支座剪力为 $V = \dfrac{1}{2}ql = \dfrac{1}{2} \times 9.17 \text{ kN/m} \times 2.1 \text{ m} = 9.63 \text{ kN}$

竖向活荷作用下支座弯矩为 $-\dfrac{1}{12}ql^2 = -\dfrac{1}{12} \times 2.53 \text{ kN/m} \times 2.1^2 \text{ m}^2 = -0.93 \text{ kN} \cdot \text{m}$

竖向活荷作用下跨中弯矩为 $\dfrac{1}{24}ql^2 = \dfrac{1}{24} \times 2.53 \text{ kN/m} \times 2.1^2 \text{ m}^2 = 0.47 \text{ kN} \cdot \text{m}$

竖向活荷作用下支座剪力为 $V = \dfrac{1}{2}ql = \dfrac{1}{2} \times 2.53 \text{ kN/m} \times 2.1 \text{ m} = 2.66 \text{ kN}$

左地震作用下连梁的内力:由表 7.12 可知连梁的剪力为 259.5 kN,支座弯矩为 285.5 kN·m。连梁内力组合见表 7.21。

表 7.21　连梁内力组合

位置		内力	荷载类别			竖向荷载组合	竖向荷载与地震力组合	
							1.2(① + 0.5②) + 1.3③	
			① 恒荷载	② 活荷载	③ 地震荷载	1.2① + 1.4②	与左震组合	与右震组合
5层 连梁	支座 B 右	M	– 3.37	– 0.93	∓ 285.5	– 5.3	– 375.8	366.5
		V	9.63	2.66	∓ 259.5	15.3	– 324.2	350.5
	跨中	M	1.68	0.47	0	2.7	2.3	2.3
		V	0	0	0	0.0	0.0	0.0

7.6.10　重力二阶效应及结构稳定计算

查表 7.7,倒三角形荷载分布作用下,$\dfrac{u(1.0)}{u_H} = 0.647\,2$,$u_H = \dfrac{11V_0H^3}{60EI_{eq}}$

倒三角形荷载作用下顶点位移 $\Delta = \dfrac{11V_0H^3}{60EJ_d}$

由 $u(1.0) = \Delta$ 得,$EJ_d = \dfrac{EI_{eq}}{0.647\,2} = 1.545EI_{eq}$

$$EJ_d = 1.545EI_{eq} = 1.545 \times 2.519 \times 10^9 \text{ kN} \cdot \text{m}^2 = 3.892 \times 10^9 \text{ kN} \cdot \text{m}^2$$

$$EJ_d > 1.4H^2 \sum_{i=1}^{n} G_i = 1.4 \times 43.8^2 \text{ m}^2 \times 117\,099 \text{ kN} = 0.315 \times 10^9 \text{ kN} \cdot \text{m}^2$$

可见稳定性满足要求,也可不考虑重力二阶效应影响。

7.6.11　截面设计

1.框架柱载面设计

③ 轴底层边柱轴压比 $\mu_N = \dfrac{N}{f_c bh} = \dfrac{4\,510.0 \times 10^3 \text{ N}}{19.1 \text{ N/mm}^2 \times 550^2 \text{ mm}^2} = 0.781 < 0.95$,满足要求。

偏压柱的轴压比大于 0.15 时,偏压承载力调整系数 $\gamma_{RE} = 0.80$。

取两组内力为

$$M = 92.3 \text{ kN} \cdot \text{m}, N = 4\,472.5 \text{ kN(柱顶内力)}$$

$$M = -104.3 \text{ kN} \cdot \text{m}, N = 3\,594.6 \text{ kN(柱底内力)}$$

$$\sum M_c = \eta_c \sum M_b = 1.1 \times 193.1 \text{ kN} \cdot \text{m} = 212.4 \text{ kN} \cdot \text{m}$$

$$\frac{92.3 \text{ kN} \cdot \text{m}}{92.3 \text{ kN} \cdot \text{m} + 109.5 \text{ kN} \cdot \text{m}} \times 212.4 \text{ kN} \cdot \text{m} = 97.2 \text{ kN} \cdot \text{m}$$

三级框架柱和底层柱底弯矩应放大,即应乘 1.15。

$$1.15 \times (-104.3 \text{ kN} \cdot \text{m}) = -120.0 \text{ kN} \cdot \text{m}$$

调整后的内力为

$$M = 97.2 \text{ kN} \cdot \text{m}, N = 4\,472.5 \text{ kN}$$

$$M = -120.0 \text{ kN} \cdot \text{m}, N = 3\,594.6 \text{ kN}$$

(1) 第一组内力计算

柱计算长度　　　　　　　$l_0 = 1.0 \times 3.6 \text{ m} = 3.6 \text{ m}$

$$e_0 = \frac{M}{N} = \frac{97.2 \times 10^6 \text{ N} \cdot \text{mm}}{4\,472.5 \times 10^3 \text{ N}} = 21.7 \text{ mm} < 0.3 h_0 = 0.3 \times 510 \text{ mm} = 153 \text{ mm}$$

$$e_a = h/30 = 18.3 \text{ mm} < 20 \text{ mm},\text{取 } 20 \text{ mm}$$

$$e_i = e_0 + e_a = 21.7 \text{ mm} + 20 \text{ mm} = 41.7 \text{ mm}$$

$$\zeta_1 = \frac{0.5 f_c A}{N} = \frac{0.5 \times 19.1 \text{ N/mm}^2 \times 550^2 \text{ mm}^2}{4\,472.5 \times 10^3 \text{ N}} = 0.646$$

由于 $l_0/h = 3.6/0.55 = 6.6 < 15$,取 $\zeta_2 = 1.0$

$$\eta = 1 + \frac{1}{1\,400 e_i \over h_0}\left(\frac{l_0}{h}\right)^2 \zeta_1 \zeta_2 = 1 + \frac{1}{\dfrac{1\,400 \times 41.7 \text{ mm}}{510 \text{ mm}}}\left(\frac{3.6 \text{ m}}{0.55 \text{ m}}\right)^2 \times 0.646 \times 1.0 = 1.242$$

$$e = \eta e_i + \frac{h}{2} - a_s = 1.242 \times 41.7 \text{ mm} + \frac{550 \text{ mm}}{2} - 40 \text{ mm} = 287 \text{ mm}$$

大小偏心受压情况的判别

$$\xi = \frac{x}{h_0} = \frac{\gamma_{RE} N}{f_c b h_0} = \frac{0.8 \times 4\,472.5 \times 10^3 \text{ N}}{19.1 \text{ N/mm}^2 \times 550 \text{ mm} \times 510 \text{ mm}} = 0.668 > \xi_b = 0.550$$

故属于小偏心受压情况,应按小偏心受压情况重新求 x。

$$\xi = \frac{\gamma_{RE}N - \xi_b f_c bh_0}{\dfrac{\gamma_{RE}Ne - 0.45f_c bh_0^2}{(0.8 - \xi_b)(h_0 - a'_s)} + f_c bh_0} + \xi_b =$$

$$\frac{0.8 \times 4\,472.5 \times 10^3\,N - 0.550 \times 19.1\,N/mm^2 \times 550\,mm \times 510\,mm}{\dfrac{0.8 \times 4\,472.5 \times 10^3\,N \times 287\,mm - 0.45 \times 19.1\,N/mm^2 \times 550\,mm \times 510^2\,mm^2}{(0.8 - 0.550) \times (510\,mm - 40\,mm)} + 19.1\,N/mm^2 \times 550\,mm \times 510\,mm} +$$

$$0.550 = 0.724$$

$$A'_s = A_s = \frac{\gamma_{RE}Ne - f_c bh_0^2 \xi(1 - 0.5\xi)}{f'_y(h_0 - a'_s)} =$$

$$\frac{0.8 \times 4\,472.5 \times 10^3\,N \times 287\,mm - 19.1\,N/mm^2 \times 550\,mm \times 515^2\,mm^2 \times 0.724 \times (1 - 0.5 \times 0.724)}{300\,N/mm^2 \times (510\,mm - 40\,mm)} =$$

$$- 1\,673\,mm^2 < 0$$

故可按构造配筋。由第 5 章 5.6 节可知

$$A_{smin} = 0.002bh = 0.002 \times 550^2\,mm^2 = 605\,mm^2$$

配筋取 4 Φ 16($A_s = 804\,mm^2$)。

全部纵向钢筋配 12 Φ 16,配筋率 = $804\,mm^2 \times 3/(550^2\,mm^2) = 0.8\% > 0.7\%$,满足要求。

(2) 第二组内力计算

$$e_0 = \frac{M}{N} = \frac{120.0 \times 10^6\,N \cdot mm}{3\,594.6 \times 10^3\,N} = 33.4\,mm < 0.3\,h_0 = 0.3 \times 510\,mm = 153\,mm$$

$$e_a = h/30 = 18.3\,mm < 20\,mm,取 20\,mm$$

$$e_i = e_0 + e_a = 33.4\,mm + 20\,mm = 53.4\,mm$$

$$\zeta_1 = \frac{0.5f_c A}{N} = \frac{0.5 \times 19.1\,N/mm^2 \times 550^2\,mm^2}{3\,594.6 \times 10^3\,N} = 0.804$$

$$\eta = 1 + \frac{1}{1\,400\dfrac{e_i}{h_0}}\left(\frac{l_0}{h}\right)^2 \zeta_1 \zeta_2 = 1 + \frac{1}{\dfrac{1\,400 \times 53.4\,mm}{510\,mm}}\left(\frac{3.6\,m}{0.55\,m}\right)^2 \times 0.804 \times 1.0 = 1.235$$

$$e = \eta e_i + \frac{h}{2} - a_s = 1.235 \times 53.4\,mm + \frac{550\,mm}{2} - 40\,mm = 301\,mm$$

大小偏心受压情况的判别

$$\xi = \frac{x}{h_0} = \frac{\gamma_{RE}N}{f_c bh_0} = \frac{0.8 \times 3\,594.6 \times 10^3\,N}{19.1\,N/mm^2 \times 550\,mm \times 510\,mm} = 0.537 < \xi_b = 0.550$$

故属于大偏心受压情况

$$A'_s = A_s = \frac{\gamma_{RE}Ne - f_c bh_0^2 \xi(1 - 0.5\xi)}{f'_y(h_0 - a'_s)} =$$

$$\frac{0.8 \times 3\,594.6 \times 10^3\,N \times 301\,mm - 19.1\,N/mm^2 \times 550\,mm \times 515^2\,mm^2 \times 0.537 \times (1 - 0.5 \times 0.537)}{300\,N/mm^2 \times (510\,mm - 40\,mm)} =$$

$$- 1\,473\,mm^2 < 0$$

故可按构造配筋。由第 5 章 5.6 节可知

$$A_{smin} = 0.002bh = 0.002 \times 550^2\,mm^2 = 605\,mm^2$$

配筋取 4 Φ 16($A_s = 804\,mm^2$)。

全部纵向钢筋配 12 Φ 16,配筋率 = $804\,mm^2 \times 3/(550^2\,mm^2) = 0.8\% > 0.7\%$,满足要求。

柱箍筋计算：

剪力设置值为 $V = 54.6$ kN,相应的轴力为 $N = 4\,472.5$ kN,受剪承载力抗震调整系数 $\gamma_{RE} = 0.85$。

$$V = \eta_{vc}(M_c^t + M_c^b)/H_n = 1.1 \times (97.2 \text{ kN} \cdot \text{m} + 1.15 \times 104.3 \text{ kN} \cdot \text{m})/$$
$$(3.6 \text{ m} - 0.65 \text{ m}) = 81.0 \text{ kN}$$

调整后的剪力为 $V = 81.0$ kN

$$\frac{V_c}{f_c bh_0} = \frac{81.0 \times 10^3 \text{ N}}{19.1 \text{ N/mm}^2 \times 550 \text{ mm} \times 510 \text{ mm}} = 0.015\,1 < \frac{0.2}{\gamma_{RE}} = \frac{0.2}{0.85} = 0.235$$

故满足剪压比要求。

$$\lambda = \frac{H_{c0}}{2h_0} = \frac{3.6 \text{ m} - 0.65 \text{ m}}{2 \times 0.510 \text{ m}} = 2.89$$

$$N = 0.3 f_c bh_0 = 1\,641 \text{ kN} < 4\,472.5 \text{ kN},取 N = 1\,641 \text{ kN}$$

$$\frac{A_{sv}}{s} = \frac{\gamma_{RE} V - \frac{1.05}{\lambda + 1} f_t bh_0 - 0.056N}{f_{yv} h_0} =$$

$$\frac{0.85 \times 75.3 \times 10^3 \text{ N} - \frac{1.05}{2.89 + 1.0} \times 19.1 \text{ N/mm}^2 \times 550 \text{ mm} \times 510 \text{ mm} - 0.056 \times 1\,641 \times 10^3 \text{ N}}{210 \text{ N/mm}^2 \times 510 \text{ mm}} =$$

$$-0.611 < 0$$

按构造配筋,由第 5 章表 5.11 查得,当轴压比为 0.781 时,加密区最小配箍特征值为 $\lambda_v = 0.146$,取 $\rho_v \geqslant \lambda_v f_c/f_{yv} = 0.146 \times 19.1 \text{ N/mm}^2/(210 \text{ N/mm}^2) = 0.013\,3$,取四肢箍。

$$\frac{a_k}{s} \geqslant \frac{\rho_v l_1 l_2}{100 \sum l_k} = \frac{1.33 \times 520 \text{ mm} \times 520 \text{ mm}}{100 \times 8 \times 520 \text{ mm}} = 0.865 \text{ mm}$$

取 $\phi10, a_k = 78.5 \text{ mm}^2$,可得 $s = 90.8$ mm

加密区箍筋取四肢 $\phi10@90$。符合第 5 章表 5.10 的构造要求。

2. 框架梁截面设计

梁受弯 $\gamma_{RE} = 0.75$,梁受剪 $\gamma_{RE} = 0.85$。

③ 轴底层 AB 跨梁:

左端(A 右)截面上部钢筋按表 7.20 的 $M = -193.1$ kN·m 计算。

$$\alpha_s = \frac{\gamma_{RE} M}{f_c bh_0^2} = \frac{0.75 \times 193.1 \times 10^6 \text{ N} \cdot \text{mm}}{19.1 \text{ N/mm}^2 \times 300 \text{ mm} \times 615^2 \text{ mm}^2} = 0.067$$

$$\xi = 1 - \sqrt{1 - 2\alpha_s} = 0.069 < \xi_b = 0.550$$

$$A_s' = \frac{f_c b \xi h_0}{f_y} = \frac{19.1 \text{ N/mm}^2 \times 300 \text{ mm} \times 0.069 \times 615 \text{ mm}}{300 \text{ N/mm}^2} = 813 \text{ mm}^2$$

取 $2 \Phi 20 + 1 \Phi 16$ ($A_s = 829 \text{ mm}^2$)。

三级框架支座纵筋最小配筋率 ρ_{min} 取 0.002 5 与 $0.55 f_t/f_y$ 中较大值

$$0.55 f_t/f_y = 0.55 f_t/f_y = 0.55 \times 1.71 \text{ N/mm}^2/(300 \text{ N/mm}^2) = 0.003\,14 > 0.002\,5$$

$$A_s = 829 \text{ mm}^2 > \rho_{min} bh = 0.003\,14 \times 300 \text{ mm} \times 650 \text{ mm} = 612 \text{ mm}^2$$

左端(A 右)截面下部钢筋按表 7.19 中的 $M = 34.9$ kN·m 计算。

$$\alpha_{\mathrm{s}} = \frac{\gamma_{\mathrm{RE}}M}{f_{\mathrm{c}}bh_0^2} = \frac{0.75 \times 34.9 \times 10^6 \text{ N} \cdot \text{mm}}{19.1 \text{ N/mm}^2 \times 300 \text{ mm} \times 615^2 \text{ mm}^2} = 0.012$$

$$\xi = 1 - \sqrt{1 - 2\alpha_{\mathrm{s}}} = 0.012 < \xi_{\mathrm{b}} = 0.550$$

$$A'_{\mathrm{s}} = \frac{f_{\mathrm{c}}b\xi h_0}{f_{\mathrm{y}}} = \frac{19.1 \text{ N/mm}^2 \times 300 \text{ mm} \times 0.012 \times 615 \text{ mm}}{300 \text{ N/mm}^2} = 143 \text{ mm}^2$$

取 $2 \oiint 18$（$A_{\mathrm{s}} = 509 \text{ mm}^2$）。

三级框架梁底纵筋最小配筋率 $\rho_{\min}$ 取 0.002 与 $0.45f_{\mathrm{t}}/f_{\mathrm{y}}$ 中的较大值

$$0.45f_{\mathrm{t}}/f_{\mathrm{y}} = 0.45 \times 1.71 \text{ N/mm}^2/(300 \text{ N/mm}^2) = 0.002\,57 > 0.002$$

$$A_{\mathrm{s}} = 509 \text{ mm}^2 > \rho_{\min}bh = 0.002\,57 \times 300 \text{ mm} \times 650 \text{ mm} = 501 \text{ mm}^2$$

$$\frac{A'_{\mathrm{s}}}{A_{\mathrm{s}}} = \frac{829 \text{ mm}^2}{509 \text{ mm}^2} = 1.63 > 0.3$$

$A'_{\mathrm{s}}/A_{\mathrm{s}}, \xi, \rho_{\min}$ 均满足要求。

右端（B 左）截面上部钢筋按表 7.19 中的 $M = -204.2$ kN·m 计算（计算从略），$A'_{\mathrm{s}} = 862 \text{ mm}^2$，取 $2 \oiint 20 + 1 \oiint 18$（$A_{\mathrm{s}} = 883 \text{ mm}^2$）。

右端（B 左）截面下部钢筋按表 7.19 中的 $M = 7.7$ kN·m 计算（计算从略），$A'_{\mathrm{s}} = 31 \text{ mm}^2$。取 $2 \oiint 18$（$A_{\mathrm{s}} = 509 \text{ mm}^2$）。$A'_{\mathrm{s}}/A_{\mathrm{s}}, \xi, \rho_{\min}$ 均满足要求。

查表 7.19，跨中截面弯矩 $M = 95.5$ kN·m。

$$M = \frac{1}{16}(1.2g_{\hat{\mathbb{A}}} + 1.4q_{\hat{\mathbb{A}}})l^2 = \frac{1}{16}(1.2 \times 22.92 \text{ kN/m} + 1.4 \times 6.09 \text{ kN/m}) \times 6.6^2 \text{ m}^2 = 98.1 \text{ kN} \cdot \text{m}$$

95.5 kN·m < 98.1 kN·m，取 $M = 98.1$ kN·m（按 T 形截面计算，计算过程从略），$A_{\mathrm{s}} = 400 \text{ mm}^2$，按最小配筋率配筋（$A_{\mathrm{s,min}} = 501 \text{ mm}^2$）。取 $2 \oiint 18$（$A_{\mathrm{s}} = 509 \text{ mm}^2$）。

$$A_{\mathrm{s}} = 509 \text{ mm}^2 > \rho_{\min}bh = 0.002\,57 \times 300 \text{ mm} \times 650 \text{ mm} = 501 \text{ mm}^2$$

$\xi, \rho_{\min}$ 均满足要求。

梁箍筋计算：

梁端剪力设计值

$$V = \eta_{\mathrm{vb}}(M_{\mathrm{b}}^{\mathrm{l}} + M_{\mathrm{b}}^{\mathrm{r}})/l + V_{\mathrm{Gb}} = \eta_{\mathrm{vb}}(M_{\mathrm{b}}^{\mathrm{l}} + M_{\mathrm{b}}^{\mathrm{r}})/l + \frac{1}{2}(1.2g_{\hat{\mathbb{A}}} + 1.4 \times 0.5q_{\hat{\mathbb{A}}})l =$$

$$1.1 \times (34.9 \text{ kN} \cdot \text{m} + 204.2 \text{ kN} \cdot \text{m})/(6.6 \text{ m}) + \frac{1}{2} \times (1.2 \times 22.92 \text{ kN/m} + 1.4 \times 0.5 \times 6.09 \text{ kN/m}) \times$$

$$6.6 \text{ m} = 144.7 \text{ kN}$$

$$\frac{V}{f_{\mathrm{c}}bh_0} = \frac{144.7 \times 10^3 \text{ N}}{19.1 \text{ N/mm}^2 \times 300 \text{ mm} \times 615 \text{ mm}} = 0.041\,1 < \frac{0.2}{\gamma_{\mathrm{RE}}} = \frac{0.2}{0.85} = 0.235$$

满足剪压比要求。

$$\frac{A_{\mathrm{sv}}}{s} = \frac{\gamma_{\mathrm{RE}}V - 0.7f_{\mathrm{t}}bh_0}{1.25f_{\mathrm{yv}}h_0} = \frac{0.85 \times 144.7 \times 10^3 \text{ N} - 0.7 \times 1.71 \text{ N/mm}^2 \times 300 \text{ mm} \times 615 \text{ mm}}{1.25 \times 210 \text{ N/mm}^2 \times 615 \text{ mm}} =$$

$$- 0.606 < 0$$

故可按构造要求配筋。

三级框架梁沿梁全长箍筋的面积配箍率

$$\frac{A_{\mathrm{sv}}}{bs} \geq 0.26\frac{f_{\mathrm{t}}}{f_{\mathrm{yv}}}$$

$$\frac{A_{sv}}{s} \geqslant 0.26 \frac{f_t}{f_{yv}} b = 0.26 \times \frac{1.71 \ \text{N/mm}^2}{210 \ \text{N/mm}^2} \times 300 \ \text{mm} = 0.635$$

取双肢箍 $\phi 8 @ 150$（$\frac{A_{sv}}{s} = 0.671$），该配筋也满足加密区箍筋的要求。

3.剪力墙截面设计

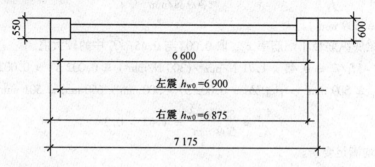

图 7.49　剪力墙截面

正截面压弯承载力计算：

取两组内力：

第一组　$M = 16\ 515 \ \text{kN} \cdot \text{m}, N = 4\ 455 \ \text{kN}$

第二组　$M = 16\ 515 \ \text{kN} \cdot \text{m}, N = 11\ 210 \ \text{kN}$

（1）第一组内力计算

设墙体竖向分布筋为 $\phi 10 @ 300$ 双层配置 $\rho_w = 0.29\%$（满足最小配筋率要求），C40，端部筋采用 HRB335 级钢筋，假定墙肢为大偏心受压 $x < h'_f$，端部筋对称配置 $A_s = A'_s$，$\sigma_s = f'_y$。

$$N \leqslant \frac{1}{\gamma_{RE}}(A'_s f'_y - A_s \sigma_s - N_{sw} + N_c)$$

式中

$$N_{sw} = (h_{w0} - 1.5x) b_w f_{yw} \rho_w = (6\ 900 - 1.5x) \times 180 \times 210 \times 0.002\ 9 =$$
$$756 \times 10^3 - 164x$$

$$N_c = b'_f x f_c = 600 \times 19.1 \times x = 11\ 460x$$

$$4\ 455 \times 10^3 = \frac{1}{0.85}(-756 \times 10^3 + 164x + 11\ 460x)$$

$$x = 391 \ \text{mm} < h'_f = 600 \ \text{mm}$$

$$x < \xi_b h_{0w} = 0.550 \times 6\ 900 \ \text{mm} = 3\ 795 \ \text{mm}$$

属大偏心受压，符合假定条件。$x < 2a'_s = 2 \times 300 \ \text{mm} = 600 \ \text{mm}$，故取 $x = 2a'_s$，剪力墙端柱受拉钢筋与腹板部分受拉钢筋对受压钢筋合力点取矩

$$N(e_0 - \frac{h}{2} + a'_s) \leqslant \frac{1}{\gamma_{RE}}[A_s f_y(h_{w0} - a'_s) + M_{sw}]$$

$$M_{sw} = (h_{w0} - 1.5x) b_w f_{yw} \rho_w (h_{w0} - \frac{h_{w0} - 1.5x}{2} - a'_s) =$$
$$(6\ 900 \ \text{mm} - 1.5 \times 600 \ \text{mm}) \times 180 \ \text{mm} \times 210 \ \text{N/mm}^2 \times 0.002\ 9 \times$$
$$(6\ 900 \ \text{mm} - \frac{6\ 900 \ \text{mm} - 1.5 \times 600 \ \text{mm}}{2} - 300 \ \text{mm}) =$$

$$2\ 368 \times 10^6\ \text{N} \cdot \text{mm}$$

由于 $l_0 / h = \dfrac{3\ 600\ \text{mm}}{7\ 175\ \text{mm}} < 8$，所以不考虑偏心距增大系数 η。

$$e_0 = \frac{M}{N} = \frac{16\ 515 \times 10^6\ \text{N} \cdot \text{mm}}{4\ 455 \times 10^3\ \text{N}} = 3\ 707\ \text{mm}$$

$$A_s = \frac{\gamma_{RE} N (e_0 - h_w / 2 + a'_s) - M_{sw}}{f_y (h_{w0} - a'_s)} =$$

$$\frac{0.85 \times 4\ 455 \times 10^3\ \text{N} \times \left(3\ 707\ \text{mm} - \dfrac{7\ 175\ \text{mm}}{2} + 300\ \text{mm}\right) - 2\ 368 \times 10^6\ \text{N} \cdot \text{mm}}{300\ \text{N/mm}^2 \times (6\ 900\ \text{mm} - 300\ \text{mm})} =$$

$$- 394\ \text{mm}^4$$

按构造配筋即可。

地下室 550 mm × 550 mm 端柱（约束边缘构件）纵筋面积

$$A_s = 0.01 \times (550\ \text{mm} \times 550\ \text{mm} + 300\ \text{mm} \times 180\ \text{mm}) = 3\ 565\ \text{mm}^2$$

配 14 Φ 18（$A_s = 3\ 563\ \text{mm}^2$）。

地下室 600 mm × 600 mm 端柱（约束边缘构件）纵筋面积

$$A_s = 0.01 \times (600\ \text{mm} \times 600\ \text{mm} + 300\ \text{mm} \times 180\ \text{mm}) = 4\ 140\ \text{mm}^2$$

配 14 Φ 20（$A_s = 4\ 340\ \text{mm}^2$）

(2) 第二组内力计算

设墙体竖向分布筋为 $\phi 10 @ 300$ 双层配置 $\rho_w = 0.29\%$（满足最小配筋率要求），C40，端部筋采用 HRB335 级钢筋，假定墙肢为大偏心受压 $x > h'_f$，端部筋对称配置 $A_s = A'_s$，$\sigma_s = f'_y$。

$$N \leqslant \frac{1}{\gamma_{RE}} (A'_s f'_y - A_s \sigma_s - N_{sw} + N_c)$$

式中

$$N_{sw} = (h_{w0} - 1.5x) b_w f_{yw} \rho_w = (6\ 875 - 1.5x) \times 180 \times 210 \times 0.002\ 9 =$$
$$754 \times 10^3 - 164x$$

$$N_c = b_w x f_c + (b'_f - b_w) h'_f f_c = 180 \times x \times 19.1 + (550 - 180) \times 550 \times 19.1 =$$
$$3\ 438x + 389 \times 10^4$$

$$\gamma_{RE} N = b'_f x f_c = 550 \times 19.1 \times x = 10\ 505x$$

由 $11\ 210 \times 10^3 = \dfrac{1}{0.85} (- 754 \times 10^3 + 164x + 3\ 438x + 389 \times 10^4)$

$$x = 1\ 775\ \text{mm}, x > h'_f = 550\ \text{mm}$$

$x = 1\ 775\ \text{mm} < \xi_b h_{w0} = 0.550 \times 6\ 875\ \text{mm} = 3\ 781\ \text{mm}$

属大偏心受压

$$N \left(e_0 + h_{w0} - \frac{h_w}{2} \right) \leqslant \frac{1}{\gamma_{RE}} [A'_s f'_y (h_{w0} - a'_s) - M_{sw} + M_c]$$

$$M_{sw} = \frac{1}{2} (h_{w0} - 1.5x)^2 b_w f_{yw} \rho_w = \frac{1}{2} (6\ 875\ \text{mm} - 1.5 \times 1\ 775\ \text{mm})^2 \times$$

$$180\ \text{mm} \times 210\ \text{N/mm}^2 \times 0.002\ 9 = 973 \times 10^6\ \text{N} \cdot \text{mm}$$

$$M_c = f_c b_w x \left(h_{w0} - \frac{x}{2} \right) + f_c (b'_f - b_w) h'_f \left(h_{w0} - \frac{h'_f}{2} \right) =$$

$$19.1 \text{ N/mm}^2 \times 180 \text{ mm} \times 1\ 775 \text{ mm} \times \left(6\ 875 \text{ mm} - \frac{1\ 775 \text{ mm}}{2} \right) +$$

$$19.1 \text{ N/mm}^2 \times (550 \text{ mm} - 180 \text{ mm}) \times 550 \text{ mm} \times \left(6\ 875 \text{ mm} - \frac{550 \text{ mm}}{2} \right) =$$

$$62\ 191 \text{ kN} \cdot \text{m}$$

由于 $l_0 / h = \dfrac{3\ 600 \text{ mm}}{7\ 175 \text{ mm}} < 5$,所以不考虑偏心距增大系数 η。

$$e_0 = \frac{M}{N} = \frac{16\ 515 \times 10^6 \text{ N} \cdot \text{mm}}{11\ 210 \times 10^3 \text{ N}} = 1\ 473 \text{ mm}$$

$$A'_s = \frac{\gamma_{RE} N (e_0 + h_{w0} - h_w/2) + M_{sw} - M_c}{f'_y (h_{w0} - a'_s)} =$$

$$\frac{0.85 \times 11\ 210 \times 10^3 \text{ N} \times \left(1\ 473 \text{ mm} + 6\ 875 \text{ mm} - \dfrac{7\ 175 \text{ mm}}{2} \right) + 973 \times 10^6 \text{ N} \cdot \text{mm} - 62\ 191 \times 10^6 \text{ N} \cdot \text{mm}}{300 \text{ N/mm}^2 \times (6\ 875 \text{ mm} - 275 \text{ mm})} =$$

$$- 8\ 009 \text{ mm}^2 < 0$$

按构造配筋即可。

地下室 550 mm × 550 mm 端柱(约束边缘构件) 纵筋面积

$$A_s = 0.01 \times (550 \text{ mm} \times 550 \text{ mm} + 300 \text{ mm} \times 180 \text{ mm}) = 3\ 565 \text{ mm}^2$$

配 14 Φ 18($A_s = 3\ 563 \text{ mm}^2 > 3\ 565 \text{ mm}^2$)。

地下室 600 mm × 600 mm 端柱(约束边缘构件) 纵筋面积

$$A_s = 0.01 \times (600 \text{ mm} \times 600 \text{ mm} + 300 \text{ mm} \times 180 \text{ mm}) = 4\ 140 \text{ mm}^2$$

配 14 Φ 20($A_s = 4\ 340 \text{ mm}^2 > 4\ 140 \text{ mm}^2$)。

箍筋计算:

地下室 600 mm × 600 mm 端柱(约束边缘构件) 箍筋配 ϕ16@100(四肢箍) 体积配箍率为

$$\rho_v = \frac{201.1 \text{ mm} \times (540 \text{ mm} \times 6 + 840 \text{ mm} \times 2)}{(600 \text{ mm} \times 600 \text{ mm} + 180 \text{ mm} \times 300 \text{ mm}) \times 100} = 0.023\ 9 > \lambda_v \frac{f_c}{f_y} =$$

$$0.2 \times \frac{19.1 \text{ N/mm}^2}{210 \text{ N/mm}^2} = 0.018\ 2$$

地下室 500 mm × 500 mm 端柱(约束边缘构件) 箍筋配 ϕ14@100(四肢箍) 体积配箍率为

$$\rho_v = \frac{153.9 \text{ mm} \times (490 \text{ mm} \times 6 + 790 \text{ mm} \times 2)}{(550 \text{ mm} \times 550 \text{ mm} + 180 \text{ mm} \times 300 \text{ mm}) \times 100} = 0.019\ 5 > \lambda_v \frac{f_c}{f_y} =$$

$$0.2 \times \frac{19.1 \text{ N/mm}^2}{210 \text{ N/mm}^2} = 0.018\ 2$$

偏心受压斜截面受剪承载力计算:

底部加强部位抗震等级为二级的剪力墙,抗震设计时 V_w 取 $1.4V$。

$$V_w = 1.4 \times 1\ 274 \text{ kN} = 1\ 784 \text{ kN}$$

剪力墙截面要求

$$\lambda = \frac{M_w}{V_w h_{w0}} = \frac{16\ 515 \times 10^6 \text{ N} \cdot \text{mm}}{1\ 274 \times 10^3 \text{ N} \times 6\ 900 \text{ mm}} = 1.88 < 2.5$$

$$V_w \leq \frac{1}{\gamma_{RE}}(0.15\beta_c f_c b_w h_{w0})$$

$$1\,274 \times 10^3\,N < \frac{1}{0.85}(0.15 \times 1.0 \times 19.1\,N/mm^2 \times 180\,mm \times 6\,900\,mm) = 4186 \times 10^3\,N$$

满足截面限制条件要求。

$$V_w \leq \frac{1}{\gamma_{RE}}\Big[\frac{1}{\lambda - 0.5}\Big(0.4 f_t b_w h_{w0} + 0.1 N \frac{A_w}{A}\Big) + 0.8 f_{yh}\frac{A_{sh}}{s}h_{w0}\Big]$$

$$A_w = 1.085\,m^2 \quad A = 1.747\,m^2$$

水平筋用 HPB235 级钢 $f_{yh} = 210\,N/mm^2$,取 $\phi12(A_s = 113\,mm^2)$

$$N = 4\,455\,kN < 0.2 f_c b_w h_w = 0.2 \times 19.1\,N/mm^2 \times 180\,mm \times 7\,175\,mm = 4\,933\,kN$$

$$\frac{A_{sh}}{s} = \frac{\gamma_{RE}V_w - \frac{1}{\lambda - 0.5}\Big(0.4 f_t b_w h_{w0} + 0.1 N \frac{A_w}{A}\Big)}{0.8 f_{yh} h_{w0}} =$$

$$\frac{0.85 \times 1\,274 \times 10^3\,N - \frac{1}{1.88 - 0.5}(0.4 \times 1.71\,N/mm^2 \times 180\,mm \times 6\,900\,mm + 0.1 \times 4\,455 \times 10^3\,N \times \frac{1.085\,m^2}{1.747\,m^2})}{0.8 \times 210\,N/mm^2 \times 6\,900\,mm} =$$

0.230 mm

配 $\phi10@300$(双排),$\dfrac{A_{sh}}{s} = \dfrac{78.5\,mm^2 \times 2}{300\,mm} = 0.523\,mm > 0.230\,mm$

$\dfrac{A_{sh}}{bs} = \dfrac{78.5\,mm^2 \times 2}{180\,mm \times 300\,mm} = 0.29\% > 0.25\%$,满足最大间距、最小直径及最小配筋率要求。

4.第 5 层连梁截面设计

(1) 抗弯计算

支座弯矩设计值为 $-375.8\,kN \cdot m$

$$\alpha_s = \frac{\gamma_{RE}M}{f_c b h_0^2} = \frac{0.75 \times 375.8 \times 10^6\,N \cdot mm}{19.1\,N/mm^2 \times 400\,mm \times 415^2\,mm^2} = 0.214$$

$$\xi = 1 - \sqrt{1 - 2\alpha_s} = 0.244 < \xi_b = 0.550\,(适筋梁)$$

$$A'_s = \frac{f_c b\xi h_0}{f_y} = \frac{19.1\,N/mm^2 \times 400\,mm \times 0.244 \times 415\,mm}{300\,N/mm^2} = 2\,578\,mm^2$$

取 $4\,\phi25 + 2\,\phi20\,(A_s = 2\,592\,mm^2)$,满足最小配筋率要求。

(2) 抗剪计算

连梁剪力设计值

$$V = \eta_{vb}(M_b^l + M_b^r)/l + V_{Gb} = \eta_{vb}(M_b^l + M_b^r)/l + \frac{1}{2}(1.2g_{永} + 1.4 \times 0.5q_{活})l =$$

$$1.1 \times 1.3 \times 259.5 + \frac{1}{2}(1.2 \times 9.17\,kN/m + 1.4 \times 0.5 \times 2.53\,kN/m) \times 2.7\,m = 388.3\,kN$$

当跨高比大于 2.5 时

$$\frac{1}{\gamma_{RE}}(0.2 f_c b_b h_{b0}) = \frac{1}{0.85}(0.20 \times 19.1\,N/mm^2 \times 400\,mm \times 415\,mm) =$$

$$746.0\,kN > 388.3\,kN$$

满足抗剪截面限制条件,则

$$\frac{A_{sv}}{s} = \frac{\gamma_{RE}V - 0.42f_t bh_0}{f_{yv}h_0} = \frac{0.85 \times 388.3 \times 10^3 \text{ N} - 0.42 \times 1.71 \text{ N/mm}^2 \times 400 \text{ mm} \times 415 \text{ mm}}{210 \text{ N/mm}^2 \times 390 \text{ mm}} = 2.57$$

取四肢箍 $\phi10@100(\frac{A_{sv}}{s} = 3.14 > 2.57)$，通长配筋(连梁沿梁全长箍筋不小于普通框架梁端加密区构造要求)。

7.6.12　三维空间分析程序 SATWE 计算

为与手算结果进行对比,本例采用中国建筑科学研究院的 PKPM 系列三维空间分析程序 SATWE 计算。

1. 计算参数

设防烈度为7度,近震,Ⅱ类场地土,不考虑扭转;周期折减系数为0.8;活荷载折减系数为0.50;地震力放大系数为1.0;剪力墙抗震等级二级;框架抗震等级三级;中梁刚度放大系数取2.0,边梁刚度放大系数取1.5,梁端负弯矩调幅系数为0.9;连梁刚度折减系数为0.55;剪力墙竖向分布钢筋配筋率为0.29%。

2. 电算结果

y 方向的结构基本自振周期:$T_1 = 0.863$ s

最大层间水平位移:$\Delta u = 0.001\ 3$ m;$\Delta u\ /h = \frac{0.001\ 3\text{ m}}{3.6\text{ m}} = \frac{1}{2\ 769} < \frac{1}{800}$

剪力墙的电算配筋见表7.22、表7.23。

表 7.22　剪力墙身表(电算)

编号	标高	墙厚	水平分布筋	垂直分布筋	拉筋
Q1	- 3.600 ~ 0.000	180	$\phi10@300$	$\phi10@300$	$\phi6@600$

表 7.23　剪力墙柱表(电算)

截面	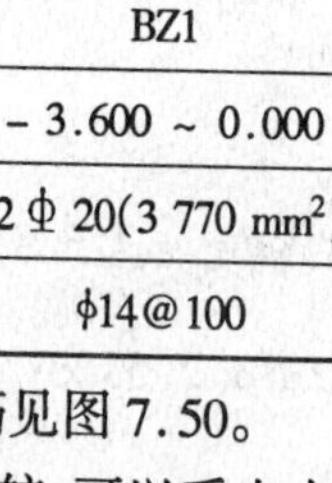	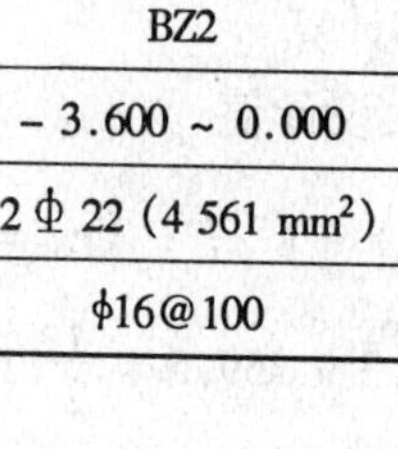
编号	BZ1	BZ2
标高	- 3.600 ~ 0.000	- 3.600 ~ 0.000
纵筋	12 ϕ 20(3 770 mm²)	12 ϕ 22 (4 561 mm²)
箍筋	$\phi14@100$	$\phi16@100$

框架柱的电算配筋见图7.50。

与手算结果进行比较,可以看出水平位移手算结果偏大,但均满足《高规》限值。框架柱和剪力墙配筋手算与电算吻合较好。

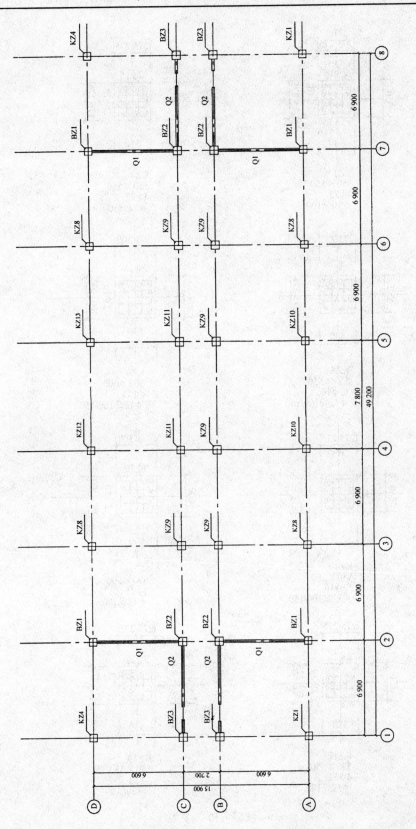

图 7.50 标高 -3.600 ~ 0.000 柱、剪力墙平面整体配筋图

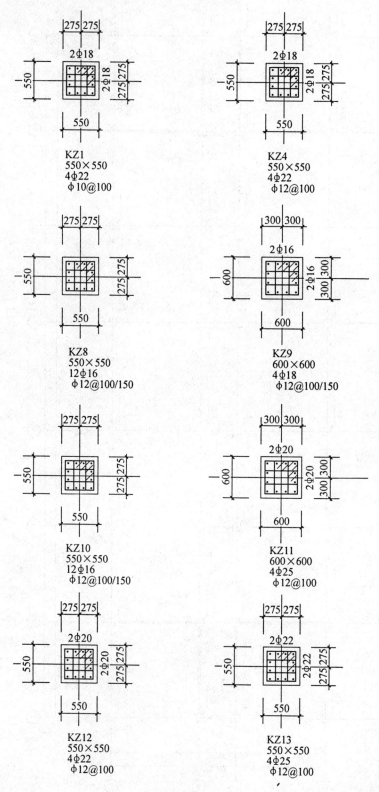

续图 7.50

附录 联肢墙的内力及侧移计算公式推导

一、微分方程式的建立

在进行联肢墙(附图 1) 的内力及侧移分析时假定：

(1) 沿竖向墙的刚度、层高等基本不变；

(2) 连梁反弯点在梁的中点，连梁的作用由沿高度分布的连续弹性薄片来代替；

(3) 各墙肢刚度相差不过分悬殊，因而墙肢的变形曲线相似，而且在每一标高处侧向位移 y 和墙转角 $\theta = y'$ 都相等。

将连梁假想沿全高均匀分开成为连续的弹性薄片，将连梁中点切开，切口上的剪力集度为 $q_j(x)$(附图 2)。

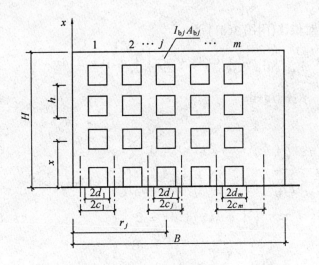

附图 1 联肢墙

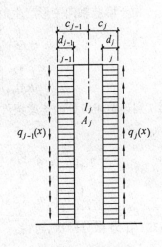

附图 2 连续化假定

为推导公式方便，令连梁计算跨度 $l_{bj} = 2d_j$；墙肢轴线距离 $a_j = 2c_j$。在连梁中点处，由于连梁的弯曲和剪切变形产生切口两边的相对位移(附图 3(a)) 为

$$\delta_{1j}(x) = -2q_j(x)\left(\frac{d_j^3 h}{3EI_{bj0}} + \frac{\mu d_j h}{GA_{bj}}\right) = -\frac{2}{3} \times \frac{d_j^3 h}{EI_{bj}}q_j(x) \tag{附 1}$$

式中，I_{bj} 为第 j 列连梁的折算惯性矩，$I_{bj} = \dfrac{I_{bj0}}{1 + \dfrac{7.5\mu I_{bj0}}{A_{bj}d_j^2}}$。

由于墙肢的弯曲和剪切变形而产生的位移(附图 3(b)、(c)) 为

$$\delta_{2j}(x) = \delta_{21j} + \delta_{22j} = 2c\beta_1 + 2d\theta_2 \tag{附 2}$$

式中，θ_1 为由于墙肢弯曲而产生的转角；θ_2 为由于墙肢剪切而产生的转角，当不考虑剪切变形

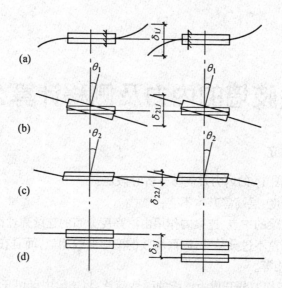

附图3　连梁中点切口两边的相对位移示意图

影响时，$\theta_2 = 0$。

由于墙肢轴向变形产生的相对位移(附图3(d))为

$$\delta_{3j}(x) = -\frac{1}{E}\left(\frac{1}{A_j} + \frac{1}{A_{j+1}}\right)\int_0^x\int_0^H q_j(x)\mathrm{d}x\mathrm{d}x + \frac{1}{EA_j}\int_0^x\int_x^H q_{j-1}(x)\mathrm{d}x\mathrm{d}x +$$

$$\frac{1}{EA_{j+1}}\int_0^x\int_x^H q_{j+1}(x)\mathrm{d}x\mathrm{d}x \tag{附3}$$

第 j 列连梁切口处的连续条件为

$$\delta_{1j}(x) + \delta_{2j}(x) + \delta_{3j}(x) = 0 \tag{附4}$$

即

$$2c_j\left(\theta_1 + \theta_2\frac{d_j}{c_j}\right) - \frac{2}{3}\times\frac{d_j^3 h}{EI_{bj}}q_j(x) - \frac{1}{E}\left(\frac{1}{A_j} + \frac{1}{A_{j+1}}\right)\int_0^x\int_x^H q_j(x)\mathrm{d}x\mathrm{d}x +$$

$$\frac{1}{EA_j}\int_0^x\int_x^H q_{j-1}(x)\mathrm{d}x\mathrm{d}x + \frac{1}{EA_{j+1}}\int_0^x\int_x^H q_{j+1}(x)\mathrm{d}x\mathrm{d}x = 0 \tag{附5}$$

将式(附5)微分两次，可得

$$2c_j\left(\theta''_1 + \theta''_2\frac{d_j}{c_j}\right) - \frac{2}{3}\times\frac{d_j^3 h}{EI_{bj}}q''_j(x) - \frac{1}{E}\left(\frac{1}{A_j} + \frac{1}{A_{j+1}}\right)q_j(x)\mathrm{d}x\mathrm{d}x +$$

$$\frac{1}{EA_j}q_{j-1}(x) + \frac{1}{EA_{j+1}}q_{j+1}(x) = 0 \quad (j = 1,2,\cdots,m) \tag{附6}$$

这是一个关于 $q_j(x)$ 的二阶常微分方程组，当 $m > 3$ 时直接求解比较繁琐，实用上不太方便。作为工程设计，可以采用近似的求解方法。

$m_j(x) = 2c_j q_j(x)$ 为第 j 列连梁对墙肢产生的约束弯矩。将式(附6)乘以 $2c_j$，令

$$\beta_j = \frac{2d_j^3 h}{3EI_{bj}}$$

则方程变为

$$\frac{4c_j^2}{\beta_j}\theta''_1 + \frac{4c_j d_j}{\beta_j}\theta''_2 - \left(\frac{1}{EA_j\beta_j} + \frac{1}{EA_{j+1}\beta_j}\right)m_j(x) - m''_j(x) +$$

$$\frac{c_j}{c_{j-1}} \frac{1}{EA_j\beta_j} m_{j-1}(x) + \frac{c_j}{c_{j+1}} \frac{1}{EA_{j+1}\beta_j} m_{j+1}(x) = 0$$

$$(j = 1, 2, \cdots, m) \qquad\qquad (\text{附}7)$$

令 m 列连梁产生的总约束弯矩为 $m(x)$,则

$$m(x) = \sum_{j=1}^{m} m_j(x), \quad \eta_j = \frac{m_j(x)}{m(x)}$$

将所有 m 个微分方程相加,可得

$$\left(\frac{6E}{h} \sum_{j=1}^{m} \frac{c_j^2 I_{bj}}{d_j^3}\right)\theta'_1 + \left(\frac{6E}{h} \sum_{j=1}^{m} \frac{c_j I_{bj}}{d_j^2}\right)\theta'_2 - \sum_{j=1}^{m} m''_j(x) + \frac{3}{2h} \sum_{j=1}^{m} \frac{I_{bj}(A_j + A_{j+1})}{d_j^3 A_j A_{j+1}} m_j(x) -$$

$$\frac{3}{2h} \sum_{j=1}^{m} \frac{I_{bj} c_j}{d_j^3 A_j c_{j-1}} m_{j-1}(x) - \frac{3}{2h} \sum_{j=1}^{m} \frac{I_{bj} c_j}{d_j^3 A_{j+1} c_{j+1}} m_{j+1}(x) = 0$$

令

$$D_j = \frac{I_{bj} c_j^2}{d_j^3}, \quad D'_j = \frac{I_{bj} c_j}{d_j^2}$$

$$\alpha_1^2 = \frac{6H^2}{h \sum I_j} \sum D_j, \quad \alpha_0^2 = \frac{6H^2}{h \sum I_j} \sum D'_j, \quad s_j = \frac{2c_j A_j A_{j+1}}{A_j + A_{j+1}}$$

则方程可整理为

$$EI \frac{\alpha_1^2}{H^2} \theta'_1 + EI \frac{\alpha_0^2}{H^2} \theta'_2 - m''(x) - \frac{3}{2h} \sum_{j=1}^{m} \frac{D_j}{c_j} \left(\frac{2}{s_j} \eta_j - \frac{1}{c_{j-1} - A_j} \eta_{j-1} - \right.$$

$$\left. \frac{1}{c_{j+1} A_{j+1}} \eta_{j+1}\right) m(x) = 0 \qquad\qquad (\text{附}8)$$

其中

$$I = \sum_{j=1}^{m+1} I_j$$

转角 θ_1 及 θ_2 可由下式求得

$$\begin{cases} \theta_1 = -\int_0^x \frac{M(x)}{EI} dx = \int_0^x \frac{1}{EI}\left[M_p(x) - \int_x^H m(x) dx\right] dx \\ \theta_2 = V_p(x) \frac{\mu}{GA} \end{cases}$$

式中,$M_p(x)$,$V_p(x)$ 分别为外荷载产生的总弯矩和总剪力。

因此

$$\theta'_1 = \frac{m(x)}{EI} + \frac{1}{EI} \frac{dM_p(x)}{dx}$$

将各种类型的外弯矩代入上式,可得

$$\theta'_1 = \begin{cases} \dfrac{V_0}{EI}\left(\dfrac{x^2}{H^2} - 1\right) + \dfrac{m(x)}{EI} & \text{(三角形荷载)} \\[3mm] \dfrac{V_0}{EI}\left(\dfrac{x}{H} - 1\right) + \dfrac{m(x)}{EI} & \text{(均布荷载)} \\[3mm] \dfrac{V_0}{EI} + \dfrac{m(x)}{EI} & \text{(顶点集中荷载)} \end{cases}$$

$$\theta'_2 = \begin{cases} -\dfrac{2\mu}{GAH^2} V_0 & \text{(三角形荷载)} \\[3mm] 0 & \text{(均布荷载)} \\[3mm] 0 & \text{(顶点集中荷载)} \end{cases}$$

式中，V_0 为底部总剪力。

将 θ''_1, θ''_2 代入式(附8)，并令

$$\gamma^2 = \frac{\mu E I \alpha_0^2}{H^2 G A \alpha_1^2} = \frac{\mu E I}{H^2 G A} \frac{\sum D'_j}{\sum D_j}$$

其中

$$A = \sum_{j=1}^{m+1} A_j$$

于是可得

$$m''(x) - \frac{\alpha^2}{H^2} m(x) = \begin{cases} -\dfrac{\alpha_1^2}{H^2} V_0 \left(1 + 2\gamma^2 - \dfrac{x^2}{H^2}\right) & \text{（三角形荷载）} \\[2mm] -\dfrac{\alpha_1^2}{H^2} V_0 \left(1 - \dfrac{x}{H}\right) & \text{（均布荷载）} \\[2mm] -\dfrac{\alpha_1^2}{H^2} V_0 & \text{（顶点集中荷载）} \end{cases} \quad \text{(附 9)}$$

其中

$$\alpha = \alpha_1^2 + \frac{3H^2}{2h} \sum_{j=1}^{m} \left[\frac{D_j}{c_j} \left(\frac{2}{s_j} \eta_j - \frac{1}{c_{j-1} A_j} \eta_{j-1} - \frac{1}{c_{j+1} A_{j+1}} \eta_{j+1} \right) \right] \quad \text{(附 10)}$$

式(附9)为联肢墙总微分方程，以总约束弯矩 $m(x)$ 为未知量。α_1^2 为未考虑轴向变形的整体参数，α^2 为考虑轴向变形后的整体参数，$\alpha^2 > \alpha_1^2$。

二、微分方程的解

令 $x/H = \xi, m(x) = \phi(x) V_0 \alpha_1^2 / \alpha^2$，则式(附9)可以化为

$$\phi''(\xi) - \alpha^2 \phi(\xi) = \begin{cases} -\alpha^2(1 + 2\gamma^2 - \xi^2) & \text{（三角形荷载）} \\ -\alpha^2(1 - \xi) & \text{（均布荷载）} \\ -\alpha^2 & \text{（顶点集中荷载）} \end{cases}$$

其边界条件为

$$\begin{cases} \xi = 0 \quad \theta_1 = 0, \theta_2 = \dfrac{V_0 \mu}{GA} \\[2mm] \xi = 1 \quad M(1) = 0 \end{cases}$$

令 $\beta = \gamma^2 \alpha^2$，经过变换，第一个边界条件相当于 $\phi(0) = \beta$，第二个边界条件相当于

$$\phi'(1) = \begin{cases} -2\beta & \text{（三角形荷载）} \\ -\beta & \text{（均布荷载）} \\ 0 & \text{（顶点集中荷载）} \end{cases}$$

其解为

$$\phi(\xi) = \left\{ \begin{array}{l} (1 - \beta)\left[\left(\dfrac{2}{\alpha^2} - 1\right)\left(\dfrac{\text{ch}\alpha(1 - \xi)}{\text{ch}\alpha} - 1\right) + \dfrac{2}{\alpha} \dfrac{\text{sh}\alpha\xi}{\text{ch}\alpha} - \xi^2 \right] + \beta(1 - \xi^2) \\[3mm] (1 - \beta)\left[-\dfrac{\text{ch}\alpha(1 - \xi)}{\text{ch}\alpha} + \dfrac{\text{sh}\alpha\xi}{\alpha\,\text{ch}\alpha} + (1 - \xi) \right] + \beta(1 - \xi) \\[3mm] (1 - \beta)(\text{th}\alpha\,\text{sh}\alpha\xi - \text{ch}\alpha\xi) + 1 \end{array} \right\} \quad \text{(附 11)}$$

式(附11)可以写成

$$\phi(\xi) = (1 - \beta)\phi_1(\alpha, \xi) + \beta\phi_2(\xi) \quad \text{(附 12)}$$

$\phi_1(\alpha, \xi)$ 及 $\phi_2(\xi)$ 的算式见附表1，其数值可由第6章表6.4 ~ 表6.7查出。

由此可以计算分布总约束弯矩 $m(\xi)$ 和第 i 层总约束弯矩 $m_i(\xi)$ 为

$$m(\xi) = V_0\tau[(1-\beta)\phi_1 + \beta\phi_2] \tag{附13}$$

$$m_i(\xi) = V_0\tau h[(1-\beta)\phi_1 + \beta\phi_2] \tag{附14}$$

其中

$$\tau = \alpha_1^2/\alpha^2 \tag{附15}$$

从而第 i 层第 j 列连梁的约束弯矩为

$$m_{ij} = \eta_j m_i \tag{附16}$$

式中，m_i 为按式(附14)计算的第 i 层总约束弯矩；η_j 为第 j 列连梁的约束弯矩分配系数。

附表1　$\phi_1(\alpha,\xi)$ 及 $\phi_2(\xi)$ 算式

荷载类型	$\phi_1(\alpha,\xi)$	$\phi_2(\xi)$
三角形荷载	$(1-\dfrac{2}{\alpha^2})[1-\dfrac{ch\alpha(1-\xi)}{ch\alpha}] + \dfrac{2sh\alpha\xi}{\alpha ch\alpha} - \xi^2$	$1-\xi^2$
均布荷载	$1 - \dfrac{ch\alpha(1-\xi)}{ch\alpha} + \dfrac{sh\alpha\xi}{\alpha ch\alpha} - \xi$	$1-\xi$
顶点集中荷载	$1 - ch\alpha\xi + \dfrac{sh\alpha sh\alpha\xi}{ch\alpha}$	1

三、约束弯矩分配系数 η_j

每层连梁总约束弯矩 m_i 按一定比例分配到各列连梁，即

$$m_{ij} = \eta_j m_i$$

连梁的约束弯矩受下列因素的影响：

(1) 连梁的刚度参数 D_j

D_j 越大，分配到的弯矩也就越大。

(2) 连梁在联肢墙中的位置

一般地，靠近墙中间部分时，弯矩较大，靠墙两侧的连梁约束弯矩较小。

从竖向来看，剪力墙的底层部分连梁约束弯矩沿水平方向的变化比较平缓，而顶层部分则中央大两侧小的变化趋势比较明显，为了计算简化，可以采用剪力墙高度一半处的分布规律。

(3) 剪力墙的整体参数 α

α 越小，各列连梁约束弯矩分布越平缓；α 越大，整体性越强，则中央大两侧小的趋势越明显。

因此，η_j 应是连梁刚度参数 D_j、楼层标高 $\xi_i = x_i/H$、连梁位置 r_j/B 及整体参数 α 的函数，可以采用下列的经验公式计算

$$\eta_j = \frac{D_j\varphi_j}{\sum\limits_{j=1}^{m} D_j\varphi_j} \tag{附17}$$

$$\varphi_j = \frac{1}{1+\dfrac{\alpha\xi_i}{2}}[1 + 3\alpha\xi_i\frac{\gamma_j}{B}(1-\frac{\gamma_j}{B})] \tag{附18}$$

式中，γ_j 为第 j 列连梁中点至墙边的距离；ξ_i 为第 i 层连梁标高，$\xi_i = x_i/H$。

实际计算时，为了简化，可以取 $\xi = 1/2$，则

$$\varphi_j = \frac{1}{1 + \frac{\alpha}{4}}\left[1 + 1.5\alpha\frac{\gamma_j}{B}\left(1 - \frac{\gamma_j}{B}\right)\right] \tag{附19}$$

四、顶点侧移和剪力墙的等效刚度

剪力墙的水平位移(侧移)可以表示为

$$y = y_1 + y_2 = \frac{1}{EI}\int_0^x\int_0^x M_\mathrm{p}(x)\mathrm{d}x\mathrm{d}x - \frac{1}{EI}\int_0^x\int_0^x\int_x^H m(x)\mathrm{d}x\mathrm{d}x\mathrm{d}x +$$
$$\frac{\mu}{GA}\int_0^x V_\mathrm{p}(x)\mathrm{d}x \tag{附20}$$

式中,y_1 为由于弯曲变形产生的水平位移;y_2 为由于剪切弯形产生的水平位移。

按不同荷载代入式(附20)后,可得

$$\left.\begin{aligned}
&y = \frac{V_0H^3}{3EI}(1 - \tau\beta)\left(\xi^2 - \frac{\xi^3}{2} + \frac{\xi^5}{20}\right) - \frac{\tau V_0H^3(1 - \beta)}{EI}\Big\{(1 - \frac{2}{\alpha^2}) \times \\
&\left[\frac{\xi^2}{2} - \frac{\xi^5}{6} - \frac{\xi}{\alpha^2} + \frac{\mathrm{sh}\alpha - \mathrm{sh}\alpha(1 - \xi)}{\alpha^3\mathrm{ch}\alpha}\right] - \frac{2(\mathrm{ch}\alpha\xi - 1)}{\alpha^4\mathrm{ch}\alpha} + \frac{\xi^2}{\alpha^2} - \\
&\frac{\xi^2}{6} + \frac{\xi^5}{60}\Big\} + \frac{\mu V_0H}{GA}\left(\xi - \frac{\xi^3}{3}\right) \quad (\text{三角形荷载}) \\
\\
&y = \frac{V_0H^3}{2EI}(1 - \tau\beta)\xi^2\left[\frac{1}{2} - \frac{\xi}{3} + \frac{\xi^2}{12}\right] - \frac{\tau V_0H^3(1 - \beta)}{EI}\left[\frac{\xi(\xi - 2)}{2\alpha^2} - \right. \\
&\frac{\mathrm{ch}\alpha\xi - 1}{\alpha^4\mathrm{ch}\alpha} + \frac{\mathrm{sh}\alpha - \mathrm{sh}\alpha(1 - \xi)}{\alpha^3\mathrm{ch}\alpha} + \xi^2\left(\frac{1}{4} - \frac{\xi}{6} + \frac{\xi^2}{24}\right)\Big] + \\
&\frac{\mu V_0H}{GA}\left(\xi - \frac{\xi^2}{2}\right) \quad (\text{均布荷载}) \\
\\
&y = \frac{V_0H^3}{2EI}(1 - \tau\beta)\xi^2\left(1 - \frac{\xi}{3}\right) - \frac{\tau V_0H^3}{EI}\left[\xi^2\left(1 - \frac{\xi}{3}\right) - \frac{\xi}{\alpha^2} - \right. \\
&\frac{\mathrm{sh}\alpha - \mathrm{sh}\alpha(1 - \xi)}{\alpha^3\mathrm{ch}\alpha}\Big] + \frac{\mu V_0H}{GA}\xi \quad (\text{顶点集中荷载})
\end{aligned}\right\} \tag{附21}$$

式中,$\xi = x/H$,当 $\xi = 1$ 时可得顶点侧移为

$$\left.\begin{aligned}
&u = \frac{11}{60} \times \frac{V_0H^3}{EI}\Big\{1 + (1 - \beta)\tau\left[\frac{60}{11\alpha^2}\left(\frac{2}{3} - \frac{\mathrm{sh}\alpha}{\alpha\mathrm{ch}\alpha} - \frac{2}{\alpha^2\mathrm{ch}\alpha} + \frac{2\mathrm{sh}\alpha}{\alpha^3\mathrm{ch}\alpha}\right)\right] - \\
&(1 - \beta)\tau - \beta\tau + \frac{40\mu EI}{11H^2GA}\Big\} \quad (\text{三角形荷载}) \\
\\
&u = \frac{1}{8} \times \frac{V_0H^3}{EI}\Big\{1 + (1 - \beta)\tau\left[\frac{8}{\alpha^2}\left(\frac{1}{2} - \frac{1}{\alpha^2} - \frac{1}{\alpha^2\mathrm{ch}\alpha} - \frac{\mathrm{sh}\alpha}{\alpha\mathrm{ch}\alpha}\right)\right] - \\
&(1 - \beta)\tau - \beta\tau + \frac{4\mu EI}{H^2GA}\Big\} \quad (\text{均布荷载}) \\
\\
&u = \frac{1}{3} \times \frac{V_0H^3}{EI}\Big\{1 + (1 - \beta)\tau\left[\frac{3}{\alpha^2}\left(1 - \frac{\mathrm{sh}\alpha}{\alpha\mathrm{ch}\alpha}\right)\right] - (1 - \beta)\tau - \beta\tau + \\
&\frac{3\mu EI}{H^2GA}\Big\} \quad (\text{顶点集中荷载})
\end{aligned}\right\} \tag{附22}$$

式(附22)可以写成

$$
u = \begin{cases}
\dfrac{11}{60} \times \dfrac{V_0 H^3}{EI}\left[1 + 3.6\gamma_1^2 - \tau + (1 - \beta)\psi_\alpha\tau\right] & \text{(三角形荷载)} \\[2mm]
\dfrac{1}{8} \times \dfrac{V_0 H^3}{EI}\left[1 + 4\gamma_1^2 - \tau + (1 - \beta)\psi_\alpha\tau\right] & \text{(均布荷载)} \\[2mm]
\dfrac{1}{3} \times \dfrac{V_0 H^3}{EI}\left[1 + 3\gamma_1^2 - \tau + (1 - \beta)\psi_\alpha\tau\right] & \text{(顶点集中荷载)}
\end{cases}
\tag{附23}
$$

式中

$$\tau = \alpha_1^2/\alpha^2$$

$$\beta = \alpha^2\gamma^2$$

$$\gamma^2 = \frac{\mu EI}{H^2 GA}\frac{\sum D_j'}{\sum D_j}$$

$$\gamma_1^2 = \frac{\mu EI}{H^2 GA}$$

$$
\psi_\alpha = \begin{cases}
\dfrac{60}{11} \times \dfrac{1}{\alpha^2}\left(\dfrac{2}{3} + \dfrac{2\mathrm{sh}\alpha}{\alpha^3\mathrm{ch}\alpha} - \dfrac{2}{\alpha^2\mathrm{ch}\alpha} - \dfrac{\mathrm{sh}\alpha}{\alpha\mathrm{ch}\alpha}\right) & \text{(三角形荷载)} \\[2mm]
\dfrac{8}{\alpha^2}\left(\dfrac{1}{2} + \dfrac{1}{\alpha^2} - \dfrac{1}{\alpha^2\mathrm{ch}\alpha} - \dfrac{\mathrm{sh}\alpha}{\alpha\mathrm{ch}\alpha}\right) & \text{(均布荷载)} \\[2mm]
\dfrac{3}{\alpha^2}\left(1 - \dfrac{\mathrm{sh}\alpha}{\alpha\mathrm{ch}\alpha}\right) & \text{(顶点集中荷载)}
\end{cases}
\tag{附24}
$$

相应地,剪力墙的等效惯性矩为

$$
I_{eq} = \begin{cases}
\dfrac{I}{(1 - \tau) + (1 - \beta)\tau\psi_\alpha + 3.64\gamma_1^2} & \text{(三角形荷载)} \\[2mm]
\dfrac{I}{(1 - \tau) + (1 - \beta)\tau\psi_\alpha + 4\gamma_1^2} & \text{(均布荷载)} \\[2mm]
\dfrac{I}{(1 - \tau) + (1 - \beta)\tau\psi_\alpha + 3\gamma_1^2} & \text{(顶点集中荷载)}
\end{cases}
\tag{附25}
$$

五、计算的简化

　　轴向变形影响参数 τ 与墙肢数目、层数和连梁约束的情况有关。一般地,双肢墙、三肢墙的轴向变形影响大一些,多肢墙影响小一些;层数较多、连梁刚度较大时,轴向变形影响也大一些。轴向变形影响较大时,τ 值相应较小;不考虑轴向变形影响时,$\tau = 1$。一般情况下 τ 值可以按下式计算

$$
\tau = \begin{cases}
\dfrac{2s_1c_1}{I_1 + I_2 + 2s_1c_1} & \text{(双肢墙)} \\[3mm]
\dfrac{1}{1 + \dfrac{I}{2\sum D_j}\sum\left[\dfrac{D_j}{c_j}\left(\dfrac{1}{s_i}\eta_j - \dfrac{1}{2c_{j-1}A_j}\eta_{j-1} - \dfrac{1}{2c_{j+1}A_{j+1}}\eta_{j+1}\right)\right]} & \text{(多肢墙)}
\end{cases}
\tag{附26}
$$

式中

$$s_j = \frac{2c_jA_jA_{j+1}}{A_j + A_{j+1}} \qquad \eta_j = \frac{D_j\varphi_j}{\sum D_j\varphi_j}$$

　　当为多肢墙时,直接按式(附26)计算很繁琐,从实用出发,多肢墙的 τ 值可按附表2取值。

附表 2　多肢墙的 τ 值

墙肢数目	3 ~ 4	5 ~ 7	8 肢以上
τ	0.80	0.85	0.90

考虑剪切变形的参数为 γ^2、γ_1^2 和 β，根据现行《混凝土结构设计规范》GB50010—2002 中第 4.1.8 条规定：混凝土剪变模量 G 可按混凝土弹性模量 E 的 0.4 倍采用，有

$$\gamma^2 = \frac{\mu EI \sum D_j'}{H^2 GA \sum D_j} = \frac{2.5\mu I \sum D_j'}{H^2 A \sum D_j}$$

$$\gamma_1^2 = \frac{\mu EI}{H^2 GA} = \frac{2.5\mu I}{H^2 A}$$

当墙肢及连梁比较均匀时，可近似取

$$\gamma^2 = \frac{2.5\mu I \sum d_j}{H^2 A \sum c_j}$$

剪力墙墙肢较少，层数较多，高宽比较大时，可不考虑剪切变形影响，取 $\gamma_1^2 = \gamma^2 = \beta = 0$。

将上述公式与第 6 章公式(6.14) ~ 公式(6.21) 对比时，应注意本附录中采用的符号 d_j，c_j，I，A 分别相当于第 6 章公式(6.14) ~ 公式(6.23) 中的 $\frac{l_{bj}}{2}$、$\frac{a_j}{2}$、$\sum_{j=1}^{m+1} I_j$、$\sum_{j=1}^{m+1} A_j$。

六、整体参数 α 的讨论

(1) α 的算式由式(附 15) 可得

$$\alpha^2 = \frac{\alpha_1^2}{\tau} = \frac{6H^2 \sum D_j}{\tau h I} \tag{附 27}$$

将 $\sum D_j = \sum_{j=1}^{m} \frac{I_{bj} c_j^2}{d_j^3}$ 及 $I = \sum_{j=1}^{m+1} I_j$ 代入式(附 27)，并注意 $c_j = \frac{a_j}{2}$，$d_j = \frac{l_{bj}}{2}$，整理可得多肢墙的整体参数算式为

$$\alpha = H \sqrt{\frac{12}{\tau h \sum_{j=1}^{m+1} I_j} \sum_{j=1}^{m} \frac{I_{bj} a_j^2}{l_{bj}^3}} \tag{附 28}$$

式(附 28) 即为公式(6.2) 中多肢墙的整体参数算式。

(2) α 对内力及位移的影响。由式(附 28) 可得

$$\alpha = H \sqrt{\frac{\sum_{j=1}^{m} \frac{12EI_{bj} a_j^2}{l_{bj}^3}}{\tau h \sum_{j=1}^{m+1} EI_j}}$$

上式中 $\sum_{j=1}^{m} \frac{12EI_{bj} a_j^2}{l_{bj}^3}$ 为连梁的转动刚度，$\sum_{j=1}^{m+1} EI_j$ 为墙肢的刚度。因此，α 值实际上反映了连梁与墙肢刚度间的比例关系，体现了墙的整体性。

通过对整体参数 α 的定量分析可以发现：当 $\alpha \rightarrow 0$ 时，多肢墙的内力及侧移相当于无连梁约束的 $m + 1$ 根独立悬臂墙的内力及侧移；当 $\alpha > 10$ 以后，多肢墙的内力及侧移相当于连梁约

束作用极大的组合截面整体悬臂墙的内力及侧移。因此,可以根据整体参数 α 的不同,将剪力墙划分成不同的类型进行计算。

① 当 $\alpha < 1$ 时,可不考虑连梁的约束作用,各墙肢分别按单肢剪力墙计算;

② 当 $\alpha \geqslant 10$ 时,可认为连梁的约束作用已经很强,可以按整体小开口墙计算;

③ 当 $1 \leqslant \alpha < 10$ 时,按联肢墙计算。

应当指出,在剪力墙类型中,实际上还存在另一种情况,即孔洞很大,墙肢惯性矩较小,连梁和墙肢的刚度比很大,此时算出的 α 也很大,但其受力特点已属于壁式框架了,因此,在划分剪力墙类型时,还应考虑墙肢惯性矩的影响,具体方法见第 6 章 6.3 节中的剪力墙类型判别。

参 考 文 献

[1] 中国建筑科学研究院.高层建筑混凝土结构技术规程(JGJ3—2002)[S].北京:中国建筑工业出版社,2002.

[2] 中国建筑科学研究院.建筑结构荷载规范(GB 50009—2001)[S].北京:中国建筑工业出版社,2002.

[3] 中国建筑科学研究院.建筑抗震设计规范(GB 50011—2001)[S].北京:中国建筑工业出版社,2001.

[4] 中国建筑科学研究院.混凝土结构设计规范(GB 50010—2002)[S].北京:中国建筑工业出版社,2002.

[5] 徐培福,黄小坤.高层建筑混凝土结构技术规程理解与应用[M].北京:中国建筑工业出版社,2003.

[6] 包世华.新编高层建筑结构[M].2版.北京:中国水利水电出版社,知识产权出版社,2005.

[7] 田稳苓,黄志远.高层建筑混凝土结构设计[M].北京:中国建材工业出版社,2005.

[8] 高立人,方鄂华,钱稼茹.高层建筑结构概念设计[M].北京:中国计划出版社,2005.

[9] 腾家禄,奚毓垄.混凝土结构(二)[M].北京:中国建筑工业出版社,1997.

[10] 傅学怡.实用高层建筑结构设计[M].北京:中国建筑工业出版社,1999.

[11] 赵西安.高层建筑结构实用设计方法[M].3版.上海:同济大学出版社,1998.

[12] 徐培福,郝锐坤.钢筋混凝土高层建筑结构设计手册[M].北京:中国建筑工业出版社,1996.

[13] 赵西安.钢筋混凝土高层建筑结构设计[M].北京:中国建筑工业出版社,1992.

[14] 方鄂华.多层及高层建筑结构设计[M].北京:地震出版社,1992.

[15] 天津大学,同济大学,南京工学院.钢筋混凝土结构(下册)[M].北京:中国建筑工业出版社,1980.